湖北省
生态文明建设与绿色发展
研究报告
（第六辑）

主　编　　成金华　邓宏兵

副主编　　白永亮　肖建忠

编　委　　吴巧生　洪水峰　李金滟

　　　　　李江敏　龚承柱　王　腾

目 录

专题研究报告一 中心城市和城市群资源优化配置能力研究——基于长三角城市群 27 个中心城市的实证研究 ……………………………… (1)
    第 1 章 绪 论 ……………………………………………………………… (2)
    第 2 章 中心城市和城市群的形成与演变 ………………………………… (8)
    第 3 章 中心城市与城市群资源优化配置能力的时空演变规律分析 …… (13)
    第 4 章 中心城市与城市群资源优化配置能力的影响机制研究 ………… (26)
    第 5 章 主要结论与政策建议 ……………………………………………… (32)

专题研究报告二 长江经济带能源生态效率时空分异及提升路径研究 …… (36)
    第 1 章 问题的提出 ………………………………………………………… (37)
    第 2 章 长江经济带能源生态效率时空分异研究测算 …………………… (52)
    第 3 章 长江经济带能源生态效率的影响因素研究 ……………………… (66)
    第 4 章 长江经济带能源生态效率的提升路径研究 ……………………… (77)

专题研究报告三 长江经济带矿业高质量绿色创新发展 …………………… (92)
    第 1 章 研究现状 …………………………………………………………… (93)
    第 2 章 矿业高质量发展的内涵与特征 …………………………………… (97)
    第 3 章 长江经济带矿业发展总体态势 …………………………………… (103)
    第 4 章 长江经济带未来矿业发展趋势 …………………………………… (109)
    第 5 章 长江经济带矿业绿色创新发展的对策建议 ……………………… (116)

专题研究报告四 长江经济带工业旅游资源空间分布特征与影响因素研究
    ……………………………………………………………………………… (126)
    第 1 章 研究背景 …………………………………………………………… (128)
    第 2 章 文献综述 …………………………………………………………… (129)

· I ·

第3章　研究方法与数据 …………………………………………………… (134)
第4章　研究分析 …………………………………………………………… (136)
第5章　影响因素分析 ……………………………………………………… (140)
第6章　长江经济带工业旅游发展优化策略 …………………………… (145)
第7章　研究结论与创新点 ………………………………………………… (147)

专题研究报告五　促进淮河生态经济带湖北片区绿色发展的机制和路径
………………………………………………………………………………… (151)
第1章　淮河生态经济带湖北片区发展现状 …………………………… (152)
第2章　淮河生态经济带湖北片区发展问题 …………………………… (169)
第3章　淮河生态经济带湖北片区绿色发展突破口的选择 …………… (172)
第4章　推动淮河生态经济带湖北片区绿色发展的机制和路径 ……… (175)

专题研究报告六　交通基础设施对经济韧性的影响研究 …………… (181)
第1章　导　论 ……………………………………………………………… (182)
第2章　区域经济韧性测算 ………………………………………………… (191)
第3章　交通基础设施综合指标测算 …………………………………… (195)
第4章　区域经济韧性空间效应分析 …………………………………… (201)
第5章　结论与政策建议 …………………………………………………… (216)

专题研究报告七　中国绿色电力证书交易机制与发展路径研究 …… (222)
第1章　引　言 ……………………………………………………………… (223)
第2章　中国绿证市场发展现状 …………………………………………… (228)
第3章　绿证市场多主体交易机制与演化策略分析 …………………… (233)
第4章　绿证市场多主体演化仿真与发展路径分析 …………………… (242)
第5章　总结与展望 ………………………………………………………… (255)

后记 ………………………………………………………………………… (258)

专题研究报告一

中心城市和城市群资源优化配置能力研究
——基于长三角城市群27个中心城市的实证研究

白永亮[1,2],康振楠[1],王琳琳[1],汪建[1]

1. 中国地质大学(武汉)经济管理学院,武汉 430074
2. 中国地质大学(武汉)湖北省生态文明研究中心,武汉 430074

摘　要:中心城市和城市群在我国区域发展中具有重要的引领作用,本课题从空间组织理论角度说明中心城市到城市群的形成过程、演变特征与动力来源,以长三角城市群为研究对象,运用DEA、Malmquist指数分析法和OLS模型分析中心城市和城市群的资源优化配置能力的现状、时空演变规律及影响机制。研究发现:长三角城市群的投入产出结构具有不稳定性,全要素生产率的增长主要得益于技术进步;长三角城市群资源配置效率整体表现为向更高效率发展的态势,空间分布呈现显著的正相关性;财政分权、产业结构、工业发展水平、科教投入水平和对外贸易依存度对资源优化配置起到积极作用。提高中心城市和城市群资源配置能力需要从多层面、多主体的角度制定政策。

关键词:中心城市;城市群;资源优化配置

基金项目:湖北省区域创新能力监测与分析软科学研究基地2020年开放基金重点项目"中心城市和城市群资源优化配置能力研究"(HBQY2020Z07)。

作者简介:

白永亮(1972—),内蒙古凉城人,中国地质大学(武汉)经济管理学院教授,主要研究领域为区域经济学。E-mail:writebyl@163.com。

康振楠(1996—),山西忻州人,中国地质大学(武汉)经济管理学院硕士研究生,主要研究领域为区域经济学。E-mail:522714813@qq.com。

王琳琳(1997—),河北唐山人,中国地质大学(武汉)经济管理学院硕士研究生,主要研究领域为区域经济学。E-mail:1095926917@qq.com。

汪建(1998—),安徽宿州人,中国地质大学(武汉)经济管理学院硕士研究生,主要研究领域为区域经济学。E-mail:wangjianzg@163.com。

第1章 绪 论

1.1 研究背景与意义

1.1.1 研究背景

习近平总书记在党的十九大报告中指出,区域协调发展战略是建设现代化经济体系的重要一环,成为指导我国区域经济和社会发展的基本战略。2019年8月26日,中央财经委员会第五次会议召开,研究推进优势互补高质量发展的区域经济布局问题,明确了将中心城市和城市群作为承载发展要素的主要空间,提出按照客观经济规律调整完善区域政策体系。2019年10月28日至31日,中国共产党第十九届中央委员会第四次全体会议召开,审议通过了《中共中央关于坚持和完善中国特色社会主义制度 推进国家治理体系和治理能力现代化若干重大问题的决定》,提出了优化区域空间组织结构,提高中心城市和城市群的综合承载和资源优化配置能力,实行扁平化管理,形成高效率的组织体系。可见,中心城市和城市群资源优化配置直接关乎新区域战略的整体实施。

在经济社会发展中,中心城市和城市群是我国经济发展的主引擎。北京、上海、广州等9个国家中心城市面积不到全国总面积的2%,经济总量却接近全国的20%。地区生产总值排名前20位的城市,人口数量占到全国的18%,经济总量占到全国的34%。一些省会城市在省内的首位度正在逐步提高。成都市占四川省经济总量的比重,以及武汉市占湖北省经济总量的比重都已经接近40%,郑州、西安等城市集聚度也显著提高。与此同时,19个城市群承载了我国78%的人口数量,贡献了超过80%的国内生产总值。其中,京津冀、长三角、珠三角、成渝、长江中游等地区城市群以10.4%的国土面积,集聚了近40%的人口,创造了全国一半以上的国内生产总值。可以说,中心城市和城市群的发展水平在较大程度上决定了我国的国际经济地位和国际竞争能力。但是,当前我国城市群普遍面临着大中小城市协同发展不足、环境问题泛区域化等难题,靠单个城市已无法有效解决。长三角作为中国经济的重要一极,在国家经济格局中分量最重,发展潜力巨大,如何提升长三角城市群的资源优化配置能力,释放空间经济效益,从而进一步促进空间组织的高效运行,对于提高长三角城市群经济效益乃至推进国家治理体系和治理能力现代化具有重要意义。

1.1.2 研究意义

1. 现实意义

从地理和经济空间来看,我国城市群分布不均衡,存在同质化竞争、资源消耗过度、区域差距拉大等一系列问题。经济发达、就业机会多的中心城市因规划、交通、生态等弊端导致局部过度膨胀,"大城市病"严重;而产业基础较差、优质资源匮乏的欠发达区域人口流失严重,增长乏力。部分欠发达区域尽管通过建新城、设园区以吸引更多资源要素,但因缺乏比较优势,难以吸引产业和人才进入,导致土地闲置和资源浪费。提高中心城市和城市群的资源配置能力,有利于优化空间布局和集聚生产要素,推动区域经济发展质量变革、效率变革、动力变革,实现经济总量与质量的"双提高";有利于发挥中心城市和城市群的空间规模效应、技术外溢效应与市场竞争优势,促进人才等要素向资本回报率高的空间集聚,以创新驱动和改革开放为两个轮子,激发创新活力,挖掘增长潜力,提高整体竞争力,加快现代化经济体系建设;有利于破解"大城市病"和区域发展不平衡、不充分的"双重困境",在从更大空间尺度加快中心城市转型升级、提升发展质量的同时,加强产业分工协作,优化资源配置,辐射带动周边中小城镇发展,减小区域差距,实现区域协调发展。

2. 理论意义

中心城市和城市群由于其强大的向心力导致各种要素不断流动积聚,其错综复杂的特性决定了城市资源优化配置能力具有综合性、复杂性、开放性和动态性,要素资源的高效配置取决于区域的资源优化配置能力。通过改善资源配置方式,促进各类要素合理流动,提升资源配置能力,能更大限度地发挥中心城市的辐射带动作用。一方面,探索资源优化配置能力的影响机制成为空间组织高效运行追求的方向,能够解决区域生产需求与要素供给匹配的重要问题。另一方面,正确把握中心城市和城市群资源优化配置能力的主要制约和推动因素,对提高中心城市与城市群的资源配置能力,进而促进中国城市化进程和区域协同发展具有重要的理论意义。本课题通过研究我国中心城市和城市群的资源优化配置能力,发现内在作用机制,为进一步指导中心城市和城市群的区域协调发展提供政策方向。

1.2 国内外研究现状

1.2.1 城市资源配置理论发展

随着资源环境承载力已接近或达到上限,提高资源要素配置效率日益重要。但现有研究测算表明,与发达经济体相比,我国资源配置效率还有较大的提升空间。Hsieh 等(2009)分析了中国资源使用错配的现状,认为若中国与美国资源配置水平接近,将能使 GDP 提升 25%～40%。在劳动力成本上升、原材料和土地价格上涨等困境下,资源配置效率偏低所带来的潜在风险会被放大而凸显出来。因此,如何加速推动效率变革,最大限度地提高资源要素的配置与利用效率,不仅是产业转型升级和区域经济高质量发展的关键所在,也是当前业界迫切需要解决的重大现实问题。随着城市化发展进程加快,城市之间或城市群逐渐开始呈现出专业化功能分工特征,并逐渐成为推动资源优化配置的重要引擎。目前关于城市群发展与资源配置效率的文献论点主要分为三类:一是认为当今的大型都市区(urban agglomeration)的发展已超过了其"最佳"的规模,"大城市病"所带来的"拥挤成本"诱发了资源错配(Kahn,2010)。二是认为就经济效率而言,即使是世界上最大的都市区也可能仍低于其"最优"规模(Mera,1973),城市群功能分工有利于促进资源配置效率。Mills(1967)基于新古典增长理论构建了都市圈资源配置的聚合模型,认为城市群的规模快速扩张是对不同规模城市间收入和就业机会的回应,同时城市群规模和结构也会对企业的生产函数和资源配置行为产生重要影响。Hartwick 等(1974)在 Mills 模型基础上进一步拓展了具有中间产品的多核城市的资源配置效率的研究。三是不仅关注城市群发展的正向外溢效应,也关注城市群发展所带来的负面影响。Arnott(2016)认为以卡尔加里为中心的大都市区公共交通网络的改善在一定程度上提高了通勤效率,但资源或公共服务的空间分配摩擦也带来了新的挑战。

1.2.2 资源优化配置能力

1. 资源配置的理论发展

资源配置问题在经济发展中始终是核心问题。资源配置理论最早是由亚当·斯密于 1759 年在《国富论》中提出的,他认为市场在鼓励人们追求自身利益的过程中会自然地触发出他们的勤劳、节俭品质和创造精神,并通过竞争的力量,引导人们把其资源投向生产率最高的经济领域,从而促成社会资源的优化配置。马克思通过对资源配置进行研究分析得出,在市场经济条件下,使在微观视角下的单一资本以及在宏观视角下的社会总资本在不断的生产过程中实现生产要素的合理安排与配置,就能够让资本最大限度地用于生产目的并且实现增值。马歇尔的局部均衡价格理论认为,供给和需求达到平衡状态时,产量和价格也同时达到均衡。洛桑学派在19世纪70年代提出瓦尔拉斯均衡,指出整个市场上对资源的过度需求与过剩供给的总额必定是等同的。随着相关研究的增多和逐步深入,意大利经济学家帕累托在其《政治经济学原理》一书中给出了最为标准的"资源配置"定义,他把所有有关联的市场当作一个统一整体进行均衡分析,最终得出最有效的配置资源的市场是竞争性市场的结论,并在此基础上提出了最有效的资源配置方案。在之后的研究中,经济学家熊彼特提出了资源配置效率这个概念,认为金融体系效率的发展将会对经济的运行与发展产生很大的积极影响。随后 Farrell(1957)指出一个企业的效率包括两个部分,即技术效率和配置效率,进一步丰富了资源配置理论。综合以上学者的观点来看,资源配置的实质就是社会总劳动时间在各个部门之间的分配。资源配置合理与否,对一个国家经济发展的成败有着极其重要的影响。

2. 资源配置有效性的测量研究

市场的资源配置问题重点在于资源能否得到有效配置。学者们在对资源配置的有效性进行测量时,主要采用了两种比较科学的测量方法,即生产函数法和弹性系数法(宋鑫等,2019)。

(1)生产函数法。该方法认为在资源配置的最优状态下,资本边际产出相等,否则投资者将不停地更改资本投资方向来实现资本的最佳配置。在生产函数法运用方面,张乐等(2013)基于要素配置效率的定义,从投入导向方面应用随机前沿生产函数法,将全要素生产率变化分解为技术变化、纯技术效率变化、规模效率变化和配置效率变化4个部分,测度了1991—2010年中国农业全要素生产率变化及其分解,得出了东北地区是全要素生产率地区差异的主要地区来源,配置效率变化是全要素生产率地区差异的主要因素来源的结论。

(2)弹性系数法。它是一种间接的预测方法,是运用投入和产出的弹性系数,在对一个因素发展变化预测的前提下,预测另一个因素的发展变化。在弹性系数法的运用方面,罗家洪等(2002)在进行云南省区域分类的基础上制定了云南省区域卫生资源配置标准标志值,并根据云南省各个地区的特点增加不同弹性系数,为云南省卫生资源区域分类配置标准提供了科学依据。

3. 资源优化配置能力的研究视角

资源配置效率与资源配置能力的研究视角在不断创新,大多数研究是从资源分类的视角来进行的。资源主要可分为自然资源(水、土地、电力等)和社会资源

(科技、人力、金融、信息、教育等)这两大部分。

一是从自然资源角度对资源配置能力进行分析。从自然资源的角度来考察区域资源优化配置能力的研究大多数聚焦在某一区域所拥有的特定要素上。主要运用的方法为运筹学家Charnes等(1978)提出的数据包络分析法(DEA),该方法是以相对效率概念为基础,用于评价具有相同类型的多投入、多产出的决策单元是否技术有效的一种非参数统计方法。在土地资源优化配置方面,吕春艳等(2006)介绍了土地资源优化配置模型,包括线性规划模型、系统动力学模型、多目标规划模型及GIS综合优化模型等,并从研究和应用的角度分析了土地资源优化配置模型存在的不足,探讨了今后的发展趋势。在矿产资源方面,朱金艳等(2010)以黑龙江省矿业部门为研究对象,借助数据包络分析法研究了各个部门矿产资源配置的有效性,建立了资源配置有效性的评价系统,对矿业部门矿产资源配置的综合效率和技术效率进行评价并且给出了调整矿业部门投入和产出的具体方案。

二是从社会资源角度对资源配置能力进行分析。此类研究主要是从区域视角出发,且集中在科技资源方面,一般从定量和定性两个方面展开。定量研究主要采取线性加权法、层次分析法、聚类分析法、灰度关联分析法、主成分分析法和前沿分析法等。在有关科技资源配置效率的研究中,数据包络分析法是应用最广泛的。罗珊等(2007)通过分析"泛珠三角"区域科技资源配置的现状,指出"泛珠三角"9省(区)存在人力资源区域分布失衡等问题,并提出了优化配置本区域科技资源的建议和对策。定性研究主要是从机制视角展开的。如安同良等(2009)研究了企业经常发送虚假的"创新类型"信号以获取政府R&D补贴的问题。邓可斌等(2010)通过计算上市公司的技术创新产出指标,得出中国主导技术创新的是大企业而非新兴公司,大企业由于处于垄断地位而缺乏创新动力,必然使得创新缺乏效率的结论。而在科技创新资源配置方面,张子珍等(2020)采用数据包络Malmquist指数和DEA－Tobit两步法,综合评价了2009—2018年我国30个省级行政区的科技资源配置效率,分析了影响我国科技创新资源配置效率的因素,并提出了我国科技创新资源配置的路径优化选择及政策建议。

4. 影响区域资源优化配置能力的因素

(1)经济波动。经济波动影响企业投资,进而影响资源配置能力,已经成为研究转型期间市场资源配置的关键。杨光等(2015)研究发现,随着生产率波动的加剧,企业间资本边际报酬的差异也逐渐加大,它主要是由调整成本所致,这意味着经济波动的加剧会严重影响行业内的资源配置。

(2)产业集聚。产业集聚的优化主要通过降低资本门槛和优化劳动力结构来获得,它能够在资本配置过度和劳动力配置不足时改善资源错配问题,从而提高资源优化配置能力。季书涵等(2017)将产业集聚因素纳入资源错配理论研究框架,构建了包含集聚因素的资源错配改善效果模型,进一步将资源错配程度细分,计算了排除集聚因素影响的分行业资源错配指数,研究发现产业集聚能在大多数情况下对改善资源错配起到积极效果,而处于产业集聚成长期且资本配置不足、劳动力配置过度的行业资源错配情况最严重。

(3)城市群空间功能分工。随着区域空间从单体城市向经济联系密切、功能互补、等级有序的城市共同体演变,城市群内部城市的分工模式也逐步从产业间分工向产业链分工演进,生产性服务业逐步向中心城市集中,生产制造业逐步扩散到外围城市,城市逐步从产业专业化向功能专业化发展(刘汉初等,2014)。由此,城市群内部中心城市和周边城市所形成的这种分工合理、特色鲜明、功能互补的功能专业化分工协作关系可在更大的范围内提升每一个城市和其他城市的连接性,强化专业化和多样化集聚经济效应(Nakamura,1985),从而增强城市群的辐射与带动能力,实现人力资本、金融资本、土地供给等资源要素的优化组合与配置(Mills,1967;Wheeler,2001)。循环累积因果效应的增强,反过来也会进一步促进城市群内部各城市的发展。

1.3 研究框架与设计

中心城市和城市群在我国区域发展中具有重要的引领作用,也是承载要素资源的重要空间形态。空间要素资源的种类、数量以及分布模式同时也在影响着区域的未来发展。我国区域的协调发展需要中心城市和城市群的支撑作用,更需要其承载的要素资源在空间上的最优分布。中心城市和城市群建设过程中如何协调各城市的空间作用关系,放大空间正外部性效应,提高空间组织运行效率是建设城市群、经济带的根本所在,而中心城市和城市群资源调控配置能力对其空间组织运行效率具有重要影响。因此,如何提高中心城市和城市群资源配置能力,以合理布局区域空间结构,进而促进区域协调发展是当前急需探索的科学问题。本课题将从以下4个方面展开研究。

(1)研究中心城市与城市群的空间作用关系和空间组织效率与资源配置能力的内在逻辑及关联,结合增长极理论、空间组织理论、中心地理论与新经济地理学等来说明从中心城市到城市群的形成过程、演变特征与动力来源。

(2)整体识别中心城市和城市群的资源配置问题,运用DEA和Malmquist指数分析法,以长三角城市群为研究对象分析中心城市和城市群的资源优化配置效率及时空演变规律。

(3)探究中心城市与城市群资源优化配置能力的机理、效应及路径,构建 OLS 模型,以长三角城市群为研究对象,对中心城市和城市群资源优化配置能力的影响机制进行实证分析。

(4)为提高中心城市和城市群资源配置能力,进而提升空间组织运行效率提供理论依据和具体的政策建议。

第 2 章 中心城市和城市群的形成与演变

2.1 中心城市和城市群形成与演变的理论机理

城市是一定区域尺度范围内的政治、经济、社会活动中心,是人流、物流、资本流、信息流等要素流集聚的场所,承担着区域范围内的行政管理、经济发展与提供公共服务的职能。经济活动的集聚和专业化分工的演进是推动城市形成的强大动力。分工的演进使得贸易活动集中在某个区域范围内进行,从而提升了交易效率,推动了城市的形成与发展。相对于一般的城市而言,中心城市是指在特定的区域空间内占据主导地位,且具有辐射带动作用和重要枢纽功能的大城市和特大城市。中心城市和城市群的形成在某种程度上体现了人类发展进步的过程,其形成和演变离不开相关理论的支撑与指导。其中增长极理论、空间组织理论、中心地理论与新经济地理学等较好地解释了中心城市和城市群形成与演变的内在机理。

2.1.1 增长极理论

中心城市和城市群的本质可以理解为区域经济的不平衡增长,而增长极理论对此进行了较好的理论阐释。佩鲁最先提出了增长极理论并从产业发展的角度出发,认为经济增长不会同时出现在所有地区,一些具有创新能力的行业和主导产业会率先集中在某些区域,形成发展优势,且依托支配效应、乘数效应、集聚效应和扩散效应成为带动区域经济发展的"增长极"。佩鲁的增长极理论阐明了中心城市与区域经济发展之间的作用机制,成为后来研究中心城市与区域经济发展关系的重要理论基础。缪尔达尔提出的循环累积因果理论进一步深化了"增长极"的概念,认为区域经济的循环累积因果运动会产生回波效应和扩散效应。回波效应促使各种生产要素向增长极回流和聚集,阻碍了落后地区的发展;扩散效应促进了生产要素向欠发达地区的流动,有利于缩小区域发展差距。弗里德曼提出的核心-边缘理论认为空间系统包括核心区和边缘区,就两者的关系而言,核心区处于支配地位,边缘区依附于核心区的发展。在农业经济时期,区域间的资源流动性差,各个中心区域的联系较少。在工业化发展的初级阶段,核心区的极化效应大于扩散效应,使得边缘区的资源要素向核心区域流动,促进了核心区的发展。当经济发展处于工业化成熟时期,核心区的扩散效应开始大于极化效应,生产要素和产业向边缘区转移,使得城市规模和势力迅速壮大。最后在后工业化发展阶段,核心区的扩散效应进一步增强,促使边缘区产生新的核心区,同时进一步弱化先前核心区的主导地位,进而形成更高水平的城市等级体系。基于增长极理论中核心区域的发展,中心城市在区域经济的增长过程中常常扮演着"增长极"的重要角色,依靠产业发展所产生的前向关联与后向关联推动要素在区域内的流动,带动整个区域的发展。而中心城市及其周边地区的发展又会逐渐导致城市群的产生,演变为带动更大空间尺度区域发展的新的"增长极"。

2.1.2 空间组织理论

从空间组织理论出发,区域的本质是一种空间经济组织。中心城市和城市群作为区域经济发展的"增长极",是空间组织类型在城市方面的体现。城市的内部空间结构体现了城市在不同发展程度和发展阶段的特征。在城市分层结构演进的过程中,当区域经济发展水平很高时,表现为城市数量多、城市规模差异较小的多中心城市网络结构;当区域经济发展水平较高时,经济系统正处于集聚阶段,表现为城市数量少、城市规模差异大的单中心结构体系;而当经济发展水平较低时,整个城市结构体系表现为数量少、规模小且相对分散的集市。随着我国经济的发展和信息技术的广泛运用,长三角地区的中心城市已经逐渐由单中心结构向多中心城市网络结构转变。中心城市内部结构的转变不仅可以更大范围地带动周围城镇的发展,也进一步推动了城市群的形成。

2.1.3 中心地理论与新经济地理学

中心地理论是研究城市的数量、规模及其分布规律的一种城市区位理论。该理论认为,在某个区域空间范围内必然存在一个发挥着主导作用的区域,除此之外,以中心地为中心的其他区域是补充区域。分布在中心区域的中心商品的范围会受到人口分布、经济距离、交通等因素的影响,而基于市场原则、交通原则、区划原则的中心地系统的空间结构存在较大差异。克里斯塔勒的中心地理论论证了一个中心城市的辐射区域与其中心地等级正相关,中心城市会辐射带动其周边地区和附属区域,中心城市由中心城市所在的地域和低等级的中心城市及其辐射区域构成等结论,为中心城市的存在以及作用差异提供了理论解释。

在新经济地理学中,克鲁格曼提出中心-外围模型,他认为,厂商追求利润最大化的特性会使其更加倾向于在选择市场规模较大的地区进行生产,而在市场规模较小的地区进行销售,由此产生本地市场效应;厂商集中生产的区域由于商品价格较低会吸引劳动力聚集,带来了生活成本效应。这两种效应推动了人口和生产的聚集,共同构成区域发展的聚集力。而因为经济活动的聚集带来的竞争和工资成本上升导致了市场拥挤效应的产生,削弱了经济活动在某一区域空间范围内的聚集,这也成为区域发展的分散力。新经济地理学的中心-外围模型将城市视为人口和经济活动集聚的空间范围,为中心城市的形成与演变提供了一个更切合实际的分析机制,解释了中心城市如何在集聚力与分散力的共同作用下,实现空间形式和经济效应的变化。

2.2 中心城市和城市群形成与演变的特征

按照城市规模和它对地区经济发展的作用差异,我国的中心城市可以划分为三类。第一类是在全国范围内发挥引领和辐射带动作用的国家中心城市,包括北京、上海、广州等;第二类是地理大区中的区域性中心城市,包括武汉、南京、深圳等;第三类是以郑州、合肥等经济发展水平较高的省会城市为主体的其他中心城市(高玲玲,2015)。从中心城市的空间分布上看,我国区域性中心城市数量不断增加,空间发展格局日益朝着均衡化方向发展。近年来,京津冀、长三角及珠三角地区涌现出了如石家庄、郑州、苏州、杭州、东莞、佛山、汕头等中心城市。城镇等级体系由原先的金字塔形逐渐向中间大、两端小的纺锤形转变,城镇空间也由点轴式的聚集性发展向多点和面状的均衡性发展转变。其中以省会城市为主体的区域性中心城市在吸引人口、资金、技术等要素上的作用逐渐增强,区域职能分工进一步完善,以区域性中心城市为支点的城市网络体系开始显现。从服务职能上看,我国中心城市间的服务差距在逐渐缩小,核心-边缘结构逐渐模糊。随着珠海、杭州、宁波等区域性中心城市等级的提升,这些地区范围内的基本公共服务逐渐实现了高端化与普及化发展,缩小了与深圳、上海等超大城市的服务差距。从商品的生产上看,我国城市间的层级式单向联系在不断减弱,中心城市融入世界生产价值链的程度在逐渐加深。产业结构的优化升级改变了城市间生产活动的上下层级式控制关系,城市间产业链的纵向分工与横向协作关系逐渐强化。东莞、温州等区域性中心城市更是依托区域有利优势积极融入世界分工,提升城市发展水平。在城市发展规模上,中心城市的人口规模已经由初期的规模性集聚向相对均衡的发展状态转变。区域性中心城市和中小城市在公共服务等方面具有的优势使其成为吸引人口聚集的新场所。

随着城市聚集效应的增强和区域协作的产生,城市群开始以一种新的人类聚居形式出现。作为城市发展的最高组织形式,城市群的本质仍然是以降低交易成本为预期的制度变迁和人口与经济活动在更大范围内的集聚。城市群的形成和演变是一种城市体系在一定区域范围内集聚的城市化现象,是经济、政治、社会、文化等各种复杂规律和因素相互作用的结果(张燕,2014)。集聚和扩散机制贯穿于中心城市和城市群形成与发展的全过程。在集聚力的作用下,中心城市的规模得以不断扩大;而在扩散力的作用下,周边城市不断崛起,中心城市与周边城市的联系得以加强。从微观层面出发,劳动分工的专业化和企业的区位选择是促进城市空间结构演变的动力来源。当分工发展到一定程度时,交易效率的提升促使交易地点趋于集中。随着要素和产业的进一步集聚,土地租金、工资等要素价格上升,逐渐抵消了专业化分工带来的外部经济效应,要素开始向周边转移,促进周边城市的发展和城市群的发育。由于稳固的经济基础以及良好的地理位置是周边城市及城市群发展的基础条件,它们决定着城市群可能的扩展方式和发展格局,因此在这一过程中,历史区位因素和地理环境机制发挥了重要作用。从宏观角度出发,城镇化和工业化促进了经济的快速发展,为城市群的形成奠定了经济和城镇基础。而城市群的形成和发展离不开国家产业政策、土地政策等宏观政策的引导,因此国家体制和政策机制也对城市群的形成发挥了重要作用。

城市群的演变大体经历了起步阶段、快速发展阶段、稳定发展阶段和成熟阶段4个时期(表2-1)。其中起步阶段是城市群发展的初始阶段。城市群规模较小、城市化水平低下是这一阶段城市群的主要特征。就城市群内部各个城市的发展而言,处于起步阶段的城市群内部中心城市的数量偏少,集聚效应有限且城市之间的联系较为松散。随着中心城市的发展和分工水平的提升,城市群逐渐步入快速发展阶段。作为城市群发展历程中的重要阶段,这一阶段的城市群规模开始迅速扩大,城镇化体系发育速度加快且中心城市的集聚与扩散能力日益提升,城市数量明显增加,城市之间的分工协作逐渐加强。当前,我国的城市群大多处于快速发展这一阶段。城市群的稳定发展阶段意味着此时城市群的发展已经达到了较高水平,城市群在区域经济发展中的作用和地位已经突显,并且成为区域空间组织的主要形式。在这一发展阶段内,中心城市的集聚效应与扩散效应明显,城市群的基础设施建设呈现网络化发展趋势。成熟阶段是城市群发展的最高阶段,该阶段下,城镇化水平已经达到相当高的程度,城镇体系也已经相当完善,中心城市的扩散功能占据主导地位,成为推动区域协调发展的强大引擎。

表 2-1 城市群发展的阶段性特征

衡量指标	所处阶段			
	起步阶段	快速发展阶段	稳定发展阶段	成熟阶段
城市群规模	较小	迅速扩大	较大	很大
城镇化率	较低	大幅提升	较高	很高
城镇体系	不完善	加速发育	趋于完善	相当完善
中心城市功能	集聚效应有限	集聚效应强化,开始扩散	集聚与扩散效应明显	以扩散效应为主
基础设施建设	不完善	大力推进	网络化发展	一体化、网络化发展
城市分工协作	尚未建立	逐渐加强	联系紧密	合理高效

2.3 中心城市和城市群形成与演变的动力来源

区域中心城市孕育于区域城市群,区域城市群也因区域中心城市的辐射而不断升级,两者相辅相成。其中,经济、社会与行政力量是推动中心城市发展的三大动因。经济发展带动人口集聚和社会整体的进步,从而进一步导致该中心城市行政等级的提升,而城市行政等级的提升会带来一定的政策优势,这会进一步产生集聚与扩散效应,形成区域中心城市与区域城市群的良性互动循环,这是对中心城市形成与演变的定性描述。在经济不断发展的同时,人口规模不断扩大,也不断均衡,而在规划范围内城市群成员的增加,是行政力量改变的结果,它带来了资源的集聚与扩散。而中心城市形成与演变的内在机理是要素流动,城市的本质是各种要素集聚、交换的节点,中心城市更是要素高度集中与高速流动的场所,中心城市的形成和发展与要素流动有着密不可分的关系。城市的原始形态是人口聚集点,从单纯的居住到生产与交换,再到城市各个功能的不断完善,在这个过程中要素流动起了决定性的作用,城市功能完善的实质是要素流动种类的增加。而中心城市的形成过程就是城市功能不断完善、从弱到强的一个过程,是要素流动不断加强的过程。

设施、政策和地理空间等外在条件的改变,导致了中心城市各项要素集聚与流动效率的下降或者不经济,或与其他城市的比较优势消失,这会促使该中心城市的辐射,也就是要素的扩散,而交通与通信设施建设的超前与引导作用更是为要素扩张起到了加速作用,促进了该区域城市群的发展升级,乃至形成新的中心城市。而在中心城市内,其发展一方面依靠集聚效应进一步凸显,另一方面要素流动强度与等级不断提高,要素内部结构不断优化(具体为人口结构优化、产业结构优化、以道路交通为骨架的城市空间结构优化、城市行政结构优化),从而促进了该中心城市的进一步升级。中心城市是区域城市群的核心节点城市,在区域内,中心城市提供的核心服务功能不断强化;在中心城市内,城市相关设施不断完善,城市治理能力不断提高,核心城市的地位不断巩固。在区域城市群范围内,中心城市和城市群其他节点城市之间的要素双向流动,促进了城市群的发展,而要素种类的增加和效率的提高,进一步促进了中心城市和城市群的升级。

第3章 中心城市与城市群资源优化配置能力的时空演变规律分析

3.1 中心城市与城市群资源优化配置能力问题识别

优化中心城市与城市群资源配置是合理分配资源、盘活资源存量、实现中心城市和城市群经济高质量发展的核心驱动力。在经济全球化发展的背景下,中心城市与城市群实现高效产出不能依赖粗放式要素资源的投入,更需要注重要素使用效率问题。城市单元间的产业分工与协作、要素流动与重构、城市群资源整合能力创新与提升才是在当前经济一体化发展中取得胜利的关键。现阶段,中心城市与城市群资源配置现状主要存在以下问题。

1. 要素流动网络渠道建设衔接不畅

交通基础设施网络是承载区域要素流动的载体通道,是实现区际联系的硬性设施。只有完善交通基础设施,才能为区域资源流通提供重要保障。中心城市和城市群经过多年的建设发展,部分地区已形成了相对完善的交通基础设施网络,但高铁网络、城际轨道网络、铁路网络和城市公共交通网络的衔接融合程度还有待进一步提升,尤其是四川省、云南省、贵州省等西部地区尤为明显,边缘地区基础设施建设落后,发达地区虹吸效应显著,带动周边城市能力十分有限,仍处于各谋利益、各自为政的状态,缺乏统一的区域综合交通规划。

2. 资源错配空间差异化突出

提升资源配置效率所需解决的首要问题就是降低资源空间错配程度。中心城市和城市群在演变过程中资源错配主要表现在两方面。一方面是区域要素空间分布不均匀。长三角地区主要拥有先进的制造业、发达的金融服务业,而成渝城市群除成都和重庆外,大部分城市经济增长仍以粗放的资源消耗方式为主,城市群边缘地区的城市资源分布更加稀缺。另一方面是资源的利用率不高,资源浪费和闲置现象明显。经济发展落后的地区难以为资源利用转型提供雄厚的经济支撑力,资源利用率不高,无法构建地区经济发展与资源配置效率双向支撑的良性循环体系发展模式。

3. 区际资源合作共享机制体制建设不健全

建立有效的资源共享合作机制可为优化中心城市和城市群资源配置提供强有力的支撑和保障。中心城市和城市群在自身一体化发展过程中,由于缺乏统一全局的有效管理,长期以来地方政府局限于追求自身利益的最大化而忽视区域发展的整体效益,阻碍了资源要素在城市群之间的自由流动,不利于资源配置能力和效率的提升。推进一体化建设,不仅要实现地域范围的一体化,还要实现资源要素的一体化。而要提升中心城市和城市群的资源配置能力,关键在于破除地区之间的行政壁垒和地方保护,建立健全区域资源互助共享机制,推动资源要素的有序自由流动。

针对以上问题,本课题选取以上海,江苏南京、无锡、常州、苏州、南通、扬州、镇江、盐城、泰州,浙江杭州、宁波、温州、湖州、嘉兴、绍兴、金华、舟山、台州,安徽合肥、芜湖、马鞍山、铜陵、安庆、滁州、池州、宣城这27个城市为中心区的长三角城市群为研究对象。长三角城市群是我国众多地区中经济发展较为活跃、资源要素较为丰富、开放程度较高的区域之一,是我国东部沿海经济带和长江经济带的关键叠合区,也是"一带一路"倡议与长江经济带发展战略的重要交汇地带,是中国经济发展的核心地区和战略支撑点,对于推进我国的现代化建设和构建以国内大循环为主体、国内国际双循环相互促进的新发展格局具有举足轻重的战略地位。因此,深入探讨长三角城市群资源优化配置能力现状发展模式及时空变化规律,不仅可为后续识别中心城市和城市群资源优化配置能力的影响机制提供现实支撑,更重要的是对其他区域构建资源优化配置与经济高质量发展双向良性循环发展路径具有借鉴意义。具体研究思路如下:借助DEAP2.1软件,从投入产出视角出发构建相关指标体系,运用数据包络法(DEA-BCC)和Malmquist指数分析法合理测算长三角城市群区域资源优化配置效率,以其表征城市的资源优化配置能力,在此基础上对长三角城市群的资源配置效率时序进行分析,并应用揭示空间依赖性与异质性的探索性空间数据分析法(ESDA)研究资源配置效率的空间关联特征,运用ArcGIS10.2软件探索长三角城市群资源配置效率的空间分布差异及演变规律,为进一步提高中心城市和城市群资源配置效率提供理论支撑。

3.2 长三角中心城市和城市群资源优化配置效率测度

3.2.1 模型选取

(1)DEA-BCC 模型。综合国内外的研究方法,对资源配置效率进行测算的方法主要可分为两种,即参数法和非参数法。非参数法常见的是数据包络分析法(DEA),该方法主要是针对研究主体的投入和产出关系的效率研究方法。参考前人的研究,本文将综合运用 DEA 模型和 Malmquist 指数模型分别从静态和动态两个方面来测算长三角城市群的资源优化配置效率。

考虑到资源配置中存在规模可变的情况,本研究将采取 DEA-BCC 模型作为资源配置效率的测量工具,其具体模型如下:

$$s.t. \begin{cases} \min N_k = \theta - \varepsilon \sum_{i=1}^{m} s_{ik}^- + \sum_{r=1}^{s} s_{rk}^- \\ \sum_{j=1}^{n} x_{ij}\lambda_j + s_i^- = \theta x_{i0} \\ \sum_{j=1}^{n} y_{rj}\lambda_j - s_r^+ = y_{r0} \\ \sum_{j=1}^{n} \lambda_j = 1 \\ \lambda_j, s_i^-, s_r^+ \geq 0 \end{cases} \quad (3-1)$$

$$j=1,2,\cdots,n; i=1,2,\cdots,m; r=1,2,\cdots,s$$

式中,x_{ij} 表示第 j 个决策单元的第 i 种投入量;y_{rj} 表示第 j 个 DMU 的第 r 种产出量;λ_j 为各单位组合系数;ε 为非阿基米德无穷小量;θ 为效率评价指数;s^+、s^- 为松弛变量;N_k 表示受评估 DMU 的相对有效值。

(2)Malmquist 指数模型。为更好地对长三角城市群资源优化配置效率的变动情况进行分析,在借用 DEA 模型对效率进行测算之后,再采用 Malmquist 指数模型分解全要素生产率,以明晰区域资源配置效率的变动情况。根据 Malmquist 指数模型的理论原理,可将其分解为技术效率、技术进步、纯技术效率和规模效率这 4 个部分。其对应的公式如下:

$$M_{i,t+1}(x_i^t, y_i^t, x_i^{t+1}, y_i^{t+1}) = \left[\frac{D_i^t(x_i^{t+1}, y_i^{t+1})}{D_i^t(x_i^t, y_i^t)} \times \frac{D_i^{t+1}(x_i^{t+1}, y_i^{t+1})}{D_i^{t+1}(x_i^t, y_i^t)} \right]^{\frac{1}{2}} \quad (3-2)$$

其中,(x_i^t, y_i^t),(x_i^{t+1}, y_i^{t+1}) 表示观测单元在 t 阶段和 $t+1$ 阶段的投入和产出,D_i^t,D_i^{t+1} 表示距离函数。上式可以进一步分解为:

$$M_{i,t+1}(x_i^t, y_i^t, x_i^{t+1}, y_i^{t+1}) = \frac{D_i^{t+1}(x_i^{t+1}, y_i^{t+1})}{D_i^t(x_i^t, y_i^t)} \times \left[\frac{D_i^t(x_i^{t+1}, y_i^{t+1})}{D_i^{t+1}(x_i^{t+1}, y_i^{t+1})} \times \frac{D_i^t(x_i^t, y_i^t)}{D_i^{t+1}(x_i^t, y_i^t)} \right]^{\frac{1}{2}}$$
$$= EC \times TC \tag{3-3}$$

式(3-3)表示,Malmquist 指数可进一步分解为技术效率变化指数(EC)和技术进步指数(TC)。在考虑到存在的规模可变的情况下,EC 指数还可进一步分解为纯技术效率指数(PEC)和规模效率指数(SEC)。

3.2.2 指标选取及数据来源

在采用 DEA-BCC 模型及 Malmquist 指数模型对长三角城市群资源优化配置效率进行测算时,需要从产出与投入角度选取指标。考虑到数据的完整性和一致性,最终选取的指标如下。

1. 产出指标

选取各地区实际生产总值来表示产出变量,以 2008 年为基期,按不变价进行折算。

2. 投入指标

(1)劳动投入:选取年末从业人员数这一指标来衡量劳动投入。

(2)资本投入:用固定资本存量来表示资本投入,且需要采用永续盘存法对该指标进行滞后处理。即要以 2008 年为基期,按不变价采用永续盘存法进行核算,具体核算公式如式(3-4)所示,数据来源于各省市各年份的《中国统计年鉴》。

$$K_{it} = (1-\delta) \times K_{i(t-1)} + E_{i(t-1)} \tag{3-4}$$

式中,δ 表示资本折旧率,对于基期资本存量,在假设资本存量增长率与实际经费增长率一致的基础上,其估算公式可表示为:

$$K_{i0} = E_{i0}/(g+\delta) \tag{3-5}$$

式中,K_{i0} 为基期的资本存量;E_{i0} 为基期的实际支出;g 为实际支出的几何平均增长率;δ 为折旧率。

3.3 长三角中心城市和城市群资源优化配置效率时序演变分析

3.3.1 资源优化配置效率测算结果分析

在 VRS(规模报酬可变)的方式下,使用 DEAP2.1 软件对长三角城市群 27 个城市及江苏省、浙江省、安徽省在 2008—2018 年间的资源优化配置效率进行测算(表 3-1),并根据测算结果得到 3 省和 27 市的综合效率、纯技术效率和规模效率均值(表 3-2)。

表 3-1 2008—2018 年长三角中心城市和城市群资源优化配置效率

地区	2008年	2009年	2010年	2011年	2012年	2013年	2014年	2015年	2016年	2017年	2018年	年平均值
上海市	1	1	1	1	1	1	1	1	1	1	1	1
南京市	0.734	0.704	0.677	0.680	0.724	0.764	0.924	0.961	0.947	0.899	0.942	0.814
无锡市	0.963	0.948	0.906	0.903	0.884	0.894	1	0.982	0.979	0.951	1	0.946
常州市	0.703	0.663	0.646	0.677	0.643	0.670	0.828	0.844	0.844	0.825	0.851	0.745
苏州市	1	1	1	1	0.994	0.903	0.949	0.943	0.922	1	0.927	0.967
南通市	0.754	0.712	0.698	0.704	0.692	0.635	0.588	0.601	0.608	0.608	0.638	0.658
盐城市	0.722	0.671	0.628	0.654	0.660	0.619	0.564	0.516	0.453	0.427	0.440	0.578
扬州市	0.795	0.776	0.751	0.752	0.734	0.674	0.664	0.683	0.695	0.672	0.701	0.718
镇江市	0.819	0.786	0.731	0.737	0.745	0.690	0.803	0.815	0.811	0.724	0.709	0.761
泰州市	0.736	0.700	0.668	0.705	0.716	0.672	0.621	0.589	0.606	0.609	0.637	0.660
江苏省	0.803	0.773	0.745	0.757	0.755	0.725	0.771	0.770	0.763	0.746	0.761	0.761
杭州市	0.755	0.718	0.713	0.745	0.759	0.692	0.684	0.701	0.703	0.699	0.696	0.715
嘉兴市	0.566	0.528	0.532	0.556	0.566	0.536	0.496	0.492	0.493	0.500	0.521	0.526
湖州市	0.621	0.584	0.588	0.611	0.614	0.573	0.536	0.520	0.514	0.498	0.510	0.561
舟山市	0.615	0.575	0.590	0.598	0.577	0.556	0.661	0.675	0.700	0.596	0.621	0.615
金华市	0.840	0.812	0.835	0.875	0.881	0.809	0.740	0.673	0.604	0.541	0.505	0.738
绍兴市	0.770	0.734	0.735	0.775	0.776	0.715	0.655	0.596	0.579	0.557	0.562	0.678
温州市	0.879	0.845	0.866	0.835	0.773	0.675	0.589	0.528	0.475	0.426	0.407	0.663
台州市	0.860	0.797	0.812	0.831	0.813	0.749	0.684	0.622	0.570	0.548	0.528	0.710
宁波市	0.728	0.708	0.729	0.771	0.778	0.722	0.723	0.723	0.703	0.692	0.709	0.726
浙江省	0.737	0.700	0.711	0.733	0.726	0.670	0.641	0.614	0.593	0.562	0.562	0.659
宣城市	0.536	0.407	0.370	0.399	0.403	0.376	0.334	0.303	0.272	0.257	0.240	0.354
滁州市	0.835	0.652	0.557	0.548	0.527	0.466	0.420	0.380	0.333	0.309	0.287	0.483
池州市	0.559	0.524	0.465	0.485	0.475	0.427	0.392	0.356	0.320	0.289	0.269	0.415
合肥市	0.538	0.495	0.489	0.497	0.485	0.438	0.480	0.497	0.499	0.476	0.505	0.491
铜陵市	0.864	0.669	0.674	0.680	0.610	0.628	0.713	0.424	0.347	0.367	0.371	0.577
马鞍山市	0.781	0.701	0.683	0.602	0.531	0.434	0.463	0.448	0.449	0.443	0.463	0.545
芜湖市	0.627	0.552	0.516	0.582	0.547	0.482	0.547	0.545	0.520	0.490	0.515	0.538
安庆市	0.802	0.662	0.633	0.633	0.614	0.517	0.460	0.372	0.339	0.322	0.308	0.515
安徽省	0.693	0.583	0.548	0.553	0.524	0.471	0.476	0.416	0.385	0.369	0.370	0.490
城市群平均值	0.756	0.701	0.685	0.698	0.686	0.641	0.649	0.622	0.603	0.582	0.587	0.655

表3-2 长三角中心城市和城市群资源优化配置效率及其组成分析

地区	vrste(纯技术效率)	scale(规模效率)	crste(综合效率)
上海市	1	1	1
南京市	0.832	0.997	0.814
无锡市	0.966	1	0.946
常州市	0.789	0.946	0.745
苏州市	0.972	0.993	0.967
南通市	0.703	0.934	0.658
盐城市	0.661	0.804	0.578
扬州市	0.800	0.889	0.718
镇江市	0.853	0.850	0.761
泰州市	0.760	0.870	0.660
江苏省	0.832	0.841	0.761
杭州市	0.733	0.971	0.715
嘉兴市	0.612	0.807	0.526
湖州市	0.747	0.633	0.561
舟山市	0.904	0.621	0.615
金华市	0.869	0.711	0.738
绍兴市	0.766	0.817	0.678
温州市	0.737	0.793	0.663
台州市	0.823	0.750	0.710
宁波市	0.752	0.958	0.726
浙江省	0.771	0.785	0.659
宣城市	0.602	0.387	0.354
滁州市	0.713	0.499	0.483
池州市	1	0.269	0.415
合肥市	0.524	0.941	0.491
铜陵市	0.975	0.404	0.577
马鞍山市	0.762	0.669	0.545
芜湖市	0.640	0.813	0.538
安庆市	0.714	0.516	0.515
安徽省	0.741	0.562	0.490

由表 3-1 中的测算结果可知,从整体上看,2008—2018 年的 11 年间,长三角城市群各城市的综合资源配置效率均值为 0.655,总体上呈先递减后递增趋势。从省份效率均值的大小来看,2008—2018 年长三角城市群中的江苏省、浙江省、安徽省的平均效率值分别为 0.761、0.659、0.490,3 省的效率值依次递减,即不同省份的资源配置能力存在较大差异,江苏省的资源配置能力强于浙江省,浙江省的资源配置能力强于安徽省。

从各城市的独立视角来看,2008—2018 年长三角城市群的城市间的资源配置效率也存在较大差距,其中上海作为该区域的中心城市,资源优化配置能力最强,各年综合效率均值达到了 1,其次为江苏省的无锡市和苏州市,两市的综合效率均值也在 0.9 以上,但效率值出现较大幅度波动。而安徽省各市的效率普遍偏低,其辖区内的 8 个城市中有 4 市的综合效率均值低于 0.5。其中宣城市的资源配置效率最低,综合效率均值为 0.354,表明相对于长三角城市群的其他城市而言,宣城市的资源配置效率仅达到了 35.4% 的利用率,远低于其他城市的资源配置效率。同时也表明,相对于江苏省和浙江省,安徽省各城市的产业结构和资源配置方式都较为不合理,可以通过调整产业结构等方式来提升资源优化配置能力。

由表 3-2 结果可知,与综合效率数据呈现的结果大致相同,即从纯技术效率值和规模效率值来看,2008—2018 年长三角城市群的各城市中上海的效率值最高,各效率均值均达到了 1。从省份来看,江苏省、浙江省、安徽省这 3 个省份的平均效率值依次递减。并且,除了上海的资源配置效率为 DEA 有效,无锡市、池州市的资源配置效率为 DEA 弱有效之外,其余 24 个城市的资源配置效率均为非 DEA 有效,即纯技术效率及规模效率均小于 1,资源优化配置能力均较弱。从纯技术效率指标来看,仅有江苏省的无锡市和苏州市、浙江省的舟山市、安徽省的池州市和铜陵市的纯技术效率值达到了 0.9 以上,其他城市的纯技术效率值均小于 0.9,说明大多数城市在规模效率不变的情况下,资源未得到有效利用,在技术水平方面存在较大不足。相对于纯技术效率而言,长三角城市群各城市的规模效率值则出现较明显的差异性,江苏省各市的规模效率值都较大,南京市、无锡市、常州市、苏州市、南通市的规模效率值均超过 0.9,且剩余各市的规模效率值均超过了 0.8,而浙江省和安徽省分别仅有杭州市和宁波市、合肥市的规模效率达到 0.9,表明在纯技术效率不变时,浙江省和安徽省中的大多城市规模配置没有达到最优,存在资源的浪费,同时表明这些地区存在着要素配置不合理和规模不经济的问题,且有较大的提升空间。因此,可以通过改善这些地区的投入产出比例来提升长三角城市群整体的资源优化配置效率水平。

3.3.2 Malmquist 指数模型结果分析

对长三角城市群的资源配置效率进行测算后,为了进一步了解各指标的具体情况以及动态特征,可通过 Malmquist 指数模型分解全要素生产率。整理得出的长三角城市群全要素生产率(TFP)变动及其分解情况如表 3-3 所示。

表 3-3 长三角中心城市和城市群资源优化配置效率的总体 TFP 及其分解

年份	技术效率变化指数	技术进步指数	纯技术效率指数	规模效率指数	TFP 指数
2008—2009	0.922	1.024	0.983	0.938	0.945
2009—2010	0.973	0.987	0.979	0.994	0.960
2010—2011	1.021	0.968	1.018	1.004	0.988
2011—2012	0.982	0.987	1.019	0.963	0.969
2012—2013	0.931	1.029	0.970	0.959	0.958
2013—2014	1.002	0.988	0.989	1.013	0.990
2014—2015	0.947	1.045	1.004	0.943	0.990
2015—2016	0.959	1.050	0.973	0.985	1.007
2016—2017	0.961	1.081	0.994	0.967	1.039
2017—2018	1.003	1.026	0.995	1.008	1.029
均值	0.970	1.018	0.992	0.977	0.987

由表 3-3 可以看出,长三角城市群 27 个城市在 2008—2018 年这 11 年间的 TFP 指数均值为 0.987,平均下降了 1.3%,根据其指数分解可得,技术进步指数的平均值大于 1,达到了 1.018,而技术效率变化指数的平均值小于 1,为 0.970。这表明从整体上来看,长三角城市群全要素生产率的增长主要来源于技术进步,而技术效率起到了一定的负向作用。从时间变化趋势来看,2008—2015 年间 TFP 的变动一直处于负增长状态,但自 2016 年以来我国 TFP 的变动出现逆转,逐步呈现正增长的变化趋势。从其分解视角来看,技术效率和技术进步的变化均呈现正负交替的波动性变化趋势,但总体而言大多数年份的技术效率为负增长,而技术进步的变化为正增长,即技术效率与技术进步的变动方向呈相反变动特征,综合作用于 TFP 的变化。由表中数据可知,2008—2015 年技术进步的正向作用弱于技术效率的负向作用,导致总体上的全要素生产率出现负增长,而随着科学技术的不断发

展,2016年后长三角城市群各城市在技术进步领域实现了较大拓展,其技术进步带来的技术效应成为全要素生产率上升的推动力,助推近年来长三角城市群整体的全要素生产率的正增长。

3.4 长三角中心城市和城市群资源优化配置效率空间格局分析

3.4.1 资源配置效率空间相关性分析

地理学第一定律表明,空间单元中任何事物或地理现象并非独立随机存在,而与周边事物相关联,邻近事物或现象之间的关联程度比远距离的事物更加紧密。长三角城市群各地级市资源配置效率水平因地理区位、政府政策、资源禀赋等不同而存在差异。因此,长三角城市群内相邻区域间因这些差异会产生空间关联,高效率区对周边地区产生空间溢出效应。空间自相关能够衡量这种关联程度,具体来说,它是指特定区域单元上某种地理现象或某属性值与邻近区域单元上同一现象或属性值的相关程度。本文通过计算全局莫兰指数(Moran's I)衡量长三角各地级市空间单元资源配置效率的空间依赖性,通过 P 值检验从整体探究长三角城市群空间单元资源配置的空间依赖性程度。全局莫兰指数公式为:

$$\text{Moran's I} = \left[\frac{n}{\sum_{i=1}^{n} X_i - \overline{X}} \right] \left(\frac{\sum_{i=1}^{n}\sum_{j=1}^{n} W_{ij}(X_i - \overline{X})(X_j - \overline{X})}{\sum_{i=1}^{n}\sum_{j=1}^{n} W_{ij}} \right) \quad (3-6)$$

式中,n 为样本单元个数;X_i 为第 i 单元属性值;$\overline{X}$ 为属性观测值平均值;W_{ij} 为空间权重矩阵。本文首先基于邻接标准原则建立各尺度单元的权重矩阵,设置区域单元空间相邻为1,不相邻为0,其次对所测算的全局莫兰指数进行 P 值检验。若全局莫兰指数为正值且通过5%(或10%)显著性检验,则说明资源配置效率相似的地理单元呈显著集聚;若全局莫兰指数为负值且通过5%(或10%)显著性检验,表明区域与周边地区的资源配置空间差异性较强。

本文运用 Open Geoda 软件测算 2008—2018 年科技创新效率的全局莫兰指数,结果见图 3-1。2008—2018 年长三角城市群各地区资源配置效率的全局莫兰指数值均大于零,且均通过了10%的显著性水平检验,说明长三角各地区资源配置效率存在显著的空间正相关性,并非相互隔离、随机分布。从整体来看,全局莫兰指数呈"M"形趋势走向,在 0.1~0.3 区间内波动,且 2008—2012 年全局莫兰指数整体均高于2013—2018年,说明长三角城市群各地区资源配置集聚特征呈减弱趋势,即资源配置效率相对一致(高—高、低—低)的区域空间集聚性减弱。此外,2014年全局莫兰指数达到最低水平,可能是因为金融危机爆发使企业倒闭,人口失业现象加剧,生产要素的缺失对资源配置效率产生了负外部性。

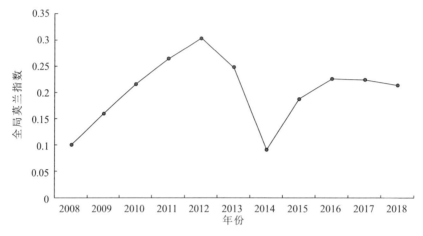

图3-1 长三角城市群各省市资源配置效率全局莫兰指数变化图

3.4.2 资源配置效率空间演化规律分析

为了直观反映长三角资源配置效率的空间分布及演化规律,本文选取2008年、2012年、2015年和2018年4个代表年份,将长三角中心城市和城市群资源优化配置效率分为4个等级,如表3-4所示。

表3-4 长三角中心城市和城市群资源优化配置效率等级表

等级	2008年	2012年	2015年	2018年
低效率	舟山、嘉兴、湖州、宣城、芜湖、池州、合肥	滁州、合肥、马鞍山、芜湖、池州、宣城	滁州、安庆、池州、铜陵、宣城	滁州、安庆、池州、铜陵、宣城
中效率	盐城、泰州、南通、南京、马鞍山、常州、杭州、绍兴、宁波	盐城、常州、湖州、嘉兴、舟山、安庆、铜陵	盐城、合肥、马鞍山、芜湖、湖州、嘉兴、温州	盐城、合肥、马鞍山、芜湖、湖州、嘉兴、绍兴、金华、台州、温州

续表 3-4

等级	2008年	2012年	2015年	2018年
较高效率	安庆、铜陵、滁州、扬州、镇江、金华、台州、温州	泰州、扬州、南京、镇江、南通、杭州、绍兴、宁波、台州、温州	泰州、扬州、南通、舟山、宁波、杭州、绍兴、金华、台州	泰州、扬州、镇江、南通、杭州、宁波、舟山
高效率	上海、苏州、无锡	上海、苏州、无锡、金华	上海、苏州、无锡、常州、镇江、南京	上海、苏州、无锡、常州、南京

从表中可以看出，长三角城市群各地区资源配置效率整体表现为向更高效率发展的态势。长三角城市群资源配置效率处于高水平和较高水平的城市，除上海市外，多数集中在浙江省中部偏北地区和苏南地区，资源配置效率水平较低的城市集中在安徽省，且资源配置效率相近的城市在空间上呈集聚态势。

从不同时间段来看，2008—2012年低效率区域空间范围大幅缩减，由最初的"舟山—嘉兴—湖州—宣城—芜湖—池州—合肥"集中连片式空间分布逐渐向西缓慢缩减。资源配置效率较高区域由点状散落分布演化为连片式增加。2012—2015年，低水平资源配置效率城市数量继续递减，但高效率区在苏南地区大幅扩张，由最初"上海—苏州—无锡"局部高效率片段区域转向集中连片式扩散分布，由东向西缓慢延伸，呈现"上海—苏州—无锡—常州—镇江—南京"链式分布，说明高效率城市对周边城市的空间溢出效应逐渐显著。2015—2018年，资源配置效率呈波浪式上下浮动，但整体变化不大。

从各省市地区效率变化角度来看，上海及苏南地区资源配置效率呈"共振+趋同"趋势发展，上海、苏州、无锡资源配置效率稳定性最高，2008—2018年均为高效率区域，可以这3个城市为"增长极"，构建功能互补性城市发展模式，从而降低资源错配程度，促进要素在各地区流动，增强极点城市对相邻区域的辐射效应。浙江省地区资源配置效率整体处于中高水平，且呈现波动式上升趋势，但资源配置效率空间格局发展不稳定。金华市的资源配置效率由高到低，可能是因受其周边城市所带来的负外部性影响。安徽省地级市整体资源配置效率不高，马鞍山作为连接合肥与南京的纽带，接受了南京和合肥的技术溢出，资源配置效率变化步调与其相一致。但滁州、池州、宣城的资源配置效率基本没有变动，一直处于较低水平，该类地区应当加强产业结构升级转型，促进要素流动，优化资源配置。

3.4.3 基于不同经济发展阶段的资源配置效率提升路径研究

资源配置效率与地区经济发展水平息息相关。处在不同发展阶段的地区,其经济发展路径与模式存在较大差异,因此在制定提升资源配置效率政策时不能一概而论,需因地制宜,结合当前经济发展水平精准施策,找到合理的提升路径。

本文选择2008年、2012年、2015年、2018年4个截面时间点,以地区生产总值大小对长三角各省市经济发展水平进行分类,结合K-均值聚类分析法的分类结果将长三角27个城市的经济发展水平划分为3类:高经济发展水平、中等经济发展水平、低经济发展水平。在此基础上,将经济发展水平与资源配置效率进一步空间耦合,把长三角城市群27个城市资源配置效率划分为9类:H—H型(高经济发展水平—高资源配置效率)、M—H型(中等经济发展水平—高资源配置效率)、L—H型(低经济发展水平—高资源配置效率)、H—M型(高经济发展水平—中等资源配置效率)、M—M型(中等经济发展水平—中等资源配置效率)、L—M型(低经济发展水平—中等资源配置效率)、H—L型(高经济发展水平—低资源配置效率)、M—L型(中等经济发展水平—低资源配置效率)、L—L型(低经济发展水平—低资源配置效率)。各省市资源配置效率类型划分详见表3-5。

表3-5 长三角中心城市和城市群经济发展水平与资源配置效率空间耦合类型

地区	耦合类型			
	2008年	2012年	2015年	2018年
上海市	H—H型	H—H型	H—H型	H—H型
南京市	H—M型	H—M型	H—M型	H—H型
无锡市	H—H型	H—H型	H—H型	H—H型
常州市	M—M型	M—M型	M—M型	M—H型
苏州市	H—H型	H—H型	H—H型	H—H型
南通市	M—M型	M—M型	M—M型	M—M型
盐城市	M—M型	M—M型	M—L型	M—M型
扬州市	M—M型	M—M型	M—M型	M—M型
镇江市	M—M型	M—M型	M—M型	M—H型
泰州市	M—M型	M—M型	M—M型	M—M型

续表 3-5

地区	耦合类型			
	2008 年	2012 年	2015 年	2018 年
杭州市	H—M 型	H—M 型	H—M 型	H—H 型
嘉兴市	M—L 型	M—L 型	M—L 型	M—M 型
湖州市	L—L 型	L—L 型	L—L 型	L—L 型
舟山市	L—L 型	L—L 型	L—L 型	L—M 型
金华市	M—M 型	M—H 型	M—M 型	M—M 型
绍兴市	M—M 型	M—M 型	M—M 型	M—M 型
温州市	M—H 型	M—M 型	M—L 型	M—L 型
台州市	M—H 型	M—M 型	M—M 型	M—M 型
宁波市	H—M 型	H—M 型	H—M 型	H—H 型
宣城市	L—L 型	L—L 型	L—L 型	L—L 型
滁州市	L—M 型	L—M 型	L—M 型	L—M 型
池州市	L—L 型	L—L 型	L—L 型	L—L 型
合肥市	M—L 型	M—L 型	M—L 型	M—M 型
铜陵市	L—H 型	L—M 型	L—M 型	L—M 型
马鞍山市	L—M 型	L—M 型	L—M 型	L—M 型
芜湖市	L—L 型	L—L 型	L—L 型	L—M 型
安庆市	L—M 型	L—M 型	L—M 型	L—L 型

从表 3-5 可以看出，上海、苏州和无锡 3 市在考察期内均保持 H—H 型发展路径，空间协同性较强。3 市高效的资源配置是其经济持续健康发展的核心动力，与此同时，雄厚的经济实力支撑区域科技创新发展，为进一步提升资源配置提供基础性优势。安徽省除合肥市外，其余节点城市长期保持 L—L 型发展模式，是长三角地区资源配置效率的低洼地区。资源配置效率的提升需要较好的硬环境和软环境，硬环境包括自然环境、区位条件及基础设施发展条件，软环境包括政策支撑环境、政策投资环境、人才培养环境等。这些城市长期处于长三角城市群发展的边缘

地带,经济发展水平较差,政府对资源调控配置的监管体制不健全,很难为提升资源配置效率提供软环境和硬环境。南京市、常州市和镇江市自2012年底国家实施创新驱动发展战略以来,逐渐由最初的H—M型、M—M型发展为H—H型、M—H型,说明长三角地区高效资源配置的地域辐射性和带动性逐渐体现,逐步突破过去经济增长单纯依靠粗放式资源消耗的发展瓶颈,降低资源错配程度,将科技创新和技术开发融入资源配置效率提升路径研究中,实现集约型经济增长。

在分析长三角城市群各地区的"经济发展水平—资源配置效率"发展模式及其变化原因基础上,本文针对不同发展模式提出资源配置效率的提升路径。

(1)H—H型、M—H型和L—H型省市应综合施策,精准布局"科技创新＋"体系,统筹布局高校、企业、科研院所及人才等科技创新,将科技创新融入资源利用中,构建地区经济发展与资源配置效率双向支撑的良性循环机制,实现区域高质量发展。

(2)H—L型、M—L型和H—M型省市的各类资本使用率相对较低,资源利用类型主要为粗放型,该类城市应当加快产业结构升级,摆脱经济增长单纯依靠资源消耗的发展瓶颈,盘活资源存量,降低资源错配程度。

(3)对L—M型、M—M型和L—L型地市,政府应加大力度建立健全科技创新激励效率提升机制,还应该努力破解产业结构升级难题,优化资源配置,使资源配置效率成为刺激经济发展的核心驱动力。

第4章 中心城市与城市群资源优化配置能力的影响机制研究

中心城市和城市群的发展是工业化、城镇化、全球化、分权化等多维复杂要素综合作用的结果,中心城市与城市群资源优化配置能力提升是区域协调发展的基础和核心内容。中心城市和城市群承载的要素具有流动性,资源优化配置能力影响着资源配置方式,改善要素流动的空间相互作用,可以优化要素空间分布,使其更好地服务于区域的发展过程。因此,资源优化配置是中心城市和城市群提升空间组织体系效率的有效途径,在认识中心城市和城市群资源优化配置能力演化过程及现状的基础上,对其影响机制的深入探讨显得尤为重要。

4.1 中心城市与城市群资源优化配置的一般模式

中心城市和城市群资源优化配置涉及政府、企业以及社会三大利益主体的相互协调,不同主体在特定交易中呈现不同的行为特征,表现出微妙的博弈与依赖关系,增加了资源优化配置和区域协同发展的难度。同时资源配置具有区域差异性、流动的高增值性以及开发和影响的长效性,并能在多重目标的引导下遵循不同的驱动模式。

4.1.1 单一驱动模式

单一驱动模式是各地区以自身利益最大化为目标,以资源投入和产出的竞争为主要手段而实现的资源优化配置。它的特点是强调各地区利用资源优化配置而在经济效益上的自我实现,强调通过竞争机制实现资源的优化配置,促进资源优化配置效率的最大化。

4.1.2 联合驱动模式

联合驱动模式是不同地区、不同资源类型之间通过相互协作和优势互补,以共同成果和收益最大化为目标,以资源再配置和协同为手段而实现的资源优化配置。它的特点是明确各地区、资源协同效应的重要价值,强调通过合作机制实现资源从效率低向效率高领域的流转,促使资源优化配置边际效益的扩大。

4.1.3 协同驱动模式

协同驱动模式是指以统一区域资源优化配置体系和区域系统为目标,使不同主体与不同资源类型在同一个系统配置思路的引导下,实现区域内资源在不同主体上的最佳配置。它的特点是强调主体、资源的协同效应,从理论上勾勒出未来一体化区域资源优化配置体系的发展模式,包括经济协同模式、产业协同模式和社会发展协同模式。

4.2 中心城市与城市群资源优化配置的影响因素

4.2.1 政府因素

政府对中心城市与城市群资源优化配置的影响具有不确定性。一方面,地方政府充分发挥信息优势,根据当地居民偏好提供公共物品和服务,"因地制宜"的资源配置方式可使要素投入更均衡、资源利用更充分,而且随着财政自主度的提升,地方政府有更加充裕的资金用于环境治理和推动科技研发,从而促进资源配置效率的提高。另一方面,地方政府有了更大的经济自由和政治自由,地方支出规模的大幅扩张会削弱中央对宏观经济的调控能力,容易造成重复建设和资源浪费,进一步降低资源配置效率,使各地区之间产生较大的环境负外部性。同时,以经济建设为中心的政绩考核机制促使地方官员有极大动力推进短期经济增长,而忽视长期的可持续发展目标,未能充分重视增长过程的环境污染和能源效率降低的问题,粗放型的发展方式导致生态环境恶化、能源浪费、技术革新受阻,影响资源配置效率。

4.2.2 市场因素

市场在资源配置中起决定性作用。市场中产业的集聚能够降低资本门槛和优化劳动力结构,在资本配置过度和劳动力配置不足时改善资源错配,从而提高资源优化配置能力。季书涵等(2017)将产业集聚因素纳入资源错配理论研究框架,构建了包含集聚因素的资源错配改善效果模型,为优化中国产业布局、提高资源利用效率和平衡地区发展提供了政策依据。但同时,由于信息不充分和不对称、外部性等问题存在,仅仅依赖市场机制无法实现资源的优化配置,市场失灵为政府干预资源配置提供了理论依据。但是政府干预不是万能的,它也存在着缺陷、失灵和失败的可能。解决这一问题的关键在于寻求市场机制和政府调控的最佳结合点。

4.2.3 经济社会发展因素

经济社会发展影响企业投资,进而影响资源配置能力,这一传导过程成为研究市场资源配置的重点。经济社会发展与改善资源配置能力有着密不可分的联系,刘瑞翔(2019)认为加快区域经济一体化进程,对于改善中心城市和城市群资源配置效率具有重要意义。经济社会发展是资源优化配置的重要推动力,促进了生产效率的提升,利于中心城市和城市群区域协调发展。然而由于市场分割和政策性扭曲等因素的存在,经济社会发展对中心城市和城市群资源优化配置能力的作用机制仍需进一步探讨。

4.3 长三角中心城市和城市群资源优化配置影响机制研究

长三角城市群涵盖上海、江苏、浙江和安徽4个省市,规划面积35.8万 km^2,主要分布在我国"两横三纵"城市发展格局中的优化开发和重点开发区域。中心区域的面积为22.5万km²,具体包含上海,江苏境内的南京、无锡、常州、苏州、南通、扬州、镇江、盐城、泰州9个市,浙江境内的杭州、宁波、温州、湖州、嘉兴、绍兴、金华、舟山、台州9个市以及安徽境内的合肥、芜湖、马鞍山、铜陵、安庆、滁州、池州、宣城8个地级市,共计27个城市。2018年,长三角地区的常住人口为2.3亿人,地区生产总值突破21万亿元,用不到全国4%的国土面积承载了全国16.7%的人口,创造了接近全国1/4的经济总量。长三角城市群不仅是我国众多地区中经济发展较为活跃、开放程度以及区域创新能力较高的区域,也是"一带一路"倡议与长江经济带发展战略的重要交汇地带,对于推进我国的现代化建设和构建以国内大循环为主体、国内国际双循环相互促进的新发展格局具有举足轻重的战略地位,长三角城市群资源优化配置的影响机制对全国具有重要的借鉴意义。因此,本文以长三角城市群27个中心城市为研究对象,探究中心城市和城市群资源优化配置的影响机制。

4.3.1 模型设定

为了研究长三角城市群资源优化配置的影响机制,本文将长三角城市群27个城市2008—2018年的资源优化配置效率作为被解释变量。考虑长三角城市群资源优化配置效率的影响因素较多,可能有些因素未兼顾,本文选取财政分权、产业结构、工业发展水平、科教投入水平、外商直接投资、对外贸易依存度等常用指标作为解释变量,构建模型如下:

$$Otaor_{it} = \beta_0 + \beta_1 fd_{it} + \beta_2 sc_{it} + \beta_3 giov_{it} + \beta_4 se_{it} + \beta_5 fdi_{it} + \beta_6 ftd_{it} + \lambda_i + \mu_t + \varepsilon_{it}$$

(3-7)

式中,$i=$上海,南京,无锡,…,安庆;$t=2008,2004,…,2018$;β_0为常数项,β_1至β_6为各变量的系数;λ_i为不可观测的地区效应,目的在于控制城市的固定效应;μ_t为不可观测的时间效应,是一个不随城市的变化而变化的变量,即模型中未包含的所有与时间有关的效应;ε_{it}为随机扰动项,且服从独立同分布的特征。

4.3.2 变量选取

基于已有相关研究和分析,本文选取DEA测度的资源优化配置效率作为被解释变量,从政府、市场和经济社会发展3个层面分别选取财政分权、产业结构、工业发展水平、科教投入水平、外商直接投资、对外贸易依存度6个指标,具体的测度因素及衡量指标如表4-1所示。

表4-1 中心城市和城市群资源优化配置影响因素指标体系

变量	测度因素		变量符号	变量含义
被解释变量	资源优化配置效率		Otaor	中心城市资源配置效率
解释变量	政府层面	财政分权	fd	市级财政分权＝市级人均财政支出/（中央人均财政支出＋省本级人均财政支出＋市本级人均财政支出）
	市场层面	产业结构	sc	第三产业增加值与第二产业增加值的比重
		工业发展水平	giov	工业总产值占GDP的比重
	经济社会发展层面	科教投入水平	se	科学教育支出占财政支出比重
		外商直接投资	fdi	外商直接投资占GDP比重
		对外贸易依存度	ftd	进出口贸易总额占GDP的比重

4.3.3 数据来源及处理

为了消除不同量纲的影响，本文利用SPSS软件将数据进行标准化处理。使用的数据是2008—2018年长三角城市群27个中心城市的面板数据，均来自历年《中国城市统计年鉴》、各城市《国民经济与社会发展统计公报》、EPS数据平台。具体变量描述性统计分析如表4-2所示。

表4-2 变量描述性统计分析

变量符号	N	最小值	最大值	均值	标准偏差
Otaor	297	0.240	1.000	0.655	0.181
fd	297	0.263	0.659	0.462	0.099
sc	297	0.313	2.347	0.887	0.318
giov	297	0.600	3.338	2.043	0.553
se	297	0.153	0.669	0.354	0.091
fdi	297	0.193	9.317	3.212	1.848
ftd	297	1.440	236.839	45.963	40.782

4.3.4 实证结果

为了更显著地观测不同解释变量对中心城市和城市群资源优化配置的影响,采用逐步回归计量模型的方法,具体分析影响机制。运用普通最小二乘法进行回归分析,回归结果如表4-3所示。

表4-3 长三角中心城市与城市群资源优化配置影响机制研究

变量符号	模型1	模型2	模型3	模型4	模型5	模型6
fd	0.423*** (7.55)	0.357*** (6.20)	0.306*** (5.59)	0.465*** (9.20)	0.492*** (9.44)*	0.355*** (4.17)
sc		0.225*** (4.88)	0.37*** (7.86)	0.483*** (9.16)	0.467*** (8.59)	0.401*** (7.63)
giov			0.231*** (4.10)	0.251*** (5.04)	0.285*** (5.72)	0.259*** (4.97)
se				0.454*** (8.37)	0.45*** (8.50)	0.401*** (7.57)
fdi					−0.115** (−2.45)	−0.099*** (−2.24)
ftd						0.222** (2.44)
R^2	0.179	0.225	0.259	0.418	0.429	0.456
N	297	297	297	297	297	297

注:本文基础数据通过Stata14.0版本得出。***、**和*分别表示系数在1%、5%和10%的水平下显著,括号里是t值即系数除以标准误。

财政分权(fd)的显著性水平小于0.01,回归系数为正,表明财政分权对长三角中心城市和城市群资源优化配置效率(Otaor)起到正向作用。依次加入产业结构、工业发展水平、科教投入水平、外商直接投资、财政分权,资源优化配置效率影响系数逐渐增加,加入对外贸易依存度后回归系数出现下降,这说明长三角城市群地方政府有更大的自主权,能充分发挥信息优势并根据当地居民偏好提供公共物品和服务,利于资源优化配置能力的提升。随着财政自主度的提升,地方政府有更加充裕的资金用于环境治理和推动科技研发,从而促进资源配置效率的提高。

产业结构(sc)的显著性水平小于0.01,回归系数为正,说明产业发展对长三角中心城市和城市群资源优化配置效率起到正向作用。并且回归系数随着解释变量的加入逐渐增大,超过政府层面财政分权的回归系数,市场在中心城市和城市群资源优化配置中起着决定性作用。

工业发展水平(giov)的显著性水平小于0.01,回归系数为正,说明工业的发展对长三角中心城市和城市群资源优化配置效率起到正向作用。随着社会经济的发展,城市的第一产业产值比重将逐渐下降,第二、第三产业的产值比重将逐渐上升,工业发展水平反映了城市的发展阶段。

科教投入水平(se)的显著性水平小于0.01,回归系数为正,说明加大科学技术投入对长三角中心城市和城市群资源优化配置效率起到正向作用。科教投入水平是城市发展阶段的外在表现之一,影响系数较大,中心城市和城市群资源优化配置能力的提升,需要加强教育事业的发展,注重人才的培养。

外商直接投资(fdi)的显著性水平小于0.05,影响系数为负,说明外商直接投资对长三角中心城市和城市群资源优化配置效率起到负向作用。外商倾向于在集聚经济水平高的地区投资,长三角城市群各中心城市经济差距增大,阻碍了经济要素的资源优化配置。

对外贸易依存度(ftd)的显著性水平小于0.05,影响系数为正,说明对外贸易依存度对长三角中心城市和城市群资源优化配置效率起到正向作用。进出口贸易对城市之间的资源优化配置起到积极作用,需要进一步调整和优化长三角城市群整体的对外贸易结构。

第5章 主要结论与政策建议

5.1 主要结论

(1)从时间演变趋势来看,2008—2018年长三角城市群资源优化配置效率大致呈"U"形走势,其中2008年时最高,平均效率值达到了0.756,2017年的资源优化配置效率最低,平均效率值为0.582。纯技术效率和规模效率水平大致呈"W"形走势,2008—2009年的效率值均较高。随着时间推移,纯技术效率值均呈现较大的波动,整体呈现先下降后逐步上升的趋势,说明近年来长三角城市群的投入产出结构亟须调整,一定程度上也表明了长三角城市群投入产出结构的不稳定性。

(2)从全要素生产率及其分解的动态视角来看,2008—2018年长三角城市群资源全要素生产变动率平均下降了1.3%,仅有2015—2016年、2016—2017年、2017—2018年这3个年度呈上升趋势,其他年度均呈现下降趋势。长三角城市群全要素生产率的增长主要来源于技术进步,技术效率起负向作用。

(3)在空间格局演化方面,长三角城市群资源配置效率整体呈向更高效率发展的态势。资源配置效率水平较高的区域集中分布在上海、苏南地区及浙江中部偏北,且其效率变化呈"共振+趋同"的发展趋势。资源配置效率水平较低的城市集中分布在安徽省,效率变化呈现"极化+虹吸"发展趋势。此外,整个长三角城市群资源配置效率空间分布呈现显著的正相关性。

(4)长三角中心城市和城市群资源优化配置受到政府、市场、经济社会多层面、多主体的影响,财政分权、产业结构、工业发展水平、科教投入水平、对外贸易依存度对长三角城市群资源优化配置起到积极作用,外商直接投资对长三角城市群资源优化配置起到负向作用。

5.2 政策建议

5.2.1 优化投入产出结构,加快产业升级

资源在产业间存在错配,在产业内部细分行业间也存在结构性错配,而这种在投入产出结构中的资源错配会影响产业的资源配置效率。为纠正这种资源错配,各省市应加大对资源配置的关注度,积极主动优化各行业的投入产出结构,提高生产效率和资源利用率,进而提升各城市和长三角城市群的整体资源配置效率。此外,长三角城市群各地市间经济总量、发展水平差异较大,既要突出特色、差异化发展,又要加强合作、互利共赢。一是各地市根据自身区域特点和资源禀赋调整产业结构,同时政府应重点支持高新产业、特色产业发展。二是各地市间要加强交流、协同发展,有效整合各类资源,确保各类资源在不同地市间合理配置、有效利用、有效互补。

5.2.2 扩大规模效应

城市群规模效率值的波动幅度不大,尚未起到对技术效率的助推作用,说明近年来长三角城市群的规模效应不明显,应逐步通过推行政策措施来加强政府指引和提升完善投资结构,促进区域内资源要素的合理配置,着力弥补在投入产出规模

方面的短板并推动区域的技术创新进步,进一步扩大产业的规模效应,从而提升长三角城市群各城市的资源优化配置能力。

5.2.3 建立健全区域资源互助机制

通过优化政府投入,加强地方政府的信息共享和财政合作的方式,建立和完善中国特色的现代财政体制,同时应继续推进财政分权改革,加快服务型政府建设。资源错配会极大程度降低区域资源利用率,各市不仅需要针对自身情况采取适宜措施,还要从全局出发,建立省份互助机制,使资源在配置过度和配置不足时实现资源共享,极大地提高资源的利用率,优化资源配置。比如,可以搭建资源共享平台,加大要素在空间上的流动,促进知识与技术的空间溢出,为资源利用效率较高的城市带动周边城市提供有效渠道。

5.2.4 以市场机制调节资源配置,全面深化改革

政府应以市场机制调节资源配置,全面深化改革,纠正资源错配,发挥市场在资源配置中的活力和决定性作用,建立合作共赢的良性循环,促进产业升级和分工协作,加大科技创新和人才引进,形成学习、知识溢出效应。合理引进外资企业,注重优化对外贸易结构,调整产业链,引导产业良性竞争,实现长三角城市群由资源单向流动转向高效配置,产业和城镇布局由单中心向多中心转变,促进资源优化配置和区域协调发展。

主要参考文献

安同良,周绍东,皮建才,2009.R&D补贴对中国企业自主创新的激励效应[J].经济研究(10):87-98+120.

邓可斌,丁重,2010.中国为什么缺乏创造性破坏? 基于上市公司特质信息的经验证据[J].经济研究(6):66-79.

高玲玲,2015.中心城市与区域经济增长:理论与实证[J].经济问题探索(01):76-81.

季书涵,朱英明,2017.产业集聚的资源错配效应研究[J].数量经济技术经济研究,34(04):57-73.

刘汉初,卢明华,2014.中国城市专业化发展变化及分析[J].世界地理研究,23(4):85-96.

刘瑞翔,2019.区域经济一体化对资源配置效率的影响研究:来自长三角26个城市的证据[J].南京社会科学(10):27-34.

吕春艳,王静,何挺,等,2006.土地资源优化配置模型研究现状及发展趋势[J].水土保持通报(02):21-26.

罗家洪,万崇华,许传志,等,2002.云南省卫生资源配置标准的弹性系数研究[J].中国全科

医学(02):126-127.

罗珊,安宁,2007."泛珠三角"区域科技资源配置的现状、问题及对策[J].科研管理(01):181-187+64.

宋鑫,彭雪泽,2019.资本市场资源配置文献综述:基于定向增发研究视角[J].财会研究(06):28-31.

杨光,孙浦阳,龚刚,2015.经济波动、成本约束与资源配置[J].经济研究,50(02):47-60.

张乐,曹静,2013.中国农业全要素生产率增长:配置效率变化的引入——基于随机前沿生产函数法的实证分析[J].中国农村经济(03):4-15.

张燕,2014.城市群的形成机理研究[J].城市与环境研究,1(01):92-105.

张子珍,杜甜,于佳伟,2020.科技资源配置效率影响因素测度及其优化分析[J].经济问题(08):20-27.

郑艳婷,2020.中国城市群的空间模式:分散性区域集聚的理论背景、形成机理及最新进展[J].地理科学进展,39(02):339-352.

朱金艳,魏晓平,2010.黑龙江省矿业产业资源配置效率评价[J].资源与产业,12(02):145-151.

ARNOTT R, 2016. Efficient metropolitan resource allocation[R]. Calgary: University of Calgary.

CHARNES A, COOPER W W, RHODES E, 1978. Measuring the efficiency of decision making units[J]. European Journal of Operational Research(2):429-444.

FARRELL M J, 1957. The measurement of productive efficiency[J]. Journal of the Royal Statistical Society (Series A), 120(3): 253-290.

HARTWICK P G, HARTWICK J M, 1974. Efficient resource allocation in a multinucleated city with intermediate goods[J]. The Quarterly Journal of Economics, 88(2): 340-352.

HSIEH C T, KLENOW P J, 2009. Misallocation and manufacturing TFP in China and India[J]. The Quarterly Journal of Economics, 124(4):1403-1448.

KAHN M E, 2010. Agglomeration economics: New evidence on trends in the cost of urban agglomeration[M]. Chicago: The University of Chicago Press.

MERA K, 1973. On the urban agglomeration and economic efficiency[J]. Economic Development and Cultural Change, 21(2): 309-324.

MILLS E S, 1967. An aggregative model of resource allocation in a metropolitan area[J]. The American Economic Review, 57(2): 197-210.

NAKAMURA R, 1985. Agglomeration economies in urban manufacturing industries: A case of Japanese cities[J]. Journal of Urban Economics, 17(1): 108-124.

WHEELER C H, 2001. Search, sorting, and urban agglomeration[J]. Journal of Labor Economics, 19(4):879-899.

专题研究报告二

长江经济带能源生态效率时空分异及提升路径研究

王 腾[1,2]

1. 中国地质大学(武汉)经济管理学院,武汉 430074
2. 中国地质大学(武汉)湖北省生态文明研究中心,武汉 430074

摘 要:提高能源生态效率对促进长江经济带经济高质量发展具有重要意义。本项目以 2000—2016 年长江经济带 11 个省市为样本,运用含有非期望产出的超效率 SBM 模型测算长江经济带各省市能源生态效率值,从时间和空间角度分析了长江经济带能源生态效率的演变趋势。研究结果表明:①从整体层面看,2000—2016 年间长江经济带能源生态效率均值为 0.912,处于非有效状态;从区域层面看,长江经济带上游地区、中游地区和下游地区的能源生态效率均呈下降趋势;从省市层面看,2000—2016 年间,长江经济带 11 个省市的能源生态效率指数的变化趋势分歧明显。②从空间差异角度看,依据全局莫兰指数结果,长江经济带能源生态效率具有较明显的空间集聚特征。③在影响因素方面:一是在技术进步方面,提高 R&D 经费内部人员全时当量在常住人口数量中的占比将提高能源生态效率;二是在结构变动方面,增加第二产业在国民经济中的比重将不利于能源生态效率的改善,以煤炭为主的能源消费结构将降低能源生态效率,提高城镇常住人口数量在地区年末常住人口数量中的占比将提高能源生态效率;三是丰富的能源资源度为改善能源生态效率提供了可能;四是在经济体制方面,提高工业污染治理完成投资额占 GDP 的比重和加强对外开放将提高能源生态效率,而提高国民经济中有规模以上工业控股企业主营业务收入占 GDP 的比重和能源价格上涨不利于提高能源生态效率。最后,根据以上结论提出针对性的提升路径。

关键词:能源生态效率;时空分异;影响因素;提升路径;长江经济带

基金项目:湖北省生态文明研究中心资助项目"长江经济带能源生态效率时空分异及提升路径研究"(STZK2018y07)。

作者简介:

王腾(1988—),湖北鄂州人,中国地质大学(武汉)经济管理学院讲师,主要研究领域为可持续发展。E-mail:wangteng@cug.edu.cn。

第1章　问题的提出

1.1　研究背景与意义

1.1.1　研究背景

1. 长江经济带是我国经济发展的重要增长极

长江经济带依托全球内河第一的黄金水道——长江,西起云南,东抵上海,横跨我国空间地理三大阶梯,覆盖11个省市,是全球重要的内河经济带。在经济总量方面,2016年,长江经济带以21.35%的占地面积和42.77%的人口比例贡献了全国45.49%的国内生产总值,经济总量接近全国的一半;在经济增长速度方面,2000—2016年间,长江经济带地区生产总值年均增长率为14.30%,高于同期全国平均经济增长率的13.90%,特别是近年来新常态下全国经济发展放缓,而长江经济带在2016年仍然保持着10.48%的经济增幅(图1-1)。此外,长江经济发展带还拥有长三角城市群、长江中游城市群、成渝城市群等,且拥有钢铁、机电、汽车、先进装备制造、电子信息、有色金属等一批国家级生产制造基地和成长型产业集群,经济增长潜力巨大。

图1-1　2000—2016年长江经济带地区生产总值与全国国内生产总值对比
(数据来源:国家统计局)

具体到经济发展的"三驾马车"上:在投资方面,2016年长江经济带全社会固定资产投资总额为265 971.18亿元,占同期全国全社会固定资产投资总额的43.86%;在消费方面,2016年长江经济带社会消费品零售总额为139 650.2亿元,全国社会消费品零售总额为332 316.3亿元,占比为42.02%;在出口方面,2016年长江经济带出口总额为63 572.2亿元,全国出口总额为138 419.3亿元,约占全国同期的45.93%(表1-1)。

表1-1 2016年长江经济带部分经济社会发展指标

区域范围	常住人口（万人）	全社会固定资产投资（亿元）	社会消费品零售总额（亿元）	出口总额（亿元）
长江经济带	59 140	265 971.18	139 650.2	63 572.2
全国	138 271	606 465.7	332 316.3	138 419.3

数据来源:《2017年中国统计年鉴》。

2016年,长江经济带以全国21.35%的土地面积养活了全国42.77%的人口,贡献了国内生产总值的45.49%,且长江经济带全社会固定资产投资、社会消费品零售总额、出口总额均接近全国一半。总体而言,长江经济带已经成为我国重要的经济增长极。

2. 能源利用是长江经济带经济发展的重要动力

一直以来,能源是人类经济社会发展最重要的物质基础之一。人类文明进步的历史是人类深入开发利用能源的过程。能源利用对经济发展的促进作用主要体现在两方面:一方面,能源利用扩大了经济规模。经济增长需要投入要素,能源投入要素作为经济增长的动力,其供给决定着经济发展的程度。随着人类社会的进步,能源消费种类随之发生改变,如煤炭取代木材、石油取代煤炭、清洁能源取代化石能源等,这在推动生产发展的同时扩大了经济规模。另一方面,能源利用促进了技术进步。人类历史上,每一次能源革命均代表着技术的极大进步,如煤炭的大量消费提高了蒸汽机的普及程度,电力使用使得电动机的存在成为可能。生产技术在能源革命的带动下,将经济发展推向新高度。

能源利用对长江经济带经济发展的促进作用尤为明显。从图1-2可知,2000—2016年间,长江经济带GDP占全国国内生产总值的比重保持在40%以上;而2000年长江经济带能源消费总量占全国能源消费总量的比重为36.79%,到2016年这一比例为36.77%。长江经济能源消费总量占全国能源消费总量的比重变化趋势与长江经济带地区生产总值占全国国内生产总值的比重变化趋势整体保持一致。

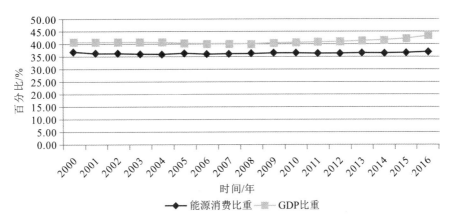

图1-2　2000—2016年长江经济带的能源消费与地区生产总值占全国的比重
（数据来源：《中国统计年鉴》和《中国能源统计年鉴》）

3. 能源利用给长江经济带带来了严重的生态环境问题

能源利用在促进长江经济带经济增长的同时，也给长江经济带生态环境系统带来了严峻的污染问题。长江经济带拥有货运量位居全球内河第一的黄金水道，是连接丝绸之路经济带和21世纪海上丝绸之路的重要纽带，战略地位毋庸置疑。长江经济带是中国资源富集带，2016年，长江经济带水资源、耕地资源、森林资源占全国的比重分别为47.4%、33.3%和40.8%。但与此同时，这也是一条环保警钟长鸣的经济带，沿江地区密布重化工产业，工业废水排放量巨大，水质存在恶化趋势，水土流失严重、生物多样性下降等生态环境问题突出，生态系统面临崩溃的风险。

以二氧化碳排放为例，2000年长江经济带二氧化碳排放量为4.17亿t，全国二氧化碳排放总量为11.69亿t，占全国二氧化碳排放总量的35.67%；2012年，长江经济带二氧化碳排放量为11.1亿t，达到阶段性峰值，此后长江经济带二氧化碳排放总量虽有所回落，但其排放总量依然保持在10.5亿t左右（图1-3）。二氧化碳是一种温室气体，随着空气中二氧化碳浓度增加，地球大气层中会形成无形的"玻璃罩"，使得太阳辐射到地球的热量被更多地截留在地球内部，其结果是地表变热，全球气温上升。据预测，到21世纪中期，全球气温可能会提高1.5~4.5℃。而全球气候变暖的后果则包括南极冰川融化、海平面上升、沿海城市被吞没、森林消失、土地沙漠化、疾病肆虐、物种灭绝等。

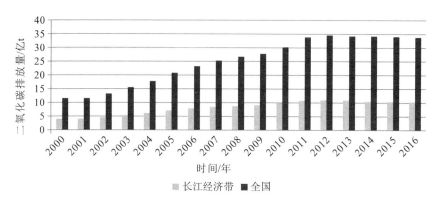

图1-3 2000—2016年长江经济带和全国二氧化碳排放量

（数据来源：国家统计局）

4. 坚持生态优先是长江经济带缓解能源利用、经济发展和生态环境保护矛盾的关键

随着工业化发展及其深入推进，目前全世界大部分国家都在一定程度上面临着资源紧张及环境污染问题。一方面，人类社会盲目追求经济发展速度，掠夺性开采、使用自然资源，导致许多不可再生资源短缺甚至枯竭；另一方面，资源利用过程中排放的废弃物致使人类自身的生存环境面临着严峻威胁。而生态文明建设则强调协调人与自然的关系，将解决资源损耗和环境污染问题提升到与经济发展同等重要的位置，通过走绿色循环的经济发展道路，从根本上突破资源、环境瓶颈，从而推动社会走上经济发展、环境良好、人民幸福的生态文明之路。

2016年，中央财经领导小组第十二次会议强调，推动长江经济带发展，要把生态环境保护摆上优先地位。习近平总书记在重庆考察期间，进一步强调要把"长江经济带建设成为中国生态文明建设的先行示范带"。2017年出台的《长江经济带生态环境保护规划》中明确指出"要把生态环境保护摆上优先地位，用改革创新的办法抓长江生态保护"。党中央、国务院的一系列战略部署对长江经济带缓解能源利用、经济发展和生态环境保护矛盾给出了明确的答案："长江生态环境只能优化，不能破坏，要建设生态长江"，要以生态优先、绿色发展为基本原则和目标建设长江经济带。坚持生态优先、推动绿色发展是解决经济发展与资源环境冲突的必然选择。

5. 提高能源生态效率是长江经济带坚持生态优先的重要举措

效率可以体现一个地区或产业的资源配置能力,效率变革涉及的内容很多,包括全要素生产率、资源配置效率、投资回报率、劳动生产率等,变革的目的在于进一步优化投入产出结构,完善投入产出实现机制,以更低的投入获取更高的收益。与全要素生产率更多体现科技创新对经济增长的作用或贡献不同,能源生态效率是"通过提供具有竞争优势的能源商品及服务,在促进经济增长并提高社会福利的同时,将能源开发利用整个周期对环境系统的影响降低到地球可承载的范围以内"。有关能源生态效率的研究力图将社会福利纳入能源—经济—环境框架中,综合考虑生产部门的投入与产出,充分考虑能源投入和生态破坏、污染排放等非期望产出对能源生态效率的综合影响。

《长江经济带发展规划纲要》提出,要把长江经济带建设成为我国生态文明建设先行示范带,大力构建绿色生态走廊。在当前国内外经济形势下,促进经济绿色发展、缓解能源供求矛盾、降低能源消耗对环境的污染、提高社会居民福利,从而最终达成经济转型的任务十分艰巨。生态优先理念的提出为转变经济增长方式提供了指导思想,而提高能源生态效率则是协调能源利用、经济发展、环境保护以及社会福利间矛盾的有效途径。因此,为有效提高能源生态效率,必须了解能源生态效率是什么,长江经济带能源生态效率水平如何,在时间趋势上演化规律如何,空间分布如何,哪些因素会对能源生态效率产生影响。只有清楚了解这些问题,才能抓住主要矛盾,寻求突破口,找到提高能源生态效率的对策,从而实现长江经济带坚持生态优先、推动绿色发展的目标。

1.1.2 研究意义

1. 理论意义

一是对能源效率理论体系的补充与完善。一直以来,能源效率相关问题都是学者研究的热点,无论是早期的单要素能源效率,还是后来的全要素能源效率以及能源环境效率等,学者们从不同角度界定了能源效率的内涵,并从国家和区域层面(宏观)、产业层面(中观)以及企业层面(微观)对能源效率展开评价。然而,现有关于能源效率的研究成果,主要考虑了能源利用对经济和环境的影响,而未考虑到能源利用对社会居民的影响。社会居民是经济发展与环境变化的直接利益相关者,因此将社会居民福利纳入能源效率中显得尤为必要。本课题正是基于这一考虑,将社会纳入能源—经济—环境体系中,构建了能源生态效率分析框架,从理论上拓展了能源效率的研究内容。

二是有利于长江经济带践行生态文明建设。能源消耗虽然在短时间内为长江经济带积累了大量的物质财富,但其排放的废弃物给长江经济带环境系统造成了严重破坏,进而威胁到长江经济带经济社会的良好运转。能源生态效率是以可持续发展为目标,在促进增长的同时,减少对自然资源的索取以及对环境的污染,以实现人与自然、社会和谐共处。能源生态效率涉及能源系统、经济系统、环境系统和社会系统,通过协调好能源、经济、环境、社会四者间的关系,使能源系统、经济系统、环境系统和社会系统的耦合协同达到最优状态,这与长江经济带坚持生态优先、推动绿色发展、践行生态文明建设的内涵相一致。

2. 现实意义

研究长江经济带能源生态效率的提升路径可为制定提高长江经济带能源生态效率的对策建议提供参考。目前我国正处于经济结构转型的关键时期,提高能源生态效率是兼顾生态环境保护和经济增长的重要途径,而能源生态效率的提高离不开多种因素的影响。本文主要从技术进步、结构变动、能源禀赋和经济体制等4个方面探索这些因素影响能源生态效率的方向及其程度,为相关部门制定提高长江经济带能源生态效率的对策建议提供决策依据。

1.2 文献综述

1.2.1 能源效率研究综述

1. 能源效率的内涵界定

由于学者们研究能源效率的出发点各有侧重,因此对能源效率的内涵界定尚未达成共识。国外学者对能源效率的认知最早来源于"节能"一词,1979年世界能源理事会将节能定义为"通过在经济、技术、环境和社会等方面采取合理可行的措施,从而提高能源消耗过程中的利用效率"。由于节能与提高能源效率两者内涵相一致,目前国际上倾向于使用"提高能源效率"替换"节能"一词。世界能源理事会于1995年将能源效率界定为"为提供同等能源服务所节约的能源投入"。Bosseboeuf等(1997)将能源效率分为经济效率和技术经济效率两种,其中经济效率是指在减少污染物排放的同时,以相同或者更少的能源投入实现更多产出、更高质量的生活水平;技术经济效率是指通过技术进步、行为改变以及改进管理方式等途径减少能源投入。世界能源理事会将能源产出量与能源投入量的比值作为能源效率的定义。

国内学者也对能源效率内涵界定开展了大量研究。王庆一(2003)将能源效率划分为两类:经济能源效率和物理能源效率,并进一步将经济能源效率分为单位产值能耗和能源成本效率两小类;将物理能源效率分为热效率和单位产品(或服务)能耗两小类。其中,单位产值能耗是指某经济主体如国家、地区、部门、行业在一定时间内单位产品的能源消耗量;能源成本效率是指考虑了能源利用过程中费用、时间和环境的成本效率;热效率是指在能源消耗过程中产生作用的有效能源量与实际能源消耗量的比值;单位产品(或服务)能耗是指生产单位产品或者提供单位服务所需要的能源量。魏一鸣等(2010)将能源效率定义为消耗的能源对保障经济、环境、社会可持续发展所做的贡献。

2. 能源效率的评价方法

能源效率评价方法较多,目前应用较广泛的是非参数数据包络分析和参数随机前沿分析方法。

数据包络分析(Data Envelopment Analysis,简称 DEA)是研究具有多个投入和多个产出的同类型组织(决策单元)间相对效率的评价方法。关伟等(2015a)运用超效率 DEA 测算了辽宁省 14 个地级市的能源效率,并进一步探索其时空格局变化特征。吴巧生等(2016)将共同前沿理论与 DEA 方法相结合,对长江中游城市群的全要素能源效率进行测算,并比较分析区域间差异。此外,部分学者应用改进的 DEA 方法对能源效率展开评价:汪克亮等(2011)将方向性距离函数与 DEA 相结合,构建了基于节能目标的能源效率测度模型和基于节能增产联合目标的能源效率测度模型;Lin 等(2017)将共同边界与技术差距纳入传统 DEA 模型中,对1990—2013 年中国省级行政区造纸业的能源效率进行测算。

随机前沿分析(Stochastic Frontier Analysis,简称 SFA)是关于前沿估计的一种参数方法,假定某个确定的前沿函数模型,在给定的具体技术条件和生产要素组合条件下,比较实际产出与理想产出差距的效率评价方法。陈关聚(2014)使用 SFA 方法对 2003—2010 年中国制造业 30 个行业的能源效率进行测度。Lundgren 等(2016)使用随机前沿分析法估计了瑞典 14 个制造业部门的能源需求及其能源效率。此外,部分学者应用改进的 SFA 方法对能源效率展开评价:续竞秦等(2012)基于谢泼德能源距离函数的 SFA 模型对 2001—2012 年中国省级行政区能源效率展开测算;Li 等(2017)将随机前沿分析、广义自回归条件异方差和径向基函数神经模型相结合,提出一种新的混合方法对能源效率进行短期预测。

3. 能源效率的应用层面

能源效率的应用范围十分广泛,从国家或区域层面(宏观)、产业层面(中观)到个体层面(微观)都有涉及。在宏观层面,曹琦等(2016)测算了 2005—2012 年中国省级行政区能源效率并对能源效率展开评级。Ervural 等(2016)对土耳其 81 个城市可再生能源的能源效率展开评价研究。在中观层面,宫大鹏等(2015)测算了2006—2011年中国省级行政区工业化石能源效率,并进一步研究了各省行业节能减排潜力。Chen等(2017)对2008—2012年中国工业行业能源环境效率进行测算。在微观层面,赵宇哲等(2015)通过测算了2006—2012年全球不同区域主要国家15个航空运输企业的能源效率,以探索航空运输企业反对将航空运输业纳入到EU-ETS的主要原因。Zhang等(2016)测算了瑞典工业企业能源效率,并进一步发现能源税与能源效率呈正相关关系。

4. 能源效率的影响因素

1)技术进步

一般认为技术进步有助于提高能源效率。岳宏志等(2016)发现技术进步是我国丝绸之路经济带各省份能源效率增长的重要原因。施卫东等(2016)指出技术进步在省域层面、东、中、西部层面和全国层面均有益于提高全要素能源生产率。但是,技术进步对能源效率的促进效果受到回弹效应的影响。董梅等(2015)以中国西部地区为研究对象,测算技术进步对能源消费的回弹效应,结果显示西部地区广义回弹效应和狭义回弹效应分别为37%和52%。Fan等(2016)验证了回弹效应的存在,发现技术进步对能源强度的促进效果受到回弹效应的影响。

2)产业结构

吕明元等(2016)以1978—2013年的中国为研究对象,分别考察产业结构合理化和产业结构高级化与能源效率间的关系,发现提高产业结构合理化程度和产业结构高级化程度均能提高能源效率。于斌斌(2017)探讨了产业结构调整幅度和产业结构质量对能源效率的影响,结果显示扩大产业结构规模明显阻碍了能源效率的提升,而提高产业结构质量则能充分发挥能源效率的空间溢出效应。Jiang等(2017)指出产业结构重心从污染型制造业向清洁服务型行业转移有助于降低能源强度。

3)环境规制

目前,环境规制与能源效率间关系的结论大致可以归纳为以下3类。

一是"抑制论"。陈玲等(2014)研究了新疆14个地州市环境规制与能源效率间的关系,发现环境基础设施投资以及污染治理投资均降低了能源效率。Hancevic(2016)通过实证发现1990年美国出台的《清洁空气法修正案》使得全要素生产率平均降低了1%~2.5%。

二是"促进论"。Zhao等(2015)考察了不同类型的环境规制对能源效率的影响,实证结果表明市场导向型和政府补贴型环境规制对能源效率的促进作用为正,命令控制型环境规制对能源效率的促进作用不显著。李斌等(2016)探究了异质性环境规制与能源效率间的关系,结果表明经济激励型和自愿型环境规制显著地提高了中国工业能源效率。

三是"非线性论"。高志刚等(2015)从静态和动态两个角度发现环境规制与全要素能源效率呈现 U 形关系,在 U 形拐点左边,遵循成本效应起主导作用;而在 U 形拐点右边,创新补偿居主导地位。Xie 等(2017)研究了不同类型的环境规制对中国环境全要素生产率的影响,结果显示命令控制型环境规制存在两个门限值,而市场导向型环境规制只存在一个门限值。

4)能源消费结构

汪行等(2016)发现能源结构与能源效率长期存在稳定均衡关系,且两者间均有明显的促进作用。陈盈等(2016)指出能源结构多样性与能源效率长期存在协整关系,且能源结构多样性每提高 1%,我国能源效率整体上提高 12.47%。Fang 等(2016)运用情景分析法发现能源结构调整能够有效控制能源强度。

5)所有制结构

茹蕾等(2015)使用面板分数响应模型检验所有制结构对制糖业企业能源效率的影响,研究结果显示:外资企业的能源效率最高,国有企业能源效率第二,多元混合投资企业的能源效率第三,而民营所有制形式企业的能源效率最低。贺勇等(2016)发现降低国有企业在经济中的比重,实现工业行业产权多元化能正向提高我国能源效率。Ma 等(2017)指出 2006 年中国自上而下推动的节能提效的监管措施在大多数能源密集型大型国有企业效果显著,表明国有企业在降低能源效率方面起着重要作用。

6)能源禀赋

王军等(2009)从要素禀赋视角分析了能源禀赋、资本禀赋和劳动力禀赋对各地区能源强度差的影响机理,发现能源要素越丰裕的地区能源强度越高。刘立涛等(2010)指出在全国层面能源资源禀赋与能源效率呈负相关关系,即存在"能源诅咒"现象。姜彩楼等(2015)认为丰裕的能源供给能通过改进工业生产方式达到提高我国工业行业全要素能源效率的目的。

7)城市化

宋炜(2016)研究发现城市化对我国工业行业全要素能源效率的作用受到能源消费的影响,表现为非线性关系,当能源消费系数低于 0.058 7 时,城市化对工业全要素能源效率的作用表现为正,其弹性系数为 1.213 2%;当能源消费系数超过 0.058 7 时,城市化对工业全要素能源效率作用同样为正,但此时的弹性系数为 7.566 7%。王珂英等(2016)认为经济活动的复杂性导致城市化对能源强度的影响尚不确定。Elliott 等(2017)从省域层面探索了中国城市化对能源强度的作用,研究发现城市化对能源强度的直接影响为正,而通过产业升级、交通运输等途径间接降低能源强度。

8)能源价格

冯烽(2015)通过研究能源价格与能源效率间长期均衡关系及动态效应,发现能源价格上涨有助于提高能源效率。Parker等(2015)对经济合作与发展组织(Organization for Economic Co-operation and Development,OECD)相关国家研究发现,能源价格上涨有助于提高能源效率,但效果随国家的不同而有所区别。Sun等(2016)以中国汽车市场为例,认为市场导向的能源价格机制改革有助于提高能源效率。

9)对外开放

林伯强等(2015)研究发现,对外贸易通过技术溢出效应和干中学两种途径显著提高中国工业行业能源环境效率。吕小明等(2016)分别使用外贸依存度和外资依存度两个指标衡量对外开放程度,检验中国制造业对外开放程度与能源强度的关系,结果表明外贸依存度与能源强度呈现倒U形关系,而外资依存度和能源强度呈正U形关系。刘毅等(2016)以中英贸易为例,探究了双边贸易与能源效率间的关系,发现加强中英贸易往来有效提高了能源经济效率,但对能源环境效率的影响不够明显。Rafiq等(2016)通过实证研究发现对外开放显著地减少了污染物排放,同时还降低了能源强度。

1.2.2 生态效率研究综述

1. 生态效率的内涵界定

生态效率的英文翻译为eco-efficiency,其中eco是生态学(ecology)和经济学(economy)的词根,efficiency则表示效率或效益。生态效率同时具有生态和经济两方面属性。Schaltegger等(1990)首次正式界定了生态效率的内涵,即经济增长与环境影响的比值。经济合作与发展组织认为生态效率是满足人类社会需求的效率。Müller等(2001)指出生态效率是环境绩效与经济绩效的比值。Scholz等(2005)将生态效率界定为经济绩效改变量与环境绩效改变量的比值。

自生态效率理论传入我国后,生态效率相关问题已成为国内学术界研究的热点,研究中也取得了一定成果。周国梅等(2003)认为生态效率是单位生产消费对环境造成的压力。戴铁军等(2005)认为生态效率是单位产出的原材料消耗、能源消耗和污染排放量。刘丙泉等(2011)认为生态效率是衡量可持续协调发展的指标,并将其定义为经济发展过程中有效利用资源、减少环境污染的效率。

国内外学者从不同的角度界定了生态效率的内涵,但总体而言,生态效率的核心思想是一致的,即经济与资源环境的结合,其本质是通过尽可能少的资源环境投入实现尽可能多的经济产出。

2. 生态效率的评价方法

为测算生态效率,国内外学者进行了大量探索,目前已经形成多种常用的评价方法,如生态足迹分析法、生命周期法、因子分析法、随机前沿分析法和数据包络分析法等。

1)生态足迹分析法

李兵等(2007)通过生态足迹计算了成都某企业的生态效率值,并揭示了影响该企业生态效率的因素及其应采取的措施。季丹(2013)运用生态足迹方法测算了2007年我国省级行政区的生态效率。黄雪琴等(2015)运用能源生态足迹法测算了中国资源型城市生态效率。史丹等(2016)基于单位生态足迹的GDP产出探索了1991—2013年我国生态效率的变化趋势。

2)生命周期法

姚治国等(2015)运用生命周期评价法定量测算了2012年海南省旅游业生态效率值。Maulina等(2015)运用生命周期评价法测算了印度尼西亚两个胶粉厂的生态效率,并提出了提高生态效率的对策。赵薇等(2016)结合生命周期评价法和生命周期成本分析法构建了生态效率评价模型,对比分析了天津市3种典型生活垃圾资源化情景下的生态效率。

3)因子分析法

陈傲(2008)使用因子分析赋权法探究了我国2000—2006年29个省市生态效率的差异。陈武新等(2009)将因子分析与聚类分析相结合,测算了2006年我国29个省级行政区的生态效率。李惠娟等(2010)采用因子分析法评估了2007年我国16个资源型城市的生态效率。卢福财等(2013)运用因子分析法测算了鄱阳湖生态经济区38个县(市、区)的工业生态效率。

4)随机前沿分析法

刘璨等(2004)采用随机前沿分析法评估了江苏省淮安市农田林网和小片林的生态效率。潘兴侠等(2015)运用随机前沿生产函数模型探索了我国中部6省生态效率的时空差异。Robaina等(2015)使用改进的随机前沿模型评估了欧盟国家2000—2004年和2005—2011年两个时间段生态效率的差异。李在军等(2016)使用随机前沿模型计算了我国2004—2012年30个省市的生态效率。

5)数据包络分析法

数据包络分析法是目前用于评价生态效率的主流方法,主要包括常用的数据包络分析以及改进的数据包络分析。

在常用的数据包络分析方面,成金华等(2014)采用超效率DEA模型评估了

2000—2011年我国生态效率,并进一步分析了区域差异及其动态演化;胡彪等(2016)运用包含非期望产出的SBM模型探索了2004—2012年我国生态效率的时空差异;邓波等(2011)和Zhang等(2018)使用三阶段DEA模型,在消除外部环境和统计噪声的基础上分别测算了2008年我国省级行政区以及2005—2013年我国30个省市的工业生态效率。

在改进的数据包络分析方面,程晓娟等(2013)将主成分分析法和DEA法相结合,运用主成分分析法提取生态效率的主成分,然后运用DEA法测算生态效率;李健等(2015)首先运用非参数距离函数测算了我国各省市的静态生态效率,然后运用Malmquist指数分析了生态效率的动态变化趋势;Yang等(2016)将全局基准技术和方向性距离函数与传统DEA模型相结合,构建了全局DEA模型,探究了2003—2014年中国区域生态效率的变化趋势;杨佳伟等(2017)借助非期望中间产出的网络DEA模型测算了2009—2014年我国省级行政区生态效率。

6)其他

韩瑞玲等(2011)将熵权与TOPSIS方法相结合,评价了1990—2008年辽宁省生态效率。程翠云等(2014)利用机会成本的经济核算方法,测算了2003—2010年我国农业行业生态效率。潘兴侠等(2013)将熵权法和灰色评价法相结合,比较了中国2010年各省域的生态效率。

3. 生态效率的应用层面

生态效率的研究对象十分广泛,从微观层面、中观层面到宏观区域层面均有涉及。

在微观层面,Oliveira等(2017)将生态效率引入大型矿业企业中,测算不同情境下矿业企业的生态效率并提出改进措施;Bonfiglio等(2017)研究发现意大利马尔凯地区耕地的生态效率较好,但化肥和杀虫剂的使用会降低生态效率。

在中观层面,王宝义等(2016)测算了1993—2013年中国东、中、西部地区以及八大经济区种植业生态效率的变化趋势;Yu等(2016)从国家整体层面和省域层面评价了中国造纸业生态效率;姚治国等(2016)以海南省旅游业为研究对象,构建了旅游生态效率模型,采用旅游碳足迹测算了海南旅游业生态效率,并探讨了区域差异的成因机制。

在宏观层面,任宇飞等(2017)使用包含非期望产出的SBM模型测算了京津冀城市群县域单元生态效率,并进一步探讨其空间效应;Fan等(2017)运用数据包络分析测算了2012年中国40个产业园的生态效率并进行排序;Wang等(2017)运用向量空间动态的混合数据抽样方法,对中国区域生态效率进行预测。

4. 生态效率的影响因素

付丽娜等(2013)研究发现调整产业结构和提高研发强度将有利于提高长株潭"3+5"城市群生态效率,而引进外资将降低其生态效率。Fujii等(2013)发现外商直接投资和污染治理投资与中国工业行业生态效率均呈正相关关系。潘兴侠等(2014)认为优化工业结构、大力引进外资、加大研发投入以及强化政府主导作用是提高中部地区工业生态效率的有效措施。黄建欢等(2015)认为生态效率存在"资源诅咒"现象,即丰裕的自然资源对应着低生态效率。罗能生等(2013)和蔡洁等(2015)的研究显示城镇化进程与生态效率呈现U形关系。陈真玲(2016)指出城镇化进程将不利于提高生态效率,两者间为负相关。李佳佳等(2016)发现城市规模与生态效率呈N形曲线关系。吴鸣然等(2016)认为扩大经济规模将有助于提高区域生态效率。Yu等(2016)认为技术进步是我国造纸业生态效率提高的主要原因,严格的环境规制有助于提高造纸业生态效率。Ren等(2018)将环境规制分为命令控制型、市场调节型和自愿型3类,并分别探讨了不同类型的环境规制在中国东部地区、中部地区和西部地区影响生态效率的方向及程度。

1.2.3 能源生态效率研究综述

关伟等(2015b)为度量"能源—经济—环境"系统,对1997—2012年中国省际能源生态效率进行评价,分析了省域能源生态效率的时空演变特征,并进一步探索能源生态效率的影响因素。王晓岭等(2015)基于"绿色化"视角,对能源经济效率和能源环境效率进行拓展,构建了能源生态效率理论框架,提出了"双低型"能源效率、"经济型"能源效率、"生态型"能源效率和"绿色型"能源效率的发展模式。赵鑫等(2016)以长江经济带为研究对象,测算了长江经济带整体及其上、中、下游能源生态效率水平及其收敛性。王腾等(2017)在生态文明背景下,将社会福利纳入能源环境效率框架中,构建能源生态效率理论框架,并对中国2000—2014年省级行政区能源生态效率展开测算。

1.2.4 简要评价

通过梳理现有关于能源效率和生态效率的文献,可知国内外学者对能源效率及生态效率相关问题的研究已取得了一定的成果:在内涵界定方面,能源效率强调以最少的能源投入获得最大的经济效益,而生态效率则是指在促进经济增长的同时将对环境的破坏降到最低限度;在评价方法方面,测算能源效率和生态效率最常用的方法是非参数数据包络分析和参数随机前沿分析方法;在应用层面,目前能源效率和生态效率被广泛运用于个体层面(微观)、产业层面(中观)以及国家层面(宏观);在影响因素方面,技术进步、产业结构、环境规制、对外开放、城镇化等因素均对能源效率和生态效率产生影响。

总的来说,学者们在能源效率领域开展了大量的研究工作,并取得了许多有意义的成果,但依然存在一些不足,可从以下两个方向进行延伸:

第一,能源在经济发展中的重要性日益凸显,但能源在促进经济快速发展的同时,也给环境造成了严重破坏,学术界对这一观点已经达成共识。能源利用涉及经济、环境及社会等多个领域,如果只考虑其中一个方面或有限的几个方面往往会存在较大的局限,建立包含能源、经济、环境、社会的集成模型是能源领域分析、建模的未来趋势。目前,学术界在能源系统的基础上,将能源系统与经济系统相结合,构建了能源经济效率模型,并进一步将环境系统与能源、经济系统结合,构建了能源环境效率或生态效率模型。然而,社会居民作为能源利用过程中经济发展的直接受益者和环境污染的直接受害者,社会居民福利在能源效率的研究中未能得到体现。因此,在构架能源效率的复合模型时有必要考虑社会因素,探讨能源消耗、经济增长以及环境问题对社会居民福利的影响。

第二,现有关于能源效率的应用研究,在微观上主要集中在污水处理厂、农场、浆纸厂等个体层面,在中观上主要集中在工业部门、物流业及东、中、西部地区等区域或产业层面,在宏观上主要集中在不同国家。而以长江经济带为研究对象,探索长江经济带在坚持生态优先、推动绿色发展背景下能源效率的时空分异及其演变规律的成果,有待进一步丰富。

1.3 研究思路与方法

1.3.1 研究思路

本课题研究的总体思路是:首先,介绍研究背景,发现长江经济带目前存在着经济发展需求与能源利用、环境保护以及社会居民福利间的矛盾;其次,梳理与能源效率、生态效率和能源生态效率相关的研究成果;再次,运用含有非期望产出的超效率 SBM 模型对长江经济带能源生态效率展开评价,从时间和空间两个角度分析能源生态效率的演变趋势;接着,运用空间计量模型检验长江经济带能源生态效率的影响因素;最后,指出长江经济带能源生态效率的提升路径,为实现坚持生态优先、推动绿色发展提供理论和政策支撑。

1.3.2 研究方法

本课题主要采用如下方法:

一是文献归纳法。目前,国内外学者关于能源效率问题和生态效率问题的研究已经取得一定的成果,从现有文献看,主要集中在内涵界定、评价方法选择、应用层面以及影响因素分析4个方面。但以全要素能源效率框架为基础,建立包含能源、经济、环境、社会的集成模型是能源领域分析、建模的未来趋势。本课题在大量梳理能源效率、生态效率相关文献基础上,结合可持续发展、生态文明建设等国家战略,以及长江经济带坚持生态优先、推动绿色发展的举措,构建涉及能源系统、经济系统、环境系统和社会系统的能源生态效率理论框架,试图对能源效率理论体系进行补充与完善。

二是基于数据包络分析的能源生态效率测算。关于效率测算方法,目前应用最广泛的是参数随机前沿分析法(SFA)和非参数数据包络分析法(DEA)。SFA的优势是允许技术无效性和考虑到随机事件对生产的冲击,比较接近生产和经济增长的实际,因此被广泛应用于效率评价研究中;其缺点是在测算效率前需要事先明确前沿函数模型,可能出现主观因素设定的前沿函数与生产实际存在明显差异的现象,从而影响到SFA的进一步推广。相比SFA,DEA具有两大优势:一方面,DEA能够计算决策单元具有不同单位的投入产出指标,无须在拟合前对数据进行无量纲化处理;另一方面,DEA根据决策单元原始数据求得决策单元的投入产出权重,并不需要对决策单元事先进行权重假设,避免了假设过程中的主观因素,从而使评价结果更加客观。结合本课题构建的能源生态效率投入产出指标体系,最后选择数据包络分析法作为测算能源生态效率的评价方法。

三是能源生态效率影响因素的空间计量模型。随着对区域问题研究的逐渐深入,空间特性在区域经济中的作用越来越明显,传统回归模型在处理具有空间效应的面板数据时显得力不从心,针对地理区间存在的空间效应进行分析的空间计量模型应运而生。目前,常用的空间计量模型有3种,即空间滞后模型、空间误差模型以及空间杜宾模型。空间滞后模型主要分析某一变量在不同的空间单元是否存在溢出效应,即被解释变量不仅受到本空间单元其他解释变量的影响,还同时受到邻近空间单元被解释变量的影响。空间误差模型主要测算邻近空间单元解释变量的误差冲击对本单元被解释变量的影响。空间杜宾模型综合了空间滞后模型和空间误差模型的特点,假定本空间单元的被解释变量不仅受到本空间单元外生解释变量的影响,同时还受到其他空间单元被解释变量以及外生变量的影响。通过比较空间滞后模型、空间误差模型和空间杜宾模型,最后选择时间固定的空间杜宾模型进行面板回归,以探索各因素影响长江经济带能源生态效率的方向及程度。

第2章 长江经济带能源生态效率时空分异研究测算

改革开放以来,中国经济发展取得了举世瞩目的成就,长江经济带亦是如此。能源资源作为人类生存发展最重要的物质基础之一,在保障长江经济带的经济发展过程中起到了重要支撑作用。但不得不指出,能源利用在保障长江经济带经济快速增长的同时,也给长江经济带造成了严重的生态环境问题。长江经济带沿江地区密布重化工企业,工业废水排放量巨大,水质存在恶化趋势,水土流失、生物多样性下降等生态环境问题突出,生态系统面临崩溃的风险。提高能源生态效率是长江经济带坚持生态优先、推进绿色发展的重要举措。因此,了解长江经济带能源生态效率实际水平,分析能源生态效率的时空演变特征,有利于客观认识长江经济带经济发展过程中存在的问题与不足,以便更好地推进长江经济带生态文明建设。

2.1 研究方法选择

2.1.1 评价方法

1. 随机前沿分析

新古典经济增长理论认为:在完全竞争条件下,技术无效性的企业将被市场淘汰,即技术无效性现象将不能长久存在。然而,在现实生产过程中,技术无效性现象普遍存在。此外,经济发展中频繁出现的难以预测的随机事件(如自然灾害、突发疾病等)会对企业生产产生或积极或消极的影响。对技术无效性和随机因素影响的质疑正是随机前沿分析诞生的背景。随机前沿分析是关于前沿估计的一种参数方法,结合某个确定的前沿函数模型,在具体技术条件和生产要素组合条件下,比较实际产出与理想产出差距的效率评价方法。随机前沿函数模型中误差项主要有随机误差和无效性项两部分构成,其中随机误差项服从正态分布,无效性项服从非负截尾正态分布。待评估样本与理想效率前沿的偏离程度主要由随机误差项和无效率项确定。

随机前沿分析最早由学者 Aigner 等(1977)、Meeusen 等(1977)分别提出,具体模型如下:

$$Y = f(X,\beta) * \exp(V-U) \tag{2-1}$$

其中，$f(X,\beta)$ 为生产函数，被解释变量 Y 代表产出，解释变量 X 代表投入，β 为与投入变量对应的待估技术参数；$\exp(V-U)$ 为误差项，V 为难以预测的随机事件对经济生产的冲击，服从 $N(0,\sigma^2)$ 分布，非负 U 代表技术无效率指数。通过比较 U 与 0 的关系确定评估样本的生产状态：若 $U>0$，表明企业位于生产前沿面的下方，即处于技术无效率状态；若 $U=0$ 说明正好处于生产前沿面上。

2. 数据包络分析

数据包络分析是研究具有多个投入和多个产出的同类型组织（决策单元）间相对效率的评价方法。基本原理是：DEA 根据原始数据确定生产可能集，将单个决策单元与确定的最优生产前沿面相比较，计算得到该决策单元的相对效率。

1）DEA 模型概述

Charnes 等（1978）首次提出了 DEA 模型，该模型也被称为 CCR 模型。假定存在 n 个具有可比性的单位或部门，即决策单元（Decision Making Units，DMU），每个决策单元均有 m 种输入（投入）和 s 种输出（产出），各决策单元的输入、输出数据如图 2-1 所示。

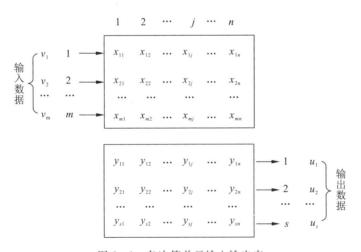

图 2-1 各决策单元输入输出表

在图 2-1 中，x_{ij} 表示第 j 个决策单元的输入量；y_{rj} 表示第 j 个决策单元的输出量；V_i 和 U_r 分别为与输入量和输出量对应的权重。

记决策单元 j 输入向量为：

$$\boldsymbol{X}_j = (x_{1j}, x_{2j}, \cdots, x_{mj})^T > 0 \quad (j=1,2,\cdots,n) \tag{2-2}$$

记决策单元 j 输出向量为：

$$Y_j = (y_{1j}, y_{2j}, \cdots, y_{sj})^T > 0 \quad (j=1,2,\cdots,n) \qquad (2-3)$$

记输入向量权重为：

$$V = (v_1, v_2, \cdots, v_m)^T \qquad (2-4)$$

记输出向量权重为：

$$U = (u_1, u_2, \cdots, u_s)^T \qquad (2-5)$$

则 DMU_j 效率界定为：

$$h_j = \frac{U^T Y_j}{V^T X_j} (j=1,2,\cdots,n) \qquad (2-6)$$

由于 x_{ij} 和 y_{rj} 均为已知数，计算 DMU_j 效率的问题转换为求得一组最优的输入和输出权重，使得决策单元的效率值 h_j 达到最大。CCR 模型就是在存在约束集条件下评价决策单元相对有效性的方法。决策单元 j_0 相对效率优化模型为：

$$\begin{aligned}
& \max h_0 = \frac{u^T y_0}{v^T x_0} \\
& s.t. \ \frac{u^T y_j}{v^T x_j} \leqslant 1, (j=1,2,\cdots,n) \\
& u \geqslant 0, v \geqslant 0
\end{aligned} \qquad (2-7)$$

为便于求解，将上式采用 Charnes–Cooper 转换，得到如下线性形式：

$$\begin{aligned}
& \max \mu^T y_0 = h_0 \\
& \omega^T x_j - \mu^T y_j \geqslant 0 \\
& \omega^T x_0 = 1 \\
& \omega \geqslant 0, \mu \geqslant 0
\end{aligned} \qquad (2-8)$$

若存在最优解 ω_0 和 μ_0，满足 $\omega_0 > 0, \mu_0 > 0$，且 $h_0 = 1$，则决策单元有效。但运用该方法判断决策单元的 DEA 有效性并不直接，考虑将上式再转化成对偶线性规模模型，如下：

$$\begin{aligned}
& \min \ \theta \\
& \sum_{j=1}^n x_j \lambda_j \leqslant \theta x_0, \\
& \sum_{j=1}^n y_j \lambda_j \geqslant y_0, \\
& \lambda_j \geqslant 0, j=1,2,\cdots,n
\end{aligned} \qquad (2-9)$$

当 $\theta=1$ 时，该决策单元有效；当 θ 介于 0 和 1 之间时，该决策单元为非有效，即可以通过减少投入来保持原产出不变。

2）可处理非期望产出的超效率 SBM 模型

传统 DEA 模型的基本思想是将非同质的投入赋予一定权重后进行加总处理，

然而在处理包含污染物等非期望产出的效率评价时,需要对负向的非期望产出进行转化。含有非期望产出的 SBM 模型(即 SBM-Undesirable 模型)为处理该类问题提供了可行性。

SBM-Undesirable 模型具体原理如下:假设有 n 个决策单元,有 m 个投入指标,s_1 个期望产出,s_2 个非期望产出,则投入矩阵 X、期望产出矩阵 Y^g 和非期望产出矩阵 Y^b 分别为:

$$X = (x_1, \cdots, x_n) \in R^{m \times n}, X > 0$$
$$Y^g = (y_1^g, \cdots, y_n^g) \in R^{s_1 \times n}, Y^g > 0 \quad (2-10)$$
$$Y^b = (y_1^b, \cdots, y_n^b) \in R^{s_2 \times n}, Y^b > 0$$

所有决策单元构成的生产可能集为:

$$P(x) = \{(x, y^g, y^b) \mid x \geq \lambda X, y^g \leq \lambda Y^g, y^b \leq \lambda Y^b, \lambda \geq 0\} \quad (2-11)$$

SBM-Undesirable 模型数学形式为:

$$\rho = \min \frac{1 - \frac{1}{m}\sum_{i=1}^{m} \frac{s_i^-}{x_{i0}}}{1 + \frac{1}{s_1 + s_2}(\sum_{r=1}^{s_1} \frac{s_r^g}{y_{r0}^g} + \sum_{q=1}^{s_2} \frac{s_r^b}{y_{q0}^b})}$$

$$x_0 = \lambda X + s^-$$
$$y_0^g = \lambda Y^g - s^g \quad (2-12)$$
$$y_0^b = \lambda Y^b + s^b$$
$$s^- \geq 0, s^g \geq 0, s^b \geq 0, \lambda \geq 0$$

ρ 为 SBM-Undesirable 模型目标函数值;s^- 为投入指标的松弛变量;s^g 和 s^b 分别是期望产出和非期望产出的松弛变量。若 $\rho = 1$,且 $s^- = s^g = s^b = 0$,说明该决策单元有效,否则,该决策单元非有效,此时投入或者产出存在改进的空间。

为避免出现大部分决策单元均处于有效状态的现象,在 SBM-Undesirable 模型基础上使用超效率 SBM-Undesirable 模型,使得决策单元间具有可比性,超效率 SBM-Undesirable 模型数学形式为:

$$\min \varphi = \frac{\frac{1}{m}\sum_{i=1}^{m} \frac{\overline{x}}{x_{ik}}}{\frac{1}{s_1 + s_2}(\sum_{r=1}^{s_1} \frac{s_r^g}{y_{r0}^g} + \sum_{q=1}^{s_2} \frac{s_r^b}{y_{q0}^b})}$$

$$\text{Subject to} \quad \overline{x} \geq \sum_{j=1, \neq k}^{n} x_{ij}\lambda_j \quad i = 1, \cdots, m$$

$$\overline{y^g} \leq \sum_{j=1, \neq k}^{n} y_{rj}^g \lambda_j \quad r = 1, \cdots, s_1$$

$$\overline{y^b} \geqslant \sum_{j=1, \neq k}^{n} y_{qj}^b \lambda_j \qquad q = 1, \cdots, s_2 \qquad (2-13)$$

$$\lambda_j > 0 \qquad j = 1, \cdots, n$$

$$\overline{x} \geqslant x_k \qquad i = 1, \cdots, m$$

$$\overline{y^g} \leqslant y_k^g \qquad r = 1, \cdots, s_1$$

$$\overline{y^b} \geqslant y_k^b \qquad q = 1, \cdots, s_2$$

2.1.2 空间自相关指数

空间自相关指数主要用于分析某一变量在不同空间单元上相互依赖的程度。目前,空间自相关包括全局自相关和局部自相关两种,分别用全局莫兰指数 I 和局部莫兰指数 I 衡量。

1. 全局莫兰指数 I

全局莫兰指数 I 是最早用于衡量空间关联及集聚问题的指标,主要用于探索所有研究对象范围内各个空间单元与邻近空间单元的相似性。

全局莫兰指数 I 计算公式如下:

$$I = \frac{n \sum_{i=1}^{n} \sum_{j=1}^{n} W_{ij}(x_i - \overline{x})(x_j - \overline{x})}{\sum_{i=1}^{n} \sum_{j=1}^{n} W_{ij} \sum_{i=1}^{n}(x_i - \overline{x})^2} = \frac{\sum_{i=1}^{n} \sum_{j=1}^{n} W_{ij}(x_i - \overline{x})(x_j - \overline{x})}{S^2 \sum_{i=1}^{n} \sum_{j=1}^{n} W_{ij}} \qquad (2-14)$$

其中,n 为样本量;x_i 表示空间单元 i 的变量观测值,x_j 表示空间单元 j 的变量观测值;$\overline{x} = \frac{1}{n}\sum_{i=1}^{n} x_i$,表示所有空间单元的变量均值;$S^2 = \frac{1}{n}\sum_{i=1}^{n}(x_i - \overline{x})^2$,$S$ 表示变量的标准差;W_{ij} 为空间权重矩阵,当空间单元 i 与空间单元 j 相邻时,W_{ij} 取值1,否则,W_{ij} 取值0。全局莫兰指数 I 取值区间为 $[-1,1]$,当 $I < 0$ 时,表明该变量在整个空间范围内存在空间负相关;当 $I > 0$ 时,表明该变量在整个空间范围内存在空间正相关。

2. 局部莫兰指数 I

局部莫兰指数 I 用于衡量空间单元 i 与周边邻近空间单元间的关联性。

局部莫兰指数 I 计算公式如下:

$$I_i = \frac{(x_i - \overline{x}) \sum_{j \neq i}^{n} W_{ij}(x_j - \overline{x})}{S^2} \qquad (2-15)$$

当 $I_i > 0$ 时,表明空间单元 i 与周边邻近空间单元间表现为相似的空间集聚性,即一个高值被高值所包围(高—高集聚)或者一个低值被低值所包围(低—低集聚);当$I_i<0$时,表明空间单元i与周边邻近空间单元间表现为非相似的空间集聚性,即一个高值被低值所包围(高—低集聚)或者一个低值被高值所包围(低—高集聚)。

2.2 指标体系投入产出选择

根据能源生态效率的内涵界定可知,提高能源生态效率最终目的是缓解能源紧张问题,实现经济增长、环境保护和提高社会福利。因此,在能源生态效率指标体系构建过程中,绿色发展、生态文明建设和可持续发展思想提供了理论指导。此外,科学性、系统性、可操作性和典型性原则为构建能源生态效率指标体系提供了可行方向:科学性原则是指标体系构建的根本,系统性原则为选取指标体系提供了方法,可操作性原则和典型性原则是评价能源生态效率的先验条件。这4个原则相辅相成,共同作用于构建有效的能源生态效率指标体系。

能源的开发、运输及利用等每一个环节都离不开资本和劳动等要素的支持。同时,笔者通过梳理现有关于单要素能源效率指标体系、全要素能源效率指标体系、含有非期望产出的能源效率指标体系以及能源生态效率指标体系等研究成果,最终选择能源、劳动力、资本作为投入指标,经济、环境污染物排放(环境非期望产出)、社会福利为产出指标,构建能源生态效率评价指标体系(表2-1)。

表2-1 能源生态效率评价指标体系

	指标定义	指标名称	单位	数据来源
投入指标	能源投入	能源消费总量	万t标准煤	《中国能源统计年鉴》
	劳动力投入	就业人数	万人	各省市统计年鉴
	资本投入	资本存量	亿元	《中国统计年鉴》
产出指标	经济产出	地区生产总值	亿元	《中国统计年鉴》
	环境非期望产出	二氧化碳排放量	万t	《中国能源统计年鉴》
	社会福利产出	基于熵权的就业、教育、文化、社保、医疗、住房综合值	—	《中国统计年鉴》国家统计局网站

1. 投入指标

一是能源投入。我国能源消费种类繁多,主要包括煤炭、石油、天然气,其他还有核能、水能、风能、太阳能等。由于不同省份资源禀赋不尽相同,不同品种能源消费量占能源体系的比重各不相同,因此,选用某种具体能源消费量代表所有区域能源投入并不适宜。本课题选用能源消费总量作为能源投入的衡量指标,该指标是某一地区(国家、区域)在一定时间内各行业以及居民家庭消费的能源总和,单位为万t标准煤。长江经济带各省市能源消费总量数据来自2001—2017年《中国能源统计年鉴》。

二是劳动力投入。就业人员主要是指年满16周岁、具有劳动能力的自然人为获得报酬或者经营性收入而参与社会劳动的人员。就业人员数量能够较好地体现当年劳动力资源实际投入使用情况。因此,本课题选用就业人数作为衡量劳动投入的测量指标,具体取当年年末就业人数与上一年年末就业人数的均值,数据来自2000—2017年各省市统计年鉴。

三是资本投入。资本存量是指某一对象现有的全部资本资源,能够较好地反映研究对象的生产规模。资本在实际使用过程中存在折旧现象,考虑到这一实际情况,当前学者在估算资本投入时采用永续盘存法。计算方法为:本年度资本投入为上年度资本投入的折旧余值与本年度固定资产投资的加和。张军等(2004)首次利用永续盘存法对我国具体资本存量进行估算。单豪杰(2008)选用最新资料修正的基期资本存量和折旧率,重新构建了资本存量的估算指标。本课题选取固定资本形成投资作为本年度资本投入,借鉴吴延瑞(2008)对折旧率的测算方法,求得其他年份资本存量数据。为消除价格对资本存量的影响,笔者选取2000年数据作为基期,使用固定资产投资价格指数进行平减,具体数据来自2001—2017年《中国统计年鉴》。

2. 产出指标

一是经济产出。国内生产总值(GDP)是指一个国家在一定时期内所有经济主体生产活动的最终成果,即能源、劳动和资本投入最终反映在GDP中。因此,本课题选取各省市每年GDP作为经济产出的衡量指标,同样以2000年为基期,使用GDP平减指数进行处理,以消除价格对指标的影响,具体数据来自2001—2017年《中国统计年鉴》。

二是环境非期望产出。能源利用促进了经济的迅速腾飞,但其消费过程也导致环境污染物的排放(非期望产出),严重威胁到社会良好运转。目前学者们对环境非期望产出的选择分歧较大:一方面,部分学者选择某种废气排放量作为衡量环境非期望产出的指标;另一方面,部分学者认为污染物有废水、废气、固体废弃物3

种形态,应从这3个方面衡量环境非期望产出。但通过查询现有资料后发现,目前只能获得废水和废气两种排放物的数据,而固体废物只能获得工业行业相关数据,因此,基于指标体系构建的可操作性原则,本课题选择二氧化碳排放量作为环境非期望产出的指标。

以往学者计算二氧化碳的排放量,主要以煤炭、石油、天然气3种主要能源为主。本课题在对我国能源种类分类基础上,结合数据可获得性,以柴油、焦炭、煤炭、煤油、汽油、燃料油6种能源消耗量为基准,测算各省市二氧化碳的排放量。计算方法主要来源于《2006年IPCC国家温室气体清单指南》,具体公式如下:

$$CO_2 = \sum_{i=1}^{n} CO_{2i} = \sum_{i=1}^{n} E_i \times NCV_i \times CEF_i \times COF_i \times \frac{44}{12} \quad (2-16)$$

式中,E_i 表示第 i 种能源的消耗量,需换算成统一单位万 t 标准煤;NCV_i 表示第 i 种能源的净发热值;CEF_i 和 COF_i 分别表示 IPCC(2006)中确认的碳排放系数及碳氧化因子。柴油、焦炭、煤炭、煤油、汽油、燃料油6种能源消耗量相关数据来自2001—2017年《中国能源统计年鉴》。

三是社会福利产出。目前,社会福利的测量指标主要有联合国开发计划署的 HDI 指数(Human Development Index,人类发展指数)以及人均预期寿命。但由于官方资料统计口径的原因,无法获得2000—2016年这17年间长江经济带11个省市关于人均预期寿命的连续数据。社会福利具体体现为社会居民生活质量,社会居民生活质量越高,说明社会福利越好。根据"十三五"规划中相关阐述,本课题从就业、教育、文化、社保、医疗、住房等公共服务体系方面,分别选取就业率、人均受教育年限、文化机构从业人员拥有率、参加社保率、卫生技术人数拥有率、人均新增建筑面积6个指标,运用熵权法合成社会福利指标。具体数据来自2001—2017年《中国统计年鉴》以及中华人民共和国国家统计局网站。

2.3 长江经济带能源生态效率时空演化分析

根据前文构建的能源生态效率理论框架以及评价指标体系,以2000—2016年长江经济带11个省市为样本,对其能源生态效率进行测算,结果如表2-2所示。

表 2-2　2000—2016 年长江经济带能源生态效率

年份	长江下游省市			长江中游省市				长江上游省市				均值
	上海	江苏	浙江	安徽	江西	湖北	湖南	重庆	四川	贵州	云南	
2000	1.655	1.074	1.055	0.642	1.121	0.628	1.017	1.041	0.658	0.518	0.707	0.920
2001	1.644	1.068	1.056	0.660	1.082	0.644	0.806	1.043	0.710	0.533	0.728	0.907
2002	1.599	1.064	1.057	0.668	1.092	0.618	0.789	1.065	0.700	1.050	0.700	0.946
2003	1.621	1.052	1.034	1.006	1.051	0.615	1.017	1.057	0.632	1.039	0.634	0.978
2004	1.558	1.045	1.010	1.003	1.040	0.607	1.040	1.079	0.601	1.049	0.695	0.975
2005	1.676	1.074	0.788	1.008	1.035	0.605	1.033	1.070	0.650	1.077	0.711	0.975
2006	1.716	0.867	0.795	0.822	1.068	0.597	1.040	1.057	0.647	1.107	0.761	0.952
2007	1.632	0.877	0.826	0.819	1.087	0.643	1.041	1.058	0.667	1.135	0.953	0.976
2008	1.542	0.890	0.869	0.808	1.134	0.682	1.032	0.929	0.674	1.154	1.017	0.976
2009	1.541	0.864	0.870	1.005	1.135	0.654	1.027	0.912	0.602	1.167	1.007	0.980
2010	1.475	0.857	0.901	1.006	1.111	0.576	1.016	1.002	0.555	1.169	0.759	0.948
2011	1.451	0.846	0.924	1.002	1.111	0.565	1.007	0.842	0.549	1.173	0.643	0.919
2012	1.446	0.847	1.129	0.580	1.124	0.556	0.544	0.791	0.546	1.155	0.568	0.844
2013	1.377	0.855	0.975	0.558	1.112	0.606	0.576	0.808	0.419	1.132	0.535	0.814
2014	1.393	0.869	1.147	0.520	1.070	0.575	0.540	0.735	0.523	1.107	0.463	0.813
2015	1.413	0.870	0.988	0.507	1.085	0.578	0.540	0.704	0.539	1.066	0.472	0.797
2016	1.468	0.864	0.920	0.479	1.077	0.559	0.527	0.683	0.519	1.044	0.460	0.782
均值	1.542	0.934	0.962	0.770	1.090	0.606	0.858	0.934	0.600	1.040	0.695	0.912

数据来源:测算结果由作者计算得出。

2.3.1　能源生态效率的时间演变分析

1. 整体层面

2000—2016 年,长江经济带能源生态效率均值为 0.912,小于 1,处于非有效状态,说明长江经济带能源生态效率存在进一步提高的空间。此外,长江经济带能源生态效率从 2000 年的 0.920 降低到 2016 年的 0.782,虽然 2003 年至 2009 年能源生态效率保持在较高位置,但从整体而言,长江经济带能源生态效率指数呈不断下降趋势(图 2-2)。能源作为经济发展的重要基石,保障着长江经济带经济的快速发展,但不得不承认,长江经济带粗放式发展模式使得能源消耗过程中存在着大量浪费问题。长江经济带奉行的"以经济建设为中心"的发展原则,过于注重经济发展数量,而忽视了经济发展质量,极大地破坏了长江经济带生态环境系统,直接影响到居民社会福利,这些都可能是导致长江经济带能源生态效率持续走低的原因。

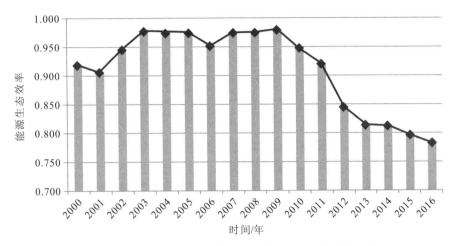

图 2-2 2000—2016 年长江经济带能源生态效率整体变化趋势

2. 区域层面

本课题根据传统的划分方法,将长江经济带 11 个省市划分为上游地区、中游地区和下游地区。其中,长江经济带上游地区包括 4 个省市,分别是重庆市、四川省、云南省和贵州省;长江经济带中游地区包括 4 个省份,分别是安徽省、湖北省、湖南省和江西省;长江经济带下游地区包括 3 个省市,分别是上海市、江苏省和浙江省。

从区域层面,长江经济带上游地区、中游地区和下游地区的能源生态效率均呈下降趋势,如图 2-3 所示。其中,下游地区能源生态效率指数从 2000 年的 1.261下降到 2016 年的 1.084,降幅为 14.036%;2000 年,中游地区能源生态效率值为0.852,而这一数值到 2016 年降为 0.660,降幅高达 22.535%;上游地区能源生态效率则从 2000 年的 0.731 下降到 2016 年的 0.677,下降 0.054。此外,2000—2016 年,长江经济带下游地区能源生态效率平均值为 1.146,远高于长江经济带0.912 的平均水平。中游地区和上游地区能源生态效率均值分别为 0.831 和0.817,低于全国平均水平。

长江经济带下游地区经济发达且高能源生态效率与中游地区和上游地区经济

落后且低能源生态效率形成了鲜明对比。下游地区外资利用程度高,复合型人才储备充足,环境规制更加严格,产业结构合理,社会保障制度更加完善,在多种因素的共同作用下,能源生态效率更高。而中游地区和上游地区社会经济以资源产业为主,人力资本积累不足,污染严重,环境恶化,能源生态效率指数较低。

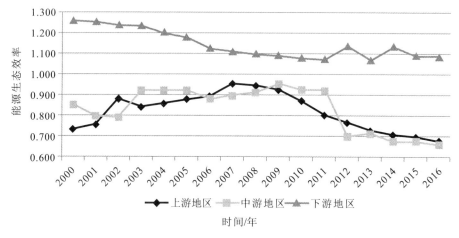

图2-3　2000—2016年长江经济带上游、中游、下游地区能源生态效率

3. 省域层面

2000—2016年间,长江经济带11个省市的能源生态效率指数的变化趋势分歧明显:以贵州为代表的省市,能源生态效率呈现上升趋势,其指数从2000年的0.518上升到2016年的1.044;以湖北为代表的省市,能源生态效率指数从2000年的0.628变化为2016年的0.559,整体波动不大,保持稳定;而以湖南、江苏、云南为代表的9个省市,能源生态效率则呈现明显的下降趋势。此外,不同省市能源生态效率差距明显(图2-4):上海、江西和贵州能源生态效率值大于1,说明这3个省份的能源生态效率处于有效状态;长江经济带能源生态效率最低的3个省份分别是四川、湖北和云南,其能源生态效率值分别为0.600、0.606和0.695,远小于1,说明这些省份的能源生态效率处于非有效状态,这些区域资源利用与经济增长、环境保护、社会福利间矛盾突出,亟待改善。我国幅员辽阔,各省域地形多样、地理特征差异明显,地下所蕴藏的自然资源也各不相同。此外,不同省域的资源、政策倾向、经济发展模式也各有侧重,不同省域的先天禀赋和后天条件存在差异,导致长江经济带各省市能源生态效率存在着较大区别。

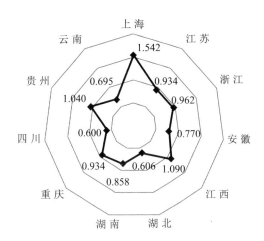

图 2-4 2000—2016 年长江经济带 11 个省市能源生态效率均值

2.3.2 能源生态效率的空间差异分析

1. 全局莫兰指数 I 测算

通过引入 ROOK 一阶邻接权重矩阵,选用 GeoDa 软件对长江经济带 2000—2016 年 11 个省市能源生态效率的全局莫兰指数 I 进行测算,同时计算得到其均值、标志差以及对应的 Z 值,结果如表 2-3 所示。

表 2-3 2000—2016 年长江经济带能源生态效率全局自相关指数

年份	莫兰指数 I	均值	标准差	Z 值
2000	0.209 7	−0.099 4	0.195 4	1.581 7
2001	0.236 9	−0.095 9	0.182 1	1.827 9
2002	0.101 4	−0.084 7	0.180 9	1.028 4
2003	0.119 1	−0.070 8	0.180 8	1.050 5
2004	0.070 4	−0.067 3	0.187 6	0.734 0
2005	−0.087 2	−0.070 0	0.177 2	−0.097 5
2006	−0.173 1	−0.077 5	0.156 4	−0.611 2
2007	−0.208 1	−0.080 1	0.157 7	−0.812 0
2008	−0.178 3	−0.090 0	0.163 9	−0.538 8

续表 2-3

年份	莫兰指数 I	均值	标准差	Z 值
2009	-0.2428	-0.0852	0.1642	-0.9593
2010	-0.1915	-0.0642	0.1825	-0.6977
2011	-0.1005	-0.0744	0.1913	-0.1366
2012	0.0134	-0.0859	0.2051	0.4843
2013	-0.0525	-0.0698	0.2099	0.0828
2014	0.0688	-0.0866	0.2074	0.7491
2015	0.0252	-0.0885	0.2031	0.5598
2016	0.0154	-0.0898	0.1961	0.5365

数据来源：根据模型拟合结果汇总得到。

据表 2-3 可知，2000—2016 年长江经济带能源生态效率的全局莫兰指数变化情况主要分为 3 个阶段：从 2001 年至 2004 年，长江经济带能源生态效率的全局莫兰指数为正值，且整体指数不断下降，说明长江经济带主要体现为具有相同属性的省市间的空间集聚，但这种集聚强度不断减弱；而在 2005 年至 2011 年，长江经济带能源生态效率的全局莫兰指数为负值，说明长江经济带在这些年份中主要体现为具有相异属性的省市间的空间集聚；在 2012 至 2016 年，长江经济带能源生态效率的全局莫兰指数为正值，此时长江经济带体现为相同属性的省市间的空间集聚。

2. 局部莫兰指数 I 测算

全局自相关是从整体上显示能源生态效率是否存在空间集聚特征。为进一步研究长江经济带具体哪些区域能源生态效率存在空间依赖关系，有必要对其进行局部空间自相关分析。

通过局部莫兰指数 I，可以得到 Moran 散点图及各地区集聚分布情况。Moran 散点图有 4 个象限，分别对应四种类型的空间相关性：第一象限为高—高集聚，表示能源生态效率较高的省市被能源生态效率较高的邻近省市包围，在空间关联中表现为扩散效应；第二象限为低—高集聚，表示能源生态效率较低的省市被能源生态效率较高的邻近省市包围，属于过渡区；第三象限为低—低集聚，表示能源生态效率较低的省市被能源生态效率较低的邻近省市包围，属于低速增长区；第四象限为高—低集聚，表示能源生态效率较高的省市被能源生态效率较低的邻近省市包围，在空间关联中表现为极化效应。

因此,将长江经济带11个省市间的集聚关系分为四种:高—高集聚、低—高集聚、低—低集聚和高—低集聚,限于篇幅,此处只给出了2000年、2005年、2011年和2016年4个年份长江经济带能源生态效率的局部空间聚类结果,如表2-4所示。结果显示:在这四年中,分别有6个省市、3个省市、5个省市和6个省市呈现为正向的空间关联性(高—高集聚区和低—低集聚区),说明这些区域能源生态效率存在较为明显的空间溢出效应;分别有5个省市、8个省市、6个省市和5个省市呈现为负向的空间关联性(高—低集聚区和低—高集聚区),说明这些区域能源生态效率存在较为明显的空间极化效应。

表2-4 2000/2005/2011/2016年长江经济带能源生态效率局部莫兰指数

聚类结果	时间			
	2000年	2005年	2011年	2016年
高—高集聚	上海市、江苏省、浙江省	江苏省	浙江省、湖南省	上海市、江苏省、浙江省
低—高集聚	安徽省、湖北省	浙江省、湖北省	江苏省、湖北省	湖南省、安徽省、云南省
低—低集聚	贵州省、四川省、云南省	四川省、云南省	四川省、云南省、重庆市	四川省、湖北省、重庆市
高—低集聚	江西省、湖南省、重庆市	上海市、湖南省、安徽省、江西省、贵州省、重庆市	安徽省、江西省、上海市、贵州省	江西省、贵州省

数据来源:根据拟合结果汇总得到。

第一象限,高—高集聚区。从数量上看,位于高—高集聚区的省市先减少后增加,但这些省市的地理位置主要集中在长江经济带下游沿海地区。沿海地区经济发展水平较高,外资利用程度高,技术较先进,产业结构更加合理,环境规制更加严格,社会保障制度更加完善,在多种因素的共同作用下,能源生态效率更高,容易对周边地区产生正向的带动作用,体现为扩散效应。

第二象限,低—高集聚区。湖北省是低—高集聚区的主要代表。近年来,湖北省经济总量取得显著发展,但经济增长是建立在投资拉动经济增长的模式上的,这种粗放式发展模式导致能源利用效率低下,污染物排放问题较为严重,能源生态效率较低。此类型周边地区能源生态效率较高,具有"被扩散"的区位优势,提升空间较大。

第三象限,低—低集聚区。长江经济带低—低集聚区主要集中在长江经济带上游地区四川省和云南省。与下游沿海地区相比，上游地区以高能耗、高污染为代表的发展模式对经济发展造成了极为不利的影响，重工业在经济中占据极其重要的地位，产业结构不合理，技术水平较为落后，资源利用效率不高，能源生态效率较低，亟待转变经济发展方式，实现粗放型向集约型的转变。

第四象限，高—低集聚区。江西省和贵州省是高—低集聚区的主要代表。江西水资源丰富，历来注重经济发展过程中的环境保护问题，而贵州省近年来重点发展第三产业中的大数据产业，这两个省份在发展经济的同时注意保护环境，环境污染问题较缓和，能源生态效率较高。但由于江西省和贵州省未能与周边能源生态效率较低的地区形成良好的区域合作机制，产业链分布格局不合理，难以对邻近低值地区产生较明显的辐射带动作用。

第 3 章　长江经济带能源生态效率的影响因素研究

在第 2 章中对长江经济带能源生态效率进行了测算，从时间维度分析 2000—2016 年长江经济带能源生态效率的演变，从空间维度分析了长江经济带能源生态效率的空间分布，并通过文献综述梳理了技术进步、产业结构、环境规制、能源消费结构、所有制结构、能源禀赋、对外开放、城镇化和能源价格等因素的能源生态效率的影响机理。但是，这些能源生态效率的影响机理是否能够得到数据的支持，即这些因素影响能源生态效率的方向是否与理论相一致，能否通过显著性检验，仍有待探索。本章主要运用空间计量模型对能源生态效率与影响因素间的关系进行实证检验，探索这些因素影响能源生态效率的方向及其程度，为提高长江经济带能源生态效率提供数据支撑。

长江经济带经济高速增长是建立在能源大量投入以及污染物大量排放基础上的，这种粗放式发展模式的结果是能源大量浪费、环境破坏严重。随着工业化进程不断推进，能源利用所带来的问题不仅制约着经济可持续发展，而且严重威胁到社会的良好运转，同时也会损害子孙后代的利益。而提高能源生态效率是解决这一问题的关键，因此，有必要探索能源生态效率的影响因素，从理论上分析这些因素对能源生态效率产生的影响。

3.1　影响因素体系

通过梳理现有研究成果发现，影响能源生态效率的驱动因素主要集中在 4 个方面:技术进步、结构变动、经济体制以及能源禀赋。技术进步使得同等投入时产出更多或者同等产出时投入降低,提高了能源生态效率;结构变动对能源生态效率的影响主要体现在不同结构(包括产业结构、能源消费结构以及城镇化水平)的能源生态效率不同;经济体制方面,良好的制度以及灵敏的市场信号能够改善能源生态效率,一般包括环境规制、所有制结构、对外开放程度以及能源价格。此外,能源禀赋也是影响能源生态效率的重要因素。最终,构建能源生态效率的影响因素体系,如图3-1所示。

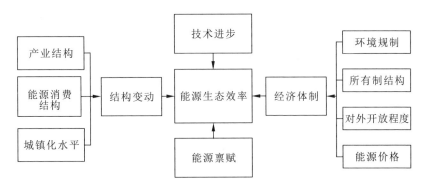

图3-1 能源生态效率的影响因素体系

3.2 空间计量模型选择

3.2.1 空间计量模型

随着对区域经济研究的逐渐深入,空间特性在区域经济中的作用越来越明显,传统的回归模型在处理具有空间效应的面板数据时显得力不从心,空间计量方法应运而生。空间计量方法起源于地理学,是将地理空间思想与区域数据相结合,应用计算机技术、统计学以及运筹学等知识对具有空间效应的面板或截面数据进行处理,以探索区域经济行为在空间交互作用的一种计量方法。其中,空间效应主要来源于空间依赖性及空间异质性两方面。

1. 空间依赖性

空间依赖性也称为空间自相关性,是指一个区域的经济行为对邻近区域的经济产生直接或间接的影响。根据来源可将空间依赖性分为两种:真实空间依赖性和干扰空间依赖性。其中,真实空间依赖性是区域经济行为客观存在的交互作用,如某地区的技术进步可以通过与其他地区企业的交流合作以及技术人员跨区域流动等途径影响其他地区的技术水平,这些行为对其他地区在地理空间上所产生的示范或激励作用。干扰空间依赖性主要是测量问题导致的,如搜集的数据与空间单元不对应、与空间假设存在误差等。

2. 空间异质性

空间异质性也称为空间差异性,是指不同空间单元具有区别于其他单元的特点,如发达国家和发展中国家、核心地区和边缘地区等非均质的地理差异,使得空间单元在发展模式、创新行为等方面表现出与其他空间单元的差异。

3.2.2 空间计量模型分类

空间计量模型主要用于处理数据回归过程中空间交互作用和空间结构分析。目前,常用的空间计量模型有3种:空间滞后模型、空间误差模型和空间杜宾模型。

1. 空间滞后模型

空间滞后模型(Spatial Lag Model,SLM),又称为空间自回归模型(Spatial Autoregression Model,SAR),主要分析某一变量在不同的空间单元是否存在溢出效应,即被解释变量不仅受到本空间单元其他解释变量的影响,还同时受到邻近空间单元被解释变量的影响。空间滞后模型能够更好地体现全球化背景下不同区域间的密切联系。其表达式如下:

$$Y = \rho W y + X\beta + \varepsilon \quad (3-1)$$

式中,Y 为被解释变量;X 为外生解释变量;ρ 为空间自回归系数,反映了样本观察值的空间依赖作用,即邻近空间单元的被解释变量对本空间单元被解释变量的影响;W 为空间权重;Wy 为滞后变量;ε 为随机误差项。

2. 空间误差模型

空间误差模型(Spatial Error Model,SEM)主要测度了邻近空间单元解释变量的误差冲击对本空间单元被解释变量的影响。其表达式如下:

$$Y = X\beta + \varepsilon$$
$$\varepsilon = \lambda W\varepsilon + \mu \quad (3-2)$$

式中,λ 体现了样本观察值中的空间依赖作用;$W\varepsilon$ 反映了邻近空间单元被解释变量的误差项对本空间单元被解释变量的影响;μ 为服从正态分布的随机误差;其他变量与空间滞后模型的变量相同。

3. 空间杜宾模型

空间杜宾模型(Spatial Durbin Model,SDM)综合了空间滞后模型和空间误差模型的特点,假定本空间单元的被解释变量不仅受到本空间单元外生解释变量的影响,同时还受到其他空间单元被解释变量以及外生变量的影响。空间杜宾模型的数学表达式为:

$$Y = \rho W y + \beta X + \lambda W X + \varepsilon \qquad (3-3)$$

式中,Y 为被解释变量;W 为空间权重;Wy 为空间滞后因子,反映空间距离对空间行为的影响;X 为外生解释变量;ρ 为空间自回归系数,体现了其他空间单元对本空间单元扩散或溢出程度;β 反映了外生解释变量对被解释变量的影响程度;λ 为空间误差系数,反映了其他空间单元被解释变量的误差冲击对本空间单元的影响程度;ε 为随机误差向量。

当 $\rho=\lambda=0$,$\beta\neq 0$ 时,模型不再包含空间效应,空间杜宾模型退化为传统的回归模型;当 $\lambda=0$ 时,模型不再包含外生解释变量对被解释变量的交互影响,空间杜宾模型退化为空间滞后模型;当 $\lambda+\rho\beta=0$ 时,空间杜宾模型退化为空间误差模型。

3.2.3 指标选择及数据来源

1. 技术进步

由于不同学者研究出发点各有侧重,目前衡量技术进步的指标较多,尚未达成统一认知,但总的来说,可以分为两大类:绝对值和相对量。技术进步的绝对值包括研究与试验发展(R&D)经费支出、外商直接投资额、R&D 人员等,而技术进步的相对量包括 R&D 经费支出占 GDP 的比重、全要素生产率等。本课题选用 R&D 经费内部人员全时当量占本地区年末常住人口数量的比重作为技术进步的计算指标,原始数据来源于《中国科技统计年鉴》和《中国统计年鉴》。

2. 产业结构

目前学者们对产业结构的衡量,主要采用第二产业或第三产业增加值占国内生产总值的比重作为其衡量指标,而工业产值与国内生产总值的比值、重工业增加值与工业增加值的比值等也是可选择的计算指标。由于工业是能源消耗的主要部门,同时也是二氧化碳排放的主要部门,本课题选用工业增加值占国内生产总值的比重作为计算产业结构的指标,原始数据来源于《中国统计年鉴》。

3. 环境规制

环境规制是指政府通过行政干预、经济手段或市场调节等方式,鼓励企业将污染物的负外部性内在化,以达到环境和经济社会协调发展的目的。作为有效纠正市场失灵的方式之一,环境规制一直受到政府的青睐。鉴于环境规制种类繁多,国内外学者主要从不同污染物的排放数量、排放密度、环境政策工具数量、人均收入、工业污染治理投资额与工业增加值、二氧化碳排放价格等不同角度测度环境规制变量。本课题选择工业污染治理完成投资额占当地国内生产总值的比重作为衡量环境规制的测算指标,原始数据来源于《中国环境统计年鉴》和《中国统计年鉴》。

4. 能源消费结构

自改革开放以来,煤炭始终是我国消费的主要能源类型,而随着我国工业化进程的持续,对煤炭的需求总量还处于增加阶段。虽然近年来政府十分注重环境污染问题,以太阳能、风能为主的清洁能源供给量不断增加,但我国丰富的煤炭储量使得煤炭在我国能源消费中仍占据主导地位。因此,本课题选用能源消费中煤炭消费的比重作为能源消费结构的衡量指标,原始数据来源于《中国能源统计年鉴》。

5. 所有制结构

通过梳理文献,所有制结构的表征指标主要有当年国有投资比重与上一年国有投资比重的比值、国有及国有控股工业企业实收资本与工业总产值的比重、国有单位职工人数占当地职工人数的比例、国有工业总产值占全部及规模以上非国有工业企业总产值的比重等。基于数据可获得性,本课题选取国有规模以上控股工业企业主营业务收入占当地国内生产总值的比重作为衡量所有制结构的计量指标,原始数据来源于《中国统计年鉴》。

6. 能源禀赋

目前,能源禀赋的表征指标主要有采掘业从业人员数量与全部从业人员数量比值、采掘业固定资产投资占全社会固定资产投资的比重、采掘总产值占工业总产值的比重、采掘业职工收入与地区职工总收入的比值、人均生产性生态足迹、人均自然产出等指标。本课题选用采掘业从业人员数量占年末从业人员数量的比重作为表征能源禀赋的测量指标,原始数据来源于《中国城市统计年鉴》和各省市统计年鉴。

7. 对外开放程度

关于对外开放程度的测量指标,外贸依存度即进出口总额与国内生产总值的比值是最常用的表征指标。此外,进出口总额占行业增加值的比重、国内生产总值与国民生产总值之差也是对外开放程度的测量指标。本课题选择外贸依存度作为测算对外开放程度的指标,原始数据来源于《中国统计年鉴》。

8. 城镇化水平

目前,学术界关于城镇化水平的测量指标较为统一,主要采用城镇常住人口数量占地区年末常住人口数量的比重作为城镇化水平的衡量指标,本课题亦遵循这一做法。原始数据来源于《中国统计年鉴》。

9. 能源价格

截至目前,我国官方尚未有能源价格的相关统计数据,学术界选择的能源价格指数主要有两种:一是根据煤炭、石油、天然气等资源的消费权重及其工业出厂价格计算得到综合性能源价格指数;二是选取燃料、动力类购进价格指数作为能源价格的替代变量。本课题借鉴第二种做法,选取燃料、动力类购进价格指数(后更名为工业生产者购进价格指数)衡量能源价格,数据来源于《中国价格统计年鉴》。

能源生态效率影响因素所选指标及其来源汇总情况如表3-1所示。

表3-1 影响因素、所选指标及数据来源

影响因素	说明	数据来源
技术进步	R&D经费内部人员全时当量/年末常住人口数量	《中国科技统计年鉴》《中国统计年鉴》
产业结构	工业增加值/GDP	《中国统计年鉴》
环境规制	工业污染治理完成投资额/GDP	《中国环境统计年鉴》《中国统计年鉴》
能源消费结构	煤炭消费量/能源消费总量	《中国能源统计年鉴》
所有制结构	国有规模以上控股工业企业主营业务收入/GDP	《中国统计年鉴》
能源禀赋	采掘业从业人员数量/年末从业人员数量	《中国城市统计年鉴》、各省市统计年鉴
对外开放程度	进出口总额/GDP	《中国统计年鉴》
城镇化水平	城镇常住人口数量/地区年末常住人口数量	《中国统计年鉴》
能源价格	工业生产者购进价格指数	《中国价格统计年鉴》

为从整体上了解长江经济带能源生态效率及其影响因素的数据特征,计算得到长江经济带能源生态效率及其影响因素的描述性统计,如表3-2所示。从表中可知,长江经济带能源生态效率最大值为1.716,最小值为0.419,分布范围较广;均值为0.912,标准差为0.290,波动范围较小。而在影响因素中,城镇化水平、能源价格、产业结构、能源消费结构、环境规制、技术进步、能源禀赋以及所有制结构的均值都大于或等于其标准差,表明这些变量的波动较为合理。虽然对外开放程度的均值小于标准差,呈现一定的波动,但两者较为接近,其波动程度在可接受范围内。

表 3-2 能源生态效率及其影响因素的描述性统计

变量	最大值	最小值	均值	标准差	观察个数
能源生态效率	1.716	0.419	0.912	0.290	187
技术进步	0.008	0.000	0.002	0.002	187
产业结构	0.510	0.263	0.385	0.058	187
环境规制	0.010	0.000	0.001	0.001	187
能源消费结构	1.150	0.043	0.657	0.184	187
所有制结构	0.742	0.195	0.407	0.127	187
能源禀赋	0.010	0.000	0.004	0.002	187
对外开放程度	1.721	0.032	0.315	0.401	187
城镇化水平	0.900	0.230	0.477	0.168	187
能源价格	1.126	0.472	0.757	0.194	187

数据来源：根据原始数据汇总得到。
注：技术进步、环境规制、能源禀赋最小值为 0，主要是因为四舍五入的结果。

3.3 平稳性及协整检验

3.3.1 平稳性检验

在现实经济运行中，存在着一些非平稳的时间序列数据，它们本身并没有直接的关联，却表现出共同变化的趋势，如果对经济数据不加甄别而直接进行回归，就会出现虚假回归（伪回归）的情况，从而使得统计结果失去应有的意义。面板数据同时具有截面数据和时间序列数据的特性，即每个样本都是不同时间年份数据的集合，也会存在虚假回归的现象。因此，为避免面板数据出现虚假回归的情况，确保模型拟合的有效性，有必要对面板数据进行平稳性检验。

目前，面板数据平稳性检验方法主要有两大类：相同单位根检验和不同单位根检验。其中，相同单位根检验常用的检验方法有 LLC 检验、Breitung 检验和 Hadri 检验；而不同单位根检验常用的检验方法则有 IPS 检验、ADF 检验和 PP 检验。如果统计量没能通过显著性检验，致使原假设被拒绝，则判定原始数据是平稳的，可以用于回归模型中；若统计量通过显著性检验，则接受原假设，认为原始数据是非平稳的,需要做进一步处理后方能应用于模型估计。能源生态效率及其影响因素的单位根检验结果如表 3-3 所示。

表 3-3 能源生态效率及其影响因素的单位根检验结果

变量	检验类型 (C,T,K)	相同根:LLC 检验 统计量	P 值	不同根:ADF 检验 统计量	P 值
能源生态效率	(C,0,0)	-5.740***	0.000	40.465**	0.019
技术进步	(C,T,0)	-2.635***	0.004	33.447*	0.056
产业结构	(0,0,1)	-5.840***	0.000	69.545***	0.000
环境规制	(0,0,0)	-4.744***	0.000	45.799***	0.002
能源消费结构	(0,0,0)	-3.473***	0.000	44.669***	0.003
所有制结构	(0,0,0)	-3.505***	0.000	34.931**	0.039
能源禀赋	(0,0,0)	-4.774***	0.000	53.954***	0.000
对外开放程度	(0,0,1)	-9.020***	0.000	111.032***	0.000
城镇化水平	(C,T,0)	-4.929***	0.000	46.071***	0.000
能源价格	(0,0,0)	-5.118***	0.000	49.333***	0.001

数据来源:根据 Eviews 软件整理得到。

注:C、T、K 分别表示包含常数项、时间趋势项和滞后阶数。***、**、*分别表示1%、5%和10%的显著性水平。

据表 3-3,通过比较相同单位根 LLC 检验和不同单位根 ADF 检验,发现能源生态效率、技术进步、环境规制、能源消费结构、所有制结构、能源禀赋、城镇化水平和能源价格需要拒绝"具有单位根"的原假设,即能源生态效率、技术进步、环境规制、能源消费结构、所有制结构、能源禀赋、城镇化水平和能源价格的原始数据是平稳的。产业结构和对外开放程度的原始数据不能拒绝"具有单位根"的原假设,而在一阶差分的条件下则可以拒绝"具有单位根"的原假设,因此,产业结构和对外开放程度的原始数据是非平稳的,而一阶差分则是平稳的。

3.3.2 协整检验

对非平稳数据进行回归会导致伪回归现象,而协整检验则是针对这一伪回归现象的检验。协整检验是通过判断非平稳序列的线性组合,从而判断是否存在长期稳定的均衡关系。通过单位根检验,发现能源生态效率、技术进步、环境规制、能源消费结构、所有制结构、能源禀赋、城镇化水平和能源价格的原始数据是平稳的,而产业结构和对外开放程度在一阶差分条件下平稳,即能源生态效率及其影响因素属于不同阶平稳。"不同阶单整不能协整"的观点适用于两个变量的类型,由于本研究中存在多个解释变量,故尝试进一步进行协整检验,结果如表3-4所示。

表3-4 能源生态效率及其影响因素协整检验

	统计量	P 值
ADF	-3.179 6	0.000 7
残差	0.008 0	—
HAC方差	0.006 7	—

数据来源:根据Eviews软件整理得到。

表3-4结果显示,ADF统计量在1%的显著性水平下拒绝了不存在协整方程的原假设,即能源生态效率与技术进步、产业结构、环境规制、能源消费结构、所有制结构、能源禀赋、对外开放程度、城镇化水平和能源价格等因素存在长期的稳定关系。因此,对能源生态效率及影响因素进行平稳性和协整检验,杜绝了伪回归的可能。

3.4　实证结果及分析

3.4.1　模型拟合

根据前文分析,选择2000—2016年长江经济带11个省市为研究对象,将能源生态效率作为被解释变量,技术进步、产业结构、环境规制、能源消费结构、所有制结构、能源禀赋、对外开放程度、城镇化水平和能源价格等因素作为外生解释变量,运用空间杜宾模型探索这些因素对能源生态效率的影响方向及程度。

面板数据的估计包括两种效应:固定效应和随机效应。因此,在运用空间杜宾模型对面板数据进行估计时,需要Hausman检验进行验证,其原假设为随机效应,备择假设为固定效应。如果Hausman统计量未能通过显著性检验,则认为面板数据存在固定效应;若Hausman统计量通过了显著性检验,则认为面板数据存在随机效应。根据2000—2016年长江经济带11个省市空间面板数据的检验发现,显著性概率P值为0.000,拒绝原假设,认为存在固定效应。

接下来,需要检验固定效应的空间杜宾模型是否会退化为固定效应的空间滞后模型或者固定效应的空间误差模型,即对两个原假设 $H_0:\lambda=0$ 和 $H_0:\lambda+\rho\beta=0$ 进行检验。结果发现第一个检验的显著性概率P值为0.000,不能拒绝原假设,即认为固定效应的空间杜宾模型不能退化为固定效应的空间滞后模型;第二个检验固定效应的空间滞后模型,同样不能拒绝原假设,即认为固定效应的空间杜宾模型不能退化为固定效应的空间误差模型。

最终选择利用固定效应的空间杜宾模型分析长江经济带能源生态效率的影响因素,其拟合结果如表3-5所示。

表3-5 固定效应的空间面板杜宾模型估计结果

系数	空间固定		时间固定		空间—时间双固定	
	系数	P值	系数	P值	系数	P值
技术进步	18.290	0.334	90.953***	0.000	31.284	0.106
产业结构	−0.795**	0.014	−1.957***	0.000	−0.302	0.319
环境规制	−7.773	0.624	18.101	0.460	−10.676	0.499
能源消费结构	−0.278**	0.017	−0.283**	0.046	−0.192	0.055
所有制结构	0.965***	0.000	−0.654**	0.010	1.559***	0.000
能源禀赋	26.284**	0.026	−33.696***	0.000	30.660***	0.003
对外开放程度	−0.094	0.455	0.306**	0.020	−0.356	0.733
城镇化水平	−0.250	0.518	1.329***	0.000	−2.440***	0.000
能源价格	−0.591*	0.075	0.053	0.884	−0.520*	0.065
权重×技术进步	40.741*	0.087	32.038	0.388	47.070	0.104
权重×产业结构	−1.579	0.790	−0.637	0.455	0.264	0.671
权重×环境规制	2.549	0.905	153.596**	0.002	−11.655	0.722
权重×能源消费结构	−0.401	0.229	−0.910**	0.010	−0.010	0.975
权重×所有制结构	−61.827***	0.000	−0.707	0.249	2.758***	0.000
权重×能源禀赋	1.404**	0.003	−72.082**	0.004	−12.487	0.532
权重×对外开放程度	−0.213	0.261	−0.825***	0.000	−0.261	0.198
权重×城镇化水平	1.044**	0.034	2.917***	0.000	−4.353***	0.006
权重×能源价格	0.647*	0.065	1.643	0.066	0.669	0.228
Spatial rho	−0.371***	0.000	−0.465***	0.000	−0.771***	0.000
Variance sigma2_e	0.010***	0.000	0.020***	0.000	0.006***	0.000
R^2	0.007		0.438		0.128	
拟然值	164.988 5		97.211		192.793	

数据来源:根据计量模型拟合结果汇总得到。

注:***、**和*表示统计量分别在1%、5%和10%水平上显著。

表 3-5 给出了时间固定效应的空间杜宾模型、空间固定的空间杜宾模型和时间—空间双固定的空间杜宾模型的拟合结果。通过对比 3 个模型,发现时间固定的空间杜宾模型的 R^2 为 0.438,在 3 个模型中最高;与空间固定的空间杜宾模型和时间—空间双固定的空间杜宾模型相比,时间固定效应的空间杜宾模型中各个影响因素的显著效果较好,即时间固定的空间杜宾模型无论是在整体上还是在各个指标的选择上均体现了较好的拟合效果。因此,选择时间固定的空间杜宾模型较为合理。

3.4.2 结果分析

针对能源生态效率影响因素的回归结果,得到以下几点结论:

1. 技术进步方面

技术进步与能源生态效率呈现正相关关系,并在 1% 的显著性水平下通过检验。R&D 经费内部人员全时当量在常住人口数量中的比例每提高 1%,能源生态效率将提高 90.953%。从前文分析可知,技术进步通过采用新原料、应用新技术等方式提高能源生态效率,虽然技术进步也会通过"回弹效应"在一定程度上降低能源生态效率,但总体而言,技术进步对能源生态效率的提高程度超过"回弹效应"的抵消部分,最终表现为对能源生态效率的促进效应。

2. 结构变动方面

第一,产业结构与能源生态效率存在负相关关系,并通过了 1% 的显著性检验。具体来说,工业增加值与国内生产总值的比值每上升 1%,能源生态效率将下降 1.957%。这主要是因为中国工业产业是以重工业为主,能源消耗量大、环境污染严重,增加这些重工业的产值将不利于能源生态效率的提高。

第二,能源消费结构与能源生态效率呈负相关关系,且在 5% 的显著性水平下通过了检验。能源消费结构的弹性系数为 -0.283,煤炭消耗量占能源消费总量的比例每提高 1%,能源生态效率将降低 0.283%。现阶段,能源消费主要以煤炭为主,而煤炭热效率值低、污染严重,不利于能源生态效率的提高。

第三,城镇化水平与能源生态效率正相关,并在 1% 的显著性水平下通过检验。城镇常住人口数量占地区年末常住人口数量比重每提高 1%,能源生态效率将提高 1.329%。虽然能源需求量会随着城镇化进程的推进而急剧增长,但城镇化进程形成的人口、产业等集聚效应将提高能源生态效率。

3. 能源禀赋方面

能源禀赋与能源生态效率存在负相关关系,并通过了 1% 的显著性检验。能源禀赋的弹性系数为-33.696,即采掘业从业人员数量占年末从业人员数量的比重每提高1%,将促使能源生态效率降低33.696%。虽然丰富的能源禀赋将在较短时间内积累大量财富,为提高能源生态效率提供了可能,但以资源型产业为主的经济结构将导致其他高附加值产业的生存空间减少、高端人力资本积累不足以及寻租现象等,不利于能源生态效率的提高。

4. 经济体制方面

第一,环境规制与能源生态效率呈现正相关关系,工业污染治理完成投资额在国民经济中的占比每提高1%,能源生态效率将提高18.101%,说明环境规制对能源生态效率的创新补偿效应超过遵循成本效应。但环境规制对能源生态效率的促进作用未能通过显著性检验,有待进一步验证。

第二,所有制结构与能源生态效率呈现负相关关系,并在5%的显著性水平下通过检验。国民经济中国有规模以上工业控股企业主营业务收入占国内生产总值的比例每提高1%,能源生态效率将降低0.654%。虽然国有企业在资金和人力资本上更有优势,且能够形成规模效应,但总的来说,国有企业冗余的组织结构以及低效的运转速率降低了能源生态效率。因此,提高国民经济中国有规模以上工业控股企业主营业务收入占GDP的比重将不利于改善能源生态效率。

第三,对外开放程度与能源生态效率呈现正相关,并通过了5%的显著性检验。进出口贸易总额占国内生产总值的比重每提高1%,能源生态效率将提高0.306%。虽然国际贸易将可能使我国固定在附加值更低的生产链底端,但对外贸易同时也会通过外商直接投资的溢出效应、借鉴发达国家的管理经验等方式提高能源生态效率。

第四,能源价格与能源生态效率呈现正相关关系。燃油、动力类资源价格每提高1%,能源生态效率将提高0.053%。需要指出,能源价格与能源生态效率正相关未能通过显著性检验。对此可能的解释是:我国能源价格在一定程度受到政府的影响,在某些情况下市场机制不能发挥配置资源的作用,从而使得能源价格对能源生态效率的正向促进作用不明显。

第4章 长江经济带能源生态效率的提升路径研究

提高能源生态效率、走可持续发展之路是长江经济带经济社会发展的必然选择,也是落实长江经济带坚持生态优先、绿色发展,践行生态文明建设的重要举措。

第3章实证结果显示:技术进步、环境规制、对外开放程度、城镇化水平和能源价格对长江经济带能源生态效率的影响为正,有利于提高能源生态效率;而产业结构、能源消费结构、所有制结构及能源禀赋对能源生态效率的影响为负,不利于能源生态效率的提高。本章将根据实证结果针对性地从技术进步、结构优化、能源禀赋以及经济体制方面指出提升长江经济带能源生态效率的路径。

4.1 技术进步方面

根据影响机理分析可知,硬技术进步和软技术进步有助于提高能源生态效率,但技术进步的"回弹效应"将不利于能源生态效率的改善。而实证结果表明,技术进步与能源生态效率呈现正相关,即技术进步对能源生态效率表现为促进。结合理论分析与实证结果,主要从提高"硬"技术和"软"技术水平及抑制技术进步的"回弹效应"等方面提出提高能源生态效率的政策建议。

首先,提高"硬"技术水平。一是推进节能技术研究。在政府层面制定并颁布节能技术相关的法律法规,引导社会资本进行节能技术研发。将节能技术作为长江经济带现阶段能源技术优先发展的重点之一,特别是高能耗领域的节能技术应予以重点关注,提高终端能源利用效率。二是实现关键技术突破。特别是加大对洁净煤技术、煤炭气化技术以及煤炭加工转化技术的研发力度,推广煤气化整体联合循环的先进发电技术,推进发展以煤气化为基础的多联产技术。三是开展前沿技术研究。前沿技术决定着能源发展的潜力,有助于实现能源技术及产业的跨越式发展。前沿技术包括对化石能源、生物能源、可再生能源的高效存储以及运输技术,研发燃料电池的关键部件制造以及新能源动力汽车的系统集成技术和化石能源终端发电设备的能源转化、能源存储技术等。

其次,提高"软"技术水平。一方面,提高科研人员的素质。软技术进步的关键在于人才,缺乏高素质科研人员的加盟,任何技术进步都是空谈。通过建立良好的成果转化机制,鼓励科研人员通过技术创新成果的产业化获得合法收入,提高科研人员待遇;为科研人员提供深造学习的机会,通过与外部科研机构展开交流合作,开拓视野,拓展创新思路。另一方面,提高能源企业管理水平。学习掌握管理的基本规律,建立现代化能源企业管理制度,实现能源生产过程科学化、规范化;以精干高效为原则,合理设置能源企业的组织部门及机构层级,提高能源企业运营效率。

最后,抑制技术进步的"回弹效应"。一方面,转变居民消费观念。引导居民消费观念绿色化,促进居民的生产生活方式发生转变,使居民在获得舒适健康的生活状态的同时,减少对化石能源的需求,这将在一定程度上抑制"回弹效应"。另一方面,运用价格调节机制进行调控。充分利用价格的调控机制,引导社会更多地使用非能源要素,而较少使用能源要素,实现非能源要素对能源要素的替代,达到节能减排的目的。

4.2 结构优化方面

结构变动对能源生态效率的影响主要体现在不同成分的能源生态效率存在差异,因此,结构优化对能源生态效率的提升主要体现在能源从低效率部门转移到高效率部门。针对结构优化,结合实证分析结果,主要从优化产业结构、优化能源消费结构以及推进城镇化3个方面提出针对性的政策建议。

4.2.1 优化产业结构

根据影响机理分析可知,产业结构优化会对能源生态效率产生影响,这主要是因为不同行业或部门的能源生态效率存在差异。而实证结果表明,以重工业为主的第二产业是导致长江经济带能源生态效率偏低的主要原因。结合理论分析与实证结果,对第二产业从产业结构合理化和产业结构高级化两个方面提出政策建议。

一方面,淘汰落后产能,降低重工业在第二产业中的比重,促进产业结构合理化。一是在信贷、土地两方面严格把关,建立健全环保、节能的法律法规,通过调整出口关税、出口退税来控制部分高能耗、高污染产品的出口。二是严格控制外商直接投资流入高能耗、高污染行业中,鼓励外商直接投资于节能减排行业,通过对外商直接投资的合理引导,促进产业结构的升级优化。三是严格控制高能耗、高污染企业的数量和规模,限期整改,对未能达标的企业强制关停,坚决淘汰落后产能。四是鼓励企业跨行业、跨地区以及不同所有制间的兼并重组,允许优势企业获得更多的生产要素,在提高产业集中度的同时发挥其规模报酬优势。

另一方面,大力发展第三产业,促进产业结构高级化。第三产业具有能源需求低、环境污染小、附加值高等特点,提高第三产业比重也是产业结构转型的未来趋势。一是大力发展现代服务业。发达国家的第三产业发展史表明,现代服务业是以信息、金融和科技等产业为主,而长江经济带目前第三产业则主要包括批发零售、交通运输、仓储以及餐饮等行业,落后于发达国家。二是大力扶植市场潜力大的服务行业,如教育培训业、文化产业、体育产业、生态旅游业等行业;针对部分传统服务业如家政、零售等行业,运用现代经营理念以及现代管理方式进行升级改造。三是打破部分行业的垄断局面,如电信、铁路、航空等,扩大准入范围,降低准入门槛,通过引入竞争方式实现其高效运转。

4.2.2 优化能源消费结构

根据影响机理分析可知,不同种类的能源,其热值及排放的污染差别较明显。其中,煤炭燃烧过程中热值最低,其排放的污染物最多,而石油和天然气稍优于煤炭,可再生能源又优于这三种能源。实证分析结果表明,以煤炭为主的能源消费结构,其热值低、污染严重,不利于能源生态效率的提高。但我国丰富的煤炭资源决定了煤炭作为长江经济带主要能源的地位将难以动摇,因此,优化长江经济带能源消费结构,可从促进煤炭高效利用、积极发展油气产业以及重视可再生能源的开发利用3个方面展开。

1. 促进煤炭高效利用

第一,加强煤炭资源保护。一方面,对煤炭资源进行精细化调查,制定科学合理的煤炭资源保护规划,全方位监控煤炭开发利用的各个阶段,杜绝掠夺性开发情况的发生;另一方面,加大节约煤炭能源的宣传力度,培育全民自觉节约能源的意识,减少不必要的资源浪费。第二,完善煤炭价格形成机制。煤炭资源严重浪费很重要的一个原因是煤炭价格与其使用价值并不对应,通过确定合理的税费标准,推动煤炭价格市场化,完善煤炭价格的形成机制,从而使得煤炭的稀缺性能够通过市场价格得以体现。第三,提高煤炭集中度。长江经济带煤炭企业规模小、数量多且分布较分散,导致了煤炭开采成本居高不下,企业竞争力不高。根据长江经济带政策导向以及市场机制的调节作用,关停能耗高、污染严重、技术落后的部分中小企业,确保煤炭资源流向优质企业。第四,充分认识煤炭共生资源、伴生资源以及煤炭废弃物的价值,实现煤炭资源的综合利用。第五,调整煤炭产品结构,大力发展原煤洗选加工的产品,延伸煤炭产业链,提高煤炭产品附加值。

2. 积极发展油气产业

相比于煤炭资源,石油和天然气热值更高、污染更少,具有经济环保的优势。且发达国家的经验表明,从以煤为主的能源消费结构过渡到以油气为主的能源消费结构是经济发展的趋势。积极发展油气产业,首先应加大油气勘探力度,一方面保障石油和天然气的政府基础性勘探投入;另一方面完善石油和天然气市场勘探投资机制,鼓励商业资本进入,充分挥发政府和市场的协同作用,提高油气资源的保障能力。其次,充分利用国外油气资源,积极寻求与国外油气企业合作,通过实施"走出去"战略,鼓励内部企业参与到国外油气开发的竞争中,充分发挥"两个市场、两种资源"的优势,将国际油气市场作为国内油气资源的重要补充。最后,提高油气产业附加值,充分发挥油气产业的辐射扩散作用,大力发展石油和天然气下游加工企业,培育油气深加工的产业集群,实现油气产业从劳动密集型向资本密集型行业的转变。

3. 重视可再生能源的开发利用

通过发展可再生能源减少对化石能源的依赖已经成为人类社会的共识。首先,做好水电建设:一是充分发挥水电技术成熟的优势,将水电放在可再生能源发展的显著位置;二是转变水电建设的移民工作思路,将移民致富放在水电建设的重要位置,推进长效补偿机制。其次,提高风力发电占总电量的比重:一是制定科学合理的风电开发规划,加强风电建设管理,建设风电发展电网以及运行体系;二是在风能资源丰富的区域建立大型风电基地,在满足当地电力需求的前提下将剩余电力输送到电力匮乏区域。再次,加大太阳能利用规模:一是在太阳能资源丰富的区域,通过政策法规强制要求部分场所安装太阳能装备,扩大太阳能需求市场规模;二是针对不同区域建设不同类型的光伏发电站,如在城镇地区选用分布式并网光伏电站,而小型光伏电站则是偏远地区的较优选择。最后,发展生物质能源:一是推进牲畜粪便、生活垃圾的再资源化;二是扩大生物质能源的使用途径,如秸秆可以再次还田、可以作为饲料,也可以作为工业原材料等;三是在处理污染前提下对部分难以处理的生物质能源进行焚烧或者实现填埋气发电。

4.2.3 推进城镇化

随着农村人口向城市转移,丰富的人力资源所形成的集聚效应有助于提高能源生态效率。实证分析结果表明:城镇化进程形成的人口、产业等集聚效应将有助于提高能源生态效率。因此,推进城镇化进程是解决长江经济带城乡人口优化配置的有效途径。

一是依据人口流动规律,科学配置公共服务资源。发达国家的发展经验表明,农村人口进入城市并转化为城市居民是人口流动的客观规律。针对部分特色鲜明的中小型城市,以公共服务投资为基础,引导农村人口向这些交通便利、产业基础良好的小型城镇集中。二是以大城市群为核心,合理引导城镇化进程。根据城市群内部不同城市间的产业分工,引导不同类型的人口进入能充分发挥自身技能的城市产业体系中,实现人口资源的优化配置。三是评价各类城市的发展潜力,探索差异化城镇发展之路。根据各类型城市的资源禀赋、发展阶段等因素,科学评价自身的发展潜力,制定符合自身实际的城镇化发展目标。

4.3 能源禀赋方面

根据影响机理分析可知,虽然丰富的能源资源能够通过"能源福音"在短时间内解决经济主体贫穷落后的发展局面,迅速改善国民经济,但丰富的能源资源可能诱发国家主体的产业结构单一、高端人才积累不足、寻租问题等"诅咒"现象,这将对提高能源生态效率产生不利的影响。而实证结果表明:能源禀赋与能源生态效率负相关。因此,本报告针对能源禀赋,借助资源产业发展积累的经济基础,从延伸产业链、积累高端人才、抑制寻租问题等方面提出相应的政策建议。

第一,延伸产业链。一是依靠主导产业延伸产业链。延伸产业链可以根据产业关联度分为关联产业链延伸以及非相关产业扩张,关联产业链延伸主要依靠主导产业,选择与主导产业关联性强的方向,具有风险小、成功率高的优势;而非相关产业扩张因为缺乏必要的基础,则具有风险高、成功率低的特点。资源产业链延伸会受到资金、技术、人才等多方因素制约,风险高、难度系数大。因此,在进入新领域时,需依靠自身主导产业优势,实现产业链的延伸。二是培育规模型支柱产业。从长远角度看,资源挖掘行业终将因为资源枯竭而面临转型问题,通过提前培育规模型支柱项目是资源型企业延伸产业链,成功实现企业转型的关键。

第二,加大人力资本投入,积累高端人才。一方面,鼓励本地区人才培养,加大对能源丰裕区教育的投入,通过改善不合理的教育投资体制,培养对本地区文化有高度认同的宝贵人才;另一方面,加大人才引进力度,建立人才引进基金,从日常待遇以及租住房等多个角度为人才创造优越的条件,以吸引到经济转型发展亟需的对口人才。

第三,完善产权制度,抑制寻租问题。体制机制不健全是产生寻租现象的主要原因,因此,健全完善产权制度能从根本上杜绝制度弱化现象的发生。首先,制定规范的产权制度,从法律角度确保能源各项权力在实施过程中均能得以实现;其次,加快矿业权市场改革,完善矿业权市场的经济秩序;再次,针对可能出现的寻租环节,加强监管和惩罚力度,减少腐败现象的发生;最后,明晰能源使用权及其收益权,建立科学合理、公开透明的决策、执行及交易机制,促进矿业权的公平交易。

4.4　经济体制方面

4.4.1　提高环境规制强度

根据影响机理分析可知,环境规制通过遵循成本效应降低了能源生态效率,而通过创新补偿效应提高了能源生态效率。而实证结果表明:环境规制与能源生态效率呈现正相关关系,当环境规制提高到一定程度后,它会迫使企业进行创新行为,从而提高能源生态效率。结合理论分析与实证结果,主要从提高环境规制强度方面提出针对性的政策建议。

一是完善环境保护标准。在原有环境领域法律法规基础上,针对新出现的问题,进一步完善环境资源立法;将环境污染问题上升到刑事制裁的高度,实现公安机关与司法机关联合执法,检察院对污染企业提起公诉,完善环境保护的执法与司法程序。二是加大对环境污染的处罚力度。目前现行排污费制度存在着收费标准低、收费率低、收费面不全等问题。因此,通过提高排污费征收标准,使其能够反映污染物的实际成本。三是加强环境执法队伍建设。由于环境保护工作起步晚,存在着环境保护机构布置不科学、人员素质参差不齐、处理突发事件能力较弱等问题,环保主管部应通过合理设置环保机构、增加与兄弟单位相互学习的机会、定期组织内部员工学习环境保护的法律法规等方式,提高执法队伍的执法能力。四是发挥市场调节机制的作用,提高环境规制的效果。政府通过建立排污权交易市场,在控制污染总量条件下,允许企业在满足自身排放的前提下将其所拥有的污染排放指标进行交易,通过市场价格机制维持排污市场的良性运转。

4.4.2 优化所有制结构

根据影响机理分析可知,非公有制经济能通过市场机制提高能源生态效率;虽然公有制经济往往效率较低,但公有制经济凭借在规模、资金、人才等方面的优势,也有助于能源生态效率的提高。而实证结果表明:提高国民经济中国有规模以上工业控股企业主营业务收入占 GDP 的比重将不利于改善能源生态效率。本文针对所有制结构机理分析,结合实证分析结果,主要从大力发展非公有制经济和发挥公有制经济的比较优势两个方面提出针对性的政策建议。

一方面,大力发展非公有制经济。非公有制经济是市场经济的重要补充,大力发展非公有制经济有利于提高市场配置资源的效率。首先,为非公有制经济提供良好的外部环境。具体而言:一是解放思想,大胆创新,给予非公有制经济与公有制经济同等地位;二是加大对非公有制经济的政策支持力度,对非公有制经济开放垄断行业、鼓励非公有制经济参与国有企业改革等;三是转变政府职能,明确政府职能定位,规范政府行政行为;四是规范市场秩序,为非公有制经济发展提供良好的市场环境。其次,努力提高非公有制经济自身竞争力。一是加强非公有制经济的企业文化建设,将企业文化建设融入企业经营活动的各个环节,为企业健康持续发展提供不竭动力;二是完善人才培养及引进制度,为非公有制经济的兴旺发展提供源源不断的人才;三是加快企业体制创新,完善法人治理结构,建立科学合理的企业激励约束机制,建立健全现代化企业制度。

另一方面,发挥公有制经济的比较优势。提高能源生态效率,走可持续发展之路是人类经济社会发展的必然选择,也是落实生态文明的必然要求。这对于深度工业化以及加速推进城镇化的我国而言,也是一个重大的机遇,国有企业作为长江经济带经济的重要组成部分,负有不可推卸的责任。一是发挥国有企业在资金方面的优势,针对能源关键技术以及未来能源领域核心技术展开攻关,提高技术创新成功率。二是发挥国有企业人才优势,将国有企业雄厚的高素质人才储备转化为技术优势以达到节能技术创新的目标。三是发挥国有企业的规模优势,降低新能源产业化过程的成本。

4.4.3 加强对外开放

根据影响机理分析可知,对外开放能够通过外商直接投资、溢出效应以及提高市场竞争力达到改善能源生态效率的目标。而实证分析结果表明,提高对外开放程度将有助于提高长江经济带能源生态效率。本文针对对外开放,结合实证分析结果,主要从提高外商直接投资质量以及增强外资溢出效应等角度提出提高能源生态效率的对策建议。

一方面,提高外商直接投资质量。一是提高外资准入门槛。一直以来,实行的以"市场换技术"外资战略使得部分外资流入能耗高、污染严重的领域。应提高该领域的准入门槛,引导外资流入新能源高科技领域。二是强化外资政策落实力度。部分官员将经济增长视为地区发展的唯一目标,对外资利用过程中的环境污染问题视而不见,因此中央和各级地方政府部门应成立独立的监督机构,以监察外资生产违法违规行为。三是针对符合长江经济带战略层面的外商直接投资,从土地、税收、财政等方面给予政策允许范围内优惠措施,提前布局,抢占发展先机。

另一方面,增强外资溢出效应。发展经验表明,外商直接投资的溢出效应极大地提高了能源利用效率。但目前长江经济带能源效率仍处于较低水平,具有较大的改进空间。首先,结合长江经济带企业比较优势,积极引进高技术水平的外资企业,与此同时,长江经济带企业应做好对应的配套措施,成功实现地方企业与跨国公司的对接,为吸收外资的技术溢出做好基础准备工作。其次,鼓励外资企业在长江经济带设立技术研发机构。随着国际市场竞争的日益激烈,在本地区设立研发机构成为外资企业的新趋势。研发机构在日常经营过程中往往会产生非自愿的溢出效应,为本地企业获得技术溢出提供了机遇。再次,促成跨国企业与长江经济带内资企业结成战略联盟,通过增强不同组织间产业关联度,提高内资企业吸收外资溢出效应的能力。

4.4.4 推进能源价格机制改革

根据影响机理分析可知,能源价格上升将通过成本效应、替代效应以及创新效率提高能源生态效率。而实证分析结果表明,能源价格对能源生态效率呈现正相关关系,未能通过显著性检验。这主要是因为能源市场机制不健全,导致能源价格无法根据市场机制科学配置能源资源,对能源生态效率的促进作用难以得到体现。因此,能源价格机制改革势在必行。

具体而言:第一,实现政府从价格制定者向价格监督、协调者的转变。发达国家的经验表明,能源市场开放是能源产业健康发展的必然趋势,只有价格市场化,才能促进社会公平。因此,我国政府以及长江经济带各省市应该逐步放开能源定价权,转而运用税收、利率等间接手段去协调、调整能源价格,最终影响能源企业的定价行为。第二,完善能源开发补偿机制。一方面,准确确定资源税单位税额。由于目前我国的资源税制度不能合理体现各方利益,导致能源过度开采,因此,单位税额的确定需要考虑到能源的生态价值,即需要将能源的环境成本考虑在内。另一方面,扩大征税的范围,对一些具有稀缺性的非可再生资源,如石油、天然气等化石能源课以重税。第三,改进能源价格监管机制。一是加强立法,从法律层面为监管工作提供法律保障;二是完善监督审查制度,提高能源价格的监管效果;三是推行价格听证制度,鼓励能源相关利益者参与能源价格听证会,充分兼顾各方利益。

主要参考文献

蔡洁,夏显力,李世平,2015.新型城镇化视角下的区域生态效率研究:以山东省17地市面板数据为例[J].资源科学,37(11):2271-2278.

曹琦,樊明太,2016.我国省际能源效率评级研究:基于多元有序Probit模型的实证分析[J].上海经济研究(2):72-81.

陈傲,2008.中国区域生态效率评价及影响因素实证分析:以2000—2006年省际数据为例[J].中国管理科学,16(S1):566-570.

陈关聚,2014.中国制造业全要素能源效率及影响因素研究:基于面板数据的随机前沿分析[J].中国软科学(1):180-192.

陈玲,赵国春,2014.地方政府环境规制对全要素能源效率影响:基于新疆面板数据的实证研究[J].干旱区资源与环境,28(8):7-13.

陈武新,吕秀娟,2009.中国区域生态效率差异的实证分析[J].统计与决策(7):107-108.

陈晓毅,2015.能源价格、产业结构、技术进步与能源效率关系研究[J].统计与决策(1):120-122.

陈盈,黄涛,田立新,2016.能源结构多样性与能源效率的协整分析:以省际数据为例[J].江苏大学学报(自然科学版)(2):242-248.

陈真玲,2016.生态效率、城镇化与空间溢出:基于空间面板杜宾模型的研究[J].管理评论,28(11):66-74.

成金华,孙琼,郭明晶,2014.中国生态效率的区域差异及动态演化研究[J].中国人口·资源与环境,24(1):47-54.

程翠云,任景明,王如松,2014.我国农业生态效率的时空差异[J].生态学报,34(1):142-148.

程晓娟,韩庆兰,全春光,2013.基于 PCA-DEA 组合模型的中国煤炭产业生态效率研究[J].资源科学,35(6):1292-1299.

戴铁军,陆钟武,2005.钢铁企业生态效率分析[J].东北大学学报(12):1168-1173.

单豪杰,2008.中国资本存量 K 的再估算:1952—2006 年[J].数量经济技术经济研究(10):17-31.

邓波,张学军,郭军华,2011.基于三阶段 DEA 模型的区域生态效率研究[J].中国软科学(1):92-99.

董梅,徐璋勇,2015.基于技术进步分解的西部地区能源消费回弹效应研究[J].中国科技论坛(10):115-119.

冯烽,2015.内生视角下能源价格、技术进步对能源效率的变动效应研究:基于 PVAR 模型[J].管理评论,27(4):38-47.

付丽娜,陈晓红,冷智花,2013.基于超效率 DEA 模型的城市群生态效率研究:以长株潭"3+5"城市群为例[J].中国人口·资源与环境,23(4):169-175.

高志刚,尤济红,2015.环境规制强度与中国全要素能源效率研究[J].经济社会体制比较(6):111-123.

宫大鹏,赵涛,慈兆程,等,2015.基于超效率 SBM 的中国省际工业化石能源效率评价及影响因素分析[J].环境科学学报,35(2):585-595.

关伟,许淑婷,2015a.中国能源生态效率的空间格局与空间效应[J].地理学报,70(6):980-992.

关伟,张华,许淑婷,2015b.基于 DEA-ESDA 模型的辽宁省能源效率测度及时空格局演化分析[J].资源科学,37(4):764-773.

呙小明,康继军,2016.中国制造业对外开放与能源效率的非线性关系研究[J].经济经纬,33(1):84-89.

国家统计局,2017.中国统计年鉴[M].北京:中国统计出版社.

国家统计局能源司,2017.中国能源统计年鉴[M].北京:中国统计出版社.

韩瑞玲,佟连军,宋亚楠,2011.基于生态效率的辽宁省循环经济分析[J].生态学报,31(16):4732-4740.

贺勇,马爱文,2016.基于 DEA 和 ANN 的我国各地区工业能源效率及其影响因素分析[J].数学的实践与认识,46(9):87-96.

胡彪,付业腾,2016.中国生态效率测度与空间差异实证:基于 SBM 模型与空间自相关性的分析[J].干旱区资源与环境,30(6):6-12.

黄建欢,杨晓光,成刚,等,2015.生态效率视角下的资源诅咒:资源开发型和资源利用型区域的对比[J].中国管理科学,23(1):34-42.

黄雪琴,王婷婷,2015.资源型城市生态效率评价[J].科研管理,36(7):70-78.

季丹,2013.中国区域生态效率评价:基于生态足迹方法[J].当代经济管理,35(2):57-62.

姜彩楼,朱琴,马林,2015.中国工业行业能源效率变动及影响因素研究[J].中国科技论坛(4):51-56.

李斌,陈崇诺,2016.异质型环境规制对中国工业能源效率影响的实证检验[J].统计与决策(3):129-132.

李兵,张建强,权进民,2007.企业生态足迹和生态效率研究[J].环境工程(6):85-88+5.

李惠娟,龙如银,兰新萍,2010.资源型城市的生态效率评价[J].资源科学,32(7):1296-1300.

李佳佳,罗能生,2016.城市规模对生态效率的影响及区域差异分析[J].中国人口·资源与环境,26(2):129-136.

李健,邓传霞,张松涛,2015.基于非参数距离函数法的区域生态效率评价及动态分析[J].干旱区资源与环境,29(4):19-23.

李在军,姚云霞,马志飞,等,2016.中国生态效率的空间格局与影响机制分析[J].环境科学学报,36(11):4208-4217.

林伯强,刘泓汛,2015.对外贸易是否有利于提高能源环境效率:以中国工业行业为例[J].经济研究(9):127-141.

刘丙泉,李雷鸣,宋杰鲲,2011.中国区域生态效率测度与差异性分析[J].技术经济与管理研究(10):3-6.

刘璨,于法稳,任鸿昌,等,2004.平原林业生态效率测算与分析:以江苏省淮安市为例[J].中国农村经济(6):47-53.

刘立涛,沈镭,2010.中国区域能源效率时空演进格局及其影响因素分析[J].自然资源学报,25(12):2142-2153.

刘毅,刘慧芳,张佩琪,2016.中英贸易与两国能源经济相对效率变化的关系研究[J].资源与产业,18(1):101-106.

卢福财,朱文兴,2013.鄱阳湖生态经济区工业生态效率研究:基于区域差异及其典型相关视角[J].华东经济管理,27(12):75-80.

吕明元,陈维宣,2016.中国产业结构升级对能源效率的影响研究:基于1978—2013年数据[J].资源科学,38(7):1350-1362.

罗能生,李佳佳,罗富政,2013.中国城镇化进程与区域生态效率关系的实证研究[J].中国人口·资源与环境,23(11):53-60.

潘兴侠,何宜庆,2014.工业生态效率评价及其影响因素研究:基于中国中东部省域面板数据[J].华东经济管理,28(3):33-38.

潘兴侠,何宜庆,胡晓峰,2013.区域生态效率评价及其空间计量分析[J].长江流域资源与环境,22(5):640-647.

潘兴侠,何宜庆,2015.中部六省生态效率评价及其与产业结构的时空关联分析[J].统计与决策(3):127-130.

任宇飞,方创琳,2017.京津冀城市群县域尺度生态效率评价及空间格局分析[J].地理科学进展,36(1):87-98.

茹蕾,司伟,2015.所有制结构与企业能源效率:基于制糖业的实证研究[J].大连理工大学学报(社会科学版)(1):19-25.

施卫东,程莹,2016.碳排放约束、技术进步与全要素能源生产率增长[J].研究与发展管理,28(1):10-20.

史丹,王俊杰,2016.基于生态足迹的中国生态压力与生态效率测度与评价[J].中国工业经济(5):5-21.

宋炜,2016.城镇化、能源消费与工业全要素能源效率:基于非线性平滑转换回归模型的分析[J].工业技术经济(10):148-154.

汪克亮,杨宝臣,杨力,2011.基于DEA和方向性距离函数的中国省际能源效率测度[J].管理学报,8(3):456-463.

汪行,范中启,张瑞,2016.基于VAR的我国能源效率与能源结构关系的实证分析[J].工业技术经济(9):128-134.

王宝义,张卫国,2016.中国农业生态效率测度及时空差异研究[J].中国人口•资源与环境,26(6):11-19.

王军,仲伟周,2009.中国地区能源强度差异研究:要素禀赋的分析视角[J].产业经济研究(6):44-51.

王珂英,张鸿武,2016.城镇化与工业化对能源强度影响的实证研究:基于截面相关和异质性回归系数的非平衡面板数据模型[J].中国人口•资源与环境,26(6):122-129.

王庆一,2003.中国的能源效率及国际比较(上)[J].节能与环保(8):5-7.

王腾,严良,易明,2017.中国能源生态效率评价研究[J].宏观经济研究(7):149-157.

王晓岭,武春友,2015."绿色化"视角下能源生态效率的国际比较:基于"二十国集团"面板数据的实证检验[J].技术经济,34(7):70-77.

魏一鸣,廖华,2010.能源效率的七类测度指标及其测度方法[J].中国软科学(1):128-137.

吴鸣然,马骏,2016.中国区域生态效率测度及其影响因素分析:基于DEA-Tobit两步法[J].技术经济,35(3):75-80+122.

吴巧生,李慧,2016.长江中游城市群能源效率评价研究[J].中国人口•资源与环境,26(12):140-146.

吴延瑞,2008.生产率对中国经济增长的贡献:新的估计[J].经济学(季刊)(3):827-842.

续竞秦,杨永恒,2012.我国省际能源效率及其影响因素分析:基于2001—2010年面板数据的SFA方法[J].山西财经大学学报,34(8):71-78.

杨佳伟,王美强,2017.基于非期望中间产出网络DEA的中国省际生态效率评价研究[J].软科学,31(2):92-97.

姚治国,陈田,2015.旅游生态效率模型及其实证研究[J].中国人口•资源与环境,25(11):113-120.

姚治国,陈田,尹寿兵,等,2016.区域旅游生态效率实证分析:以海南省为例[J].地理科学(3):417-423.

于斌斌,2017.产业结构调整如何提高地区能源效率? 基于幅度与质量双维度的实证考察[J].财经研究,43(1):86-97.

岳宏志,卢平,2016.我国全要素能源效率时空分异特征研究:基于能源供给侧改革视角[J].云南财经大学学报(4):35-45.

张军,吴桂英,张吉鹏,2004.中国省际物质资本存量估算:1952—2000[J].经济研究(10):35-44.

赵薇,孙一桢,张文宇,等,2016.基于生命周期方法的生活垃圾资源化利用系统生态效率分析[J].生态学报,36(22):7208-7216.

赵鑫,孙欣,陶然,2016.去产能视角下的长江经济带能源生态效率评价及收敛性分析[J].太原理工大学学报(社会科学版),34(5):45-50.

赵宇哲,周晶淼,匡海波,2015.欧盟 ETS 下航空运输企业的能源效率评价研究:基于时间窗的非径向 DEA 模型[J].管理评论,27(5):38-47+104.

周国梅,彭昊,曹凤中,2003.循环经济和工业生态效率指标体系[J].城市环境与城市生态(6):201-203.

AIGNER D, LOVELL C A K, SCHMIDT P, 1977. Formulation and estimation of stochastic frontier production function models[J]. journal of Econometrics, 6(1): 21-37.

BONFIGLIO A, ARZENI A, BODINI A, 2017. Assessing eco-efficiency of arable farms in rural areas[J]. Agricultural Systems, 151: 114-125.

BOSSEBOEUF D, CHATEAU B, LAPILLONNE B, 1997. Cross-country comparison on energy efficiency indicators: The on-going European effort towards a common methodology[J]. Energy policy, 25(7-9): 673-682.

CHARNES A, COOPER W W, RHODES E, 1978. Measuring the efficiency of decision making units[J]. European journal of operational research, 2(6): 429-444.

CHEN L, JIA G, 2017. Environmental efficiency analysis of China's regional industry: A data envelopment analysis (DEA) based approach[J]. Journal of Cleaner Production, 142: 846-853.

ELLIOTT R J R, SUN P, ZHU T, 2017. The direct and indirect effect of urbanization on energy intensity: A province-level study for China[J]. Energy, 123: 677-692.

ERVURAL B C, ERVURAL B, ZAIM S, 2016. Energy efficiency evaluation of provinces in Turkey using data envelopment analysis[J]. Procedia-Social and Behavioral Sciences, 235: 139-148.

FAN R, LUO M, ZHANG P, 2016. A study on evolution of energy intensity in China with heterogeneity and rebound effect[J]. Energy, 99: 159-169.

FAN Y, BAI B, QIAO Q, et al, 2017. Study on eco-efficiency of industrial parks in China based on data envelopment analysis[J]. Journal of Environmental Management, 192: 107-115.

FANG G, TIAN L, FU M, et al, 2016. The impacts of energy construction adjustment on energy intensity and economic growth—A case study of China[J]. Energy Procedia, 104: 239-244.

FUJII H, MANAGI S, 2013. Determinants of eco-efficiency in the Chinese industrial sector[J]. Journal of Environmental Sciences, 25: S20-S26.

HANCEVIC P I, 2016. Environmental regulation and productivity: The case of electricity generation under the CAAA—1990[J]. Energy Economics, 60: 131-143.

JIANG X, DUAN Y, GREEN C, 2017. Regional disparity in energy intensity of China and the role of industrial and export structure[J]. Resources, Conservation and Recycling, 120: 209-218.

LI M J, HE Y L, TAO W Q, 2017. Modeling a hybrid methodology for evaluating and forecasting regional energy efficiency in China[J]. Applied Energy, 185: 1769-1777.

LIN B, ZHENG Q, 2017. Energy efficiency evolution of China's paper industry[J]. Journal of Cleaner Production, 140: 1105-1117.

LUNDGREN T, MARKLUND P O, ZHANG S, 2016. Industrial energy demand and energy efficiency: Evidence from Sweden[J]. Resource and Energy Economics, 43: 130-152.

MA B, YU Y, 2017. Industrial structure, energy-saving regulations and energy intensity: Evidence from Chinese cities[J]. Journal of Cleaner Production, 141: 1539-1547.

MAULINA S, SULAIMAN N M N, MAHMOOD N Z, 2015. Enhancement of eco-efficiency through life cycle assessment in crumb rubber processing[J]. Procedia - Social and Behavioral Sciences, 195: 2475-2484.

MEEUSEN W, VAN DEN BROECK J, 1977. Efficiency estimation from Cobb-Douglas production functions with composed error[J]. International Economic Review, 18(2): 435-444.

MÜLLER K, STURM A, 2001. Standardized eco-efficiency indicators - report 1: Concept paper[R]. Basel: Ellipson AG.

OLIVEIRA R, CAMANHO A S, ZANELLA A, 2017. Expanded eco-efficiency assessment of large mining firms[J]. Journal of Cleaner Production, 142: 2364-2373.

PARKER S, LIDDLE B, 2015. Energy efficiency in the manufacturing sector of the OECD: Comparative analysis of price elasticities in the intensive and extensive sectors[J]. Energy Economics, 58: 38-45.

RAFIQ S, SALIM R, NIELSEN I, 2016. Urbanization, openness, emissions, and energy intensity: A study of increasingly urbanized emerging economies[J]. Energy Economics, 56: 20-28.

REN S, LI X, YUAN B, et al, 2018. The effects of three types of environmental regulation on eco-efficiency: A cross-region analysis in China[J]. Journal of Cleaner Production, 173: 245-255.

ROBAINA M, MOUTINHO V M F, MACEDO P, 2015. A new frontier approach to model the eco-efficiency in European countries[J]. Journal of Cleaner Production, 103: 562-573.

SCHALTEGGER S, STURM A, 1990. Ökologische rationalität: Ansatzpunkte zur ausgestaltung von ökologieorientierten managementinstrumenten[J]. Die Unternehmung, 44(4): 273-290.

SCHOLZ R W, WIEK A, 2005. Operational eco-efficiency: Comparing firms' environmental investments in different domains of operation[J]. Journal of Industrial Ecology, 9 (4): 155-170.

SUN Q, XU L, YIN H, 2016. Energy pricing reform and energy efficiency in China: Evidence from the automobile market[J]. Resource and Energy Economics, 44: 39-51.

WANG X N, XIAO Z, 2017. Regional eco-efficiency prediction with Support Vector Spatial Dynamic MIDAS[J]. Journal of Cleaner Production, 161: 165-177.

XIE R, YUAN Y, HUANG J, 2017. Different types of environmental regulations and heterogeneous influence on "green" productivity: Evidence from China[J]. Ecological Economics, 132: 104-112.

YANG L, ZHANG X, 2018. Assessing regional eco-efficiency from the perspective of resource, environmental and economic performance in China: A bootstrapping approach in global data envelopment analysis[J]. Journal of Cleaner Production, 3: 100-111.

YU C, SHI L, WANG Y, et al, 2016. The eco-efficiency of pulp and paper industry in China: An assessment based on slacks-based measure and Malmquist-Luenberger index[J]. Journal of Cleaner Production, 127: 511-521.

YU S, ZHENG S, BA G, et al, 2016. Can China realise its energy-savings goal by adjusting its industrial structure? [J]. Economic Systems Research, 28(2): 273-293.

ZHANG J, LIU Y, CHANG Y, et al, 2017. Industrial eco-efficiency in China: A provincial quantification using three-stage data envelopment analysis [J]. Journal of Cleaner Production, 143: 238-249.

ZHANG S, LUNDGREN T, ZHOU W, 2016. Energy efficiency in Swedish industry: A firm-level data envelopment analysis[J]. Energy Economics, 55: 42-51.

ZHAO X, YIN H, ZHAO Y, 2015. Impact of environmental regulations on the efficiency and CO_2 emissions of power plants in China[J]. Applied Energy, 149: 238-247.

专题研究报告三

长江经济带矿业高质量绿色创新发展

洪水峰[1,2],李红丹[1],邓雅婷[1],罗伊敏[1],李梦亚[1]

1. 中国地质大学(武汉)经济管理学院,武汉 430074
2. 中国地质大学(武汉)湖北省生态文明研究中心,武汉 430074

摘　要:矿业作为国民经济发展的基础产业,对于推动长江经济带高质量发展起到了重要的支撑作用。本研究首先基于创新、协调、绿色、开放、共享五大发展理念,阐述了矿业高质量发展的内涵与特征;然后总结了长江经济带矿业发展的基本态势:长江经济带是我国工业发展的重要阵地,矿业相关产业布局特征差异显著,矿产加工业绿色化发展水平整体不高;最后基于未来工业发展总体态势和长江经济带矿业发展的战略格局,提出了长江经济带绿色创新发展的对策建议。

关键词:长江经济带;矿业;高质量发展;绿色创新

基金项目:教育部人文社会科学研究规划基金项目"'一带一路'背景下中国对外矿业投资安全风险测度及效益评价研究"(19YJA790027),湖北省生态文明研究中心资助项目"长江经济带矿业高质量绿色创新发展研究"(HBQY2020Z15)。

作者简介:

洪水峰(1977—),河南许昌人,中国地质大学(武汉)经济管理学院副教授,主要研究领域为区域经济学。E-mail:hongshuifeng@sian.com。

李红丹(1998—),湖北随州人,中国地质大学(武汉)经济管理学院硕士研究生,主要研究领域为区域经济学。E-mail:956915521@qq.com。

邓雅婷(1999—),湖南郴州人,中国地质大学(武汉)经济管理学院硕士研究生,主要研究领域为区域经济学。E-mail:1278244243@qq.com。

罗伊敏(2000—),湖北荆州人,中国地质大学(武汉)经济管理学院硕士研究生,主要研究领域为区域经济学。E-mail:2459448985@qq.com。

李梦亚(1998—),河北邯郸人,中国地质大学(武汉)经济管理学院硕士研究生,主要研究领域为区域经济学。E-mail:1092880331@qq.com。

第1章 研究现状

1.1 绿色创新的研究现状

1.1.1 绿色创新内涵的研究

国内外学界对于绿色创新的概念和术语存在不同认知,因此尚未形成一个被学界一致认可的定义。Fussler等(1996)将绿色创新定义为"显著减少环境影响并能使个人或企业实现增值的新产品或工艺"。Foster等(2000)认为绿色创新的分析研究是建立在创新理论基础上的,即将绿色作为一种新的生产要素、一种新的生产条件纳入现有生产体系,建立一种全新的生产函数。Schiederig等(2012)比较了绿色创新、可持续创新、生态创新和环境创新这4个概念,认为其目标均是减少环境污染,实现经济可持续发展。

国内方面,李海萍等(2005)将企业在较长时期内持续地进行节能降耗、减少污染以改善环境质量,并取得相应经济效益的活动称为企业绿色创新。中国环境与发展国际合作委员会于2008年提出"国家环境创新计划",除了强调国家重点研发计划支持绿色技术创新的重要性外,还指出应实现公众参与方式创新、体系制度创新和环境教育体系创新等。聂洪光(2012)从提高资源利用效率和降低环境影响两个角度指出,绿色创新是创新的一种类型,主要通过使用更少的资源、更少的有毒材料来减少对环境的危害;通过特殊的过程与方法来减少化石燃料的使用量,进而减少环境污染。杨朝均等(2016)则系统梳理了国内绿色创新的研究脉络,分析了绿色创新的研究热点及演进路径,认为我国现有研究主要关注的是绿色创新的内涵特征、测度评价、影响因素,绿色创新与经济发展和可持续发展的关系以及针对特定产业或区域的绿色创新。潘楚林等(2016)将绿色创新定义为,在产品生产和设计过程中,企业考虑环保因素,创新性地采用新的或改进的技术和流程,以此来减少或消除企业生产行为对环境的损害。肖黎明等(2018)基于CiteSpace的可视化分析,从研究热点分布、研究机构类型、发文时间趋势等角度系统梳理了国内外绿色创新研究的进展与热点,指出相关的热点研究领域主要集中在工业生态学、生态创新、竞争优势等6个方面。

1.1.2 绿色创新动力的研究

绿色创新是创新的一种类型,对它的分析离不开对创新动力的考察。Rehfeld 等(2007)通过对德国 588 家制造企业进行电话调查,得出结论:从环境规制角度上看,环境管理系统(Environmental Management Systems,简称 EMS)对产品创新有着积极正向的影响,而在二元回归分析结果中相对较弱。Horbach(2008)将绿色创新的驱动因素归纳为技术推动、市场拉动、规制激励以及企业内部因素 4 个方面。

Chen 等(2006)把绿色创新区分为主动型绿色创新和被动型绿色创新,分别考察了两种创新类型的驱动力,研究结果表明,被动型绿色创新的动力不仅源于环保型领导者、环保文化和环保能力等内部因素,也同样源于环境规章、投资者和客户的环保意愿等外部因素;而主动型绿色创新的动力仅仅来源于企业内部因素。叶强生等(2010)研究了转型经济中的中国企业环境战略动机,研究结果表明,目前中国国有企业环境管理的主要出发点明显地表现为遵从监管法规,而私营企业更为重视优化经济效益。陶岚等(2013)基于制度合法性视角对企业环境管理行为的驱动因素进行了研究,将驱动因素分为外部制度环境(政治制度环境、社会制度环境和地域文化制度环境)和内部制度环境(公司治理环境、企业文化环境和产品环境)。周海华等(2016)认为,在中国,正式和非正式的环境规制均对绿色创新有促进作用。正式的环境规制有助于提升企业的绿色创新绩效,对我国环境品质的改善有明显的帮助,并且严格的环境规制可以帮助企业审视自身生产流程,使之更加有效地利用资源。非正式环境规制的力量主要来源于民众逐渐高涨的环保意识以及企业对环保意见的重视,政府监督与群众对企业污染行为的抵制可有效地促进企业绿色创新活动的开展。田丹等(2017)等以重污染企业为样本,研究了高层管理者的背景特征与绿色创新之间的关系,排序选择模型的结果表明,高管的受教育程度及在政府机构任职的比重都极大地影响了绿色创新。

1.2 绿色矿业的研究现状

1.2.1 绿色矿业内涵的研究

在国外,绿色矿业并未被单独作为一个概念进行界定,相关研究主要围绕矿业的可持续发展展开。Jenkins(2006)认为可持续发展的概念在于 3 个方面的进步:经济发展、环境保护和社会凝聚力。矿业可持续发展的原则包括承认每个人的需求、有效保护环境、谨慎使用自然资源以及保持高水平和稳定的经济增长和就业水平。Geissdoerfer等(2018)讨论了循环经济与可持续性之间的关系,认为循环经济是一个再生系统,在该系统中,通过减少材料和能源循环的损耗,可提高资源和能源的使用效率。

绿色矿业这一概念在中国最早于20世纪90年代被提出,魏民等(1999)认为通过推广无废工艺,用高新技术改造矿业,建成矿业无废工艺系统,可以达到发展绿色矿业的目的。在2007年中国国际矿业大会上,原国土资源部首次提出了"坚持科学发展,建设绿色矿业"的愿景,此后绿色矿业逐渐被矿业领域各方面人士和企事业单位所认同。学术界对于绿色矿业的定义见仁见智。寿嘉华(2000)提出,绿色矿业是指在矿山环境扰动量小于区域环境容量的前提下,实现矿产资源最优化开发和生态环境最小化影响。后来学者乔繁盛等(2010)在此观点基础上认为,绿色矿山与绿色矿业的内涵在本质上相同,将绿色矿业的内涵同样赋予绿色矿山。朱训(2013)认为发展绿色矿业是矿业自身可持续发展的需要,它要求人们构建良好的矿山生态环境,实现资源的合理开发与节约利用。鞠建华等(2017)认为绿色矿业是结合循环经济与可持续发展,以绿色开采理念为指导,以保护生态环境、降低资源消耗为目标,以建设绿色矿山为手段,科学、低耗、高效、合理地开发利用矿产资源,从而实现矿业资源开发最优化和生态环境影响最小化的发展方式。

1.2.2 绿色矿业评价模型的研究

Azapagic(2004)提出了围绕经济系统、环境系统和社会系统的可持续性指标框架,以作为不同矿业部门的绩效评估和改进的工具。Ranängen(2017)基于对北欧矿业企业以及利益相关者的调查,建立了北欧采矿业的可持续性准则指南,指南包括内部治理、外部运营、经营情况、人权保护、劳动安排、产品责任、社会责任、环境保护8个大指标和79项子指标,并按照A、B、C 3个等级进行评级,为当地采矿行业的可持续性发展制定了指导方针。

孙维中(2006)总结了绿色矿山应达到的标准以及系统分析法在绿色矿山建设过程中的应用。黄敬军等(2008)就绿色矿山创建应达到的要求,制定了"32字"标准(合法采矿、高效利用、科学开采、清洁生产、规范管理、安全生产、内外和谐、生态重建)和"八化"标准(矿山开采合法化、资源利用高效化、开采方式现代化、采矿作业清洁化、矿山管理规范化、生产安全标准化、内外关系和谐化、矿区环境生态化),为绿色矿山建设提供了科学依据。吴战勇(2017)选取万元GDP能耗、人均固定资产投资、污染治理投资占GDP比重3个投入指标,矿业废弃物综合利用率、矿山破坏土地恢复率两个产出指标,形成矿业城市效率评价指标体系。黄洁等(2018)构建了包含资源节约、环境友好、转型发展、安全和谐4个维度的矿业绿色发展指数体系框架,通过专家咨询法和层次分析法将指标量化。刘亦晴等(2020)探讨了矿业高质量发展与绿色矿山之间的内在联系,并在传统绿色矿山评价指标体系的基础上,构建了高质量视阈下绿色矿山建设评价指标体系。钟琛等(2019)从矿区环境、资源开发方式、资源综合利用、节能减排、科技创新、企业管理6个层面,构建了有色金属行业绿色矿山评价指标体系,并参考行业实际构建了有色金属矿山的评价标准模型。

1.2.3 绿色矿业发展思路的研究

Dashwood(2007)在实证研究的基础上证明国内外制度环境、企业制度和管理者承诺会促使矿业企业采取积极的环保生产措施。Tai等(2020)基于社会—经济—自然复合生态系统(Social - Economic - Natural Compound Ecosystem,简称SENCE)构建了煤矿城市脆弱性评价指标体系,最后从产业、社会、地域、技术等角度提出发展思路,建议调整产业结构以重新安置失业者,鼓励私营企业发展并实施科技创新,重视水土流失问题,同时积极鼓励采用绿色采矿技术和使用可再生能源。

李斌等(2013)在基于36个工业行业数据的实证研究中提出,对于不同行业政府应当因地制宜,设置合理且有差异的环境规制强度。部分表面上属于轻度污染的行业实际仍可能对环境带来负面影响,因此应当适度提高轻度污染行业的环境规制强度以激励企业进行管理制度创新及绿色技术创新;对于中度污染行业,则要结合市场化手段和自主治理方式;对于重度污染行业,应通过资源整合和要素重置的方式,坚决淘汰技术创新水平低、污染特别严重的企业。杨宜勇等(2017)参考美国、日本和欧洲等国家和地区的绿色发展经验,认为绿色发展要立法先行,利用政策工具,统筹规划与重点治理相结合,创新技术,加强宣传。鞠建华等(2018)在分析了中国矿业发展面临的问题的基础上,提出了推进矿业高质量发展的思考方向,包括启动矿产资源国情调查、加大找矿力度、优化调整结构、推进科技创新等方面。他们认为中国绿色矿山建设应从建设标准、政策、评价指标、技术、发展模式5个体系入手。刘明凯(2020)等开展了2012年全国42个部门和广西壮族自治区139个部门的投入产出分析,对广西有色金属产业链内外行业关联性进行测度,剖析行业间的相互影响关系及程度,最后建议从有色金属产业发展、区域产业循环发展体系构建及政策支持3个层面规划当地的矿业可持续发展道路,认为建立基于资产、资源、资本视角的有色金属产业创新发展模式,可以加强有色金属产业驱动力;构建区域产业循环发展体系,并从制度保障、产业布局、科技引领3个维度对有色金属产业发展路径进行顶层设计,可以提升当地有色金属产业发展影响力,进而促进区域经济高质量发展。

第 2 章 矿业高质量发展的内涵与特征

新时代的基本特征是"我国经济已由高速增长阶段转向高质量发展阶段",而"推动高质量发展是当前和今后一个时期确定发展思路、制定经济政策、实施宏观调控的根本要求"。矿业作为国民经济发展的基础产业,其高质量发展就是把握国际、国内宏观环境的深刻变化,推动经济发展质量变革、效率变革、动力变革,并以动力变革提高全要素生产率,促进并实现质量变革、效率变革。应以创新、协调、绿色、开放、共享五大发展理念作为矿业高质量发展的理论指导。

2.1 科技创新推动矿业高质量发展

创新是引领发展的第一动力。中国矿业要瞄准世界矿业技术前沿,全面提升自主创新能力,力争在找矿、探矿领域作出大的创新,在采矿、选矿、冶炼等关键核心技术领域取得大的突破。通过体制创新、科技创新和市场创新,引领矿业高质量发展。

第四次工业革命推动整个矿业价值链转变。制造业的第四次工业革命对价值链、行业和运营模式产生了巨大的影响,它是经济发展的新引擎,为获取价值创造新的机遇。技术创新的繁荣发展不仅出现在矿山企业,也出现在全球其他行业,他们的共同点是数字化。尽管数字化的定义众多,但本质上是提高实时数据的获取和处理能力。矿山企业可以通过更强的处理能力、更快的网络、更好的传感器(包括 GPS、雷达和激光雷达)的应用,以及改进后的软件和算法,逐步实现数字化。数字化确保了对数据的分析和认识,并允许系统内的反馈(手动、自动或人工智能),可利用实时数据实现对商业运营的即刻可视化、控制和优化,应用于矿山运营的所有方面。

科技创新引领矿业进入 4.0 时代。近几十年来,矿山企业在技术上取得的重大突破非常少。在矿物加工方面,重大技术突破还是原有的浮选技术和溶剂萃取技术。在采矿方面,革命性的发展包括炸药的发明、硬质合金钻头的引入、地下大规模采矿方法的采用,以及露天采矿设备的升级换代。尽管缺少重大技术突破,但由于生产系统不断升级,目前的采矿变得比原来更安全、更高效、更"绿色"。未来主要的趋势包括:一是矿山的持续机械化;二是维护、管理和供应系统的建立;三是地质与工程技术的优化软件;四是矿山和矿物加工厂规模的扩大;五是过程控制中信息技术的广泛应用,实现了采矿与矿物加工的连通。第四次工业革命不再是一个逐渐提高的过程,而表现为阶跃式变化。

技术创新是矿山企业快速发展的关键。矿山企业正在逐渐调整策略和商业模式,包括将技术创新作为其发展战略的基石。数字技术的运用是矿山运营能力发生阶跃式变化的关键创新。数字技术在矿山的不同环境中已得到不同程度的使用。虽然数字技术还在不断完善中,但已经得到广泛应用,并开始整合到价值链中。矿业企业的成功不仅源于采用了最新的技术,更重要的是将数字化和创新理念融入经营策略中。

2.2 协调发展提高产业链的稳定性和竞争力

协调是指各主体之间行为相互适应,避免相互掣肘。矿山企业面临着采购、制造、营销等多重任务,整个供应链必须环环相扣。自 2020 年初世界性的新冠肺炎疫情爆发后,各国政府为遏制病毒蔓延而采取入境管理措施,这对全球经济活动和工业供应链产生了不良影响,迫使部分矿业企业采取相应的措施对供应链进行调整。

2020 年 5 月 14 日,中共中央政治局常务委员会指出,要深化供给侧结构性改革,充分发挥我国超大规模市场优势和内需潜力,构建国内国际双循环相互促进的新发展格局;要实施产业基础再造和产业链提升工程,巩固传统产业优势,强化优势产业领先地位,抓紧布局战略性新兴产业、未来产业,提升产业链现代化水平;要发挥新型举国体制优势,加强科技创新和技术攻关,强化关键环节、关键领域、关键产品保障能力;要在做好常态化疫情防控的前提下,继续围绕重点产业链、龙头企业、重大投资项目,打通堵点、连接断点,加强要素保障,促进上下游、产供销和大、中、小企业协同复工达产;要加快推动各类商场、市场和生活服务业恢复到正常水平,畅通产业循环、市场循环、经济社会循环;要加强国际协调合作,共同维护国际产业链、供应链安全稳定。

面对新冠肺炎疫情下的新形势,中国企业应当立足于自身,以我为主,抓住机遇,发挥优势,补齐短板。中国主要矿业企业多为两头小、中间大的"橄榄型"企业,而国际先进的矿业公司大都为"哑铃型"企业,上游掌握优质资源,下游掌握优质客户。我国应推动矿业企业由"橄榄型"向"哑铃型"转变,提升战略性产业的自主可控能力,促进产业链的全面协调发展。提升我国产业链供应链稳定性和竞争力,加快优势技术的迭代速度以增强比较优势,完善各种不同类型的短板技术以增强长期优势。在保证当前产业链、供应链完整性的基础上,通过政府引导、政策鼓励、市场开发、技术创新等多种手段,不断推动产业链供应链向上下游环节延伸。一方面,控制甚至降低成本是提升产业链供应链稳定性和竞争力的重要手段。另一方面,要重视技术因素对增强产业链供应链稳定性和竞争力的作用,强化基础研究,优化人才资源配置,瞄准学科领域前沿,提升创新研发实力。

2.3 资源集约开发助力绿色矿山建设

"绿水青山就是金山银山",矿山企业要通过绿色发展实现转型升级,减少温室气体排放。目前我国重要矿产资源储量已实现稳步增长,但可靠、可行、绿色的矿产资源新增储量不足。自然保护区特别是生态红线内矿业权退出,对矿业的产能产生了实质影响。实现矿业的高质量发展,实现矿业大国向矿业强国的转变,需要通过规划引导、合理布局来实现资源进一步优化配置,需要通过技术进步实现产业升级。就矿业开发而言,建设美丽中国的一项重要任务,就是全面实施生态修复工程。

国家层面上应实行差别化的投入和激励政策,鼓励企业提高资源采选回收利用水平的技术开发和改造,同时完善矿业用地政策,支持重点矿山开发建设。财政资金和银行信贷重点支持矿业领域循环经济发展项目。加大对矿山地质环境恢复治理和矿区土地复垦的投入,鼓励社会资金参与矿山地质环境治理和土地复垦。鼓励矿山企业建立资源节约管理制度,加强资源消耗定额管理,调动矿山企业节能降耗、综合利用和清洁生产的积极性。要把矿山地质环境保护与治理作为落实生态文明建设要求和矿业转型升级的重要突破口,按照"谁开发、谁保护,谁破坏、谁治理,谁投资、谁受益"的原则,积极构建"政府主导、政策扶持、社会参与、市场运作"的开发治理新模式,加强矿山地质环境保护治理工作。同时建立绿色矿业发展长效机制,健全绿色勘查和绿色矿山建设工作体系,构建绿色矿山建设新格局。

在规划划定的能源资源基地和国家规划矿区,通过技术工艺创新,加强生产管理,推广新型产业模式,提高资源供给和使用效率。

(1)坚持清洁发展,推行清洁能源替代。清洁能源替代主要包括:①充分利用矿井水源、乏风源、地源、可利用的工业余热等余热资源实现矿区燃煤锅炉的部分或全部取代;②因地制宜,特别是在西部地区推进矿区太阳能、风能等清洁能源的利用。

(2)坚持绿色发展,控制污染物排放总量。实行清洁生产,实现固体废弃物全部妥善处置(根据热值情况,优先进行综合利用)、矿井水全部合理净化处理、矿井瓦斯全部无污染处置。通过建设封闭储存仓或配备防风抑尘设施等，严控粉尘排放量。严格按照国家及地方规定全面整治燃煤小锅炉，在使用燃煤锅炉时必须配备相应的脱硫、脱氮、除尘设施，严控矿区二氧化硫、氮氧化物及烟粉尘的排放量。做好自燃预防与治理工作，杜绝二氧化硫、氮氧化物等污染物的产生。

（3）坚持循环低碳发展，提高废弃资源综合利用率。发展矿区循环经济，坚持因地制宜的原则，以尽可能提高废弃资源附加值、降低生态环境影响为准绳，鼓励矿区固体废弃物综合利用、矿井水资源化利用、矿井瓦斯抽采利用。强化科技创新与技术攻关，开展低浓度瓦斯综合利用示范试点工作，推进低浓度瓦斯综合利用逐步工业化。

（4）强化生态恢复与治理，发展矿区旅游业。将矿区生态恢复治理与发展旅游业相结合，建设矿区公园，培育煤矿新经济增长点。有色金属矿山企业已经进行了很有成效的探索。例如中国铝业集团有限公司在秘鲁投资兴建水污染处理厂，与供应链合作伙伴率先发起联合降碳行动等，掀起全行业乃至全社会降碳热潮，推动各项设施在行业和企业落地。

2.4 高水平开放助推矿业投资新格局

开放意味着我们要充分利用国内、国外两种资源，积极开拓国内、国外两个市场，放眼全球，走国际化发展道路。2020年《中共中央国务院关于新时代加快完善社会主义市场经济体制的意见》中指出，进一步深化市场化改革，扩大高水平开放，是实现高质量发展的必由之路；稳步推进自然垄断行业改革，重点推动电力、油气管网和铁路运输业务市场主体多元化和适度竞争。"一带一路"倡议为中国矿业的对外开放提供了新的发展机遇。"一带一路"倡议的提出，将带动沿线国家基础设施建设，推动沿线各国矿业向更好的方向发展。能源资源是人类共有的财富，在矿业发展过程中，绝不能搞一家独大或者赢者通吃，应寻求利益共同点，力求合作效益最大化，实现普惠发展，树立共商、共建、全球共享的治理理念，为构建人类命运共同体作出矿业界应有的贡献。

2.4.1 开放提高产业竞争力

随着全方位对外开放的不断深化，中国矿业可以通过积极参与全球资源配置，提高产业的国际竞争力。全力推进"放管服"（简政放权、放管结合、优化服务）改革，不断优化营商环境，重塑政府和市场的关系，使市场在资源配置中起决定性作用，更好发挥政府作用。注重发挥我国在全球基础设施建设、制造业的雄厚实力和影响力,综合发挥我国装备制造业优势及在矿山采、选、冶等关键环节的技术优势,提升中国矿业的国际竞争力。多层次、多类型企业广泛参与国际竞争,实现技术输出、人才输出,为提高全球矿产资源开发利用水平提供中国经验和中国思路。

矿山企业要在加强全球资源配置上下功夫,持续完善产业链、价值链、创新链全球化布局,努力实现技术、管理、金融等资源全球化配置;要在创新对外投资方式上下功夫,把对外投资同目的地市场需求结合起来,同促进国内装备、服务、技术和标准"走出去"结合起来,加快形成面向全球的生产服务网络;要在强化境外风险防控上下功夫,着力加强集团管控,严格落实防控责任,不断提升境外风险防控能力和水平;推动国有矿山企业深化改革,支持民营矿山企业发展,培育在国际上具有竞争力的市场主体,参与国际竞争;打造跨国矿业"航母",通过市场手段参与全球资源配置。

2.4.2　开放建立良好声誉

企业社会责任,正成为企业在社会领域是否实现国际化的全新衡量标准。我国企业在"走出去"过程中,既要重视投资利益,更要赢得好名声、好口碑。要模范遵守国际通行规则和所在国法律,尊重当地习俗和文化,坚持诚信经营,恪守商业信用。要保证产品和服务质量,努力提供优质、安全、健康的产品和服务,妥善处理消费者提出的投诉和建议,赢得消费者信赖与认同。要保护当地环境,维护当地员工权益,支持社区发展,参与公益事业,为当地经济社会发展作出积极贡献。

2.4.3　开放促进共同进步

要以共建"一带一路"为重点,同各方一道打造国际合作新平台,为世界共同发展增添新动力。着力抓好重点项目实施,加快推进基础设施建设,进一步打造国际品牌、优化全球布局;着力抓好现有产业园区建设,不断完善配套设施和服务,努力打造区域经济合作新平台;着力抓好能源资源合作,积极推进沿线国家油气管道、输电线路建设和矿产资源开发,促进形成共享共赢、互惠互利的新型合作关系。

矿产资源分布不均匀的特点,决定了矿业的发展离不开跨地区、跨行业、跨专业的合作,矿业融入全球经济一体化是历史的必然。中国铝业集团有限公司副总经理张程忠呼吁,矿业同仁要自觉抵制贸易保护主义、资源民族主义,打破投资壁垒,促进全球矿业互利共赢;将"一带一路"沿线国家作为矿业发展重点区域,加强这一区域的矿产资源勘察、前期开发研究等,推动"一带一路"矿业发展不断走向成熟;持续加大在"一带一路"沿线国家和地区的矿业投资力度;加强"一带一路"区域矿业开发合作,加强业内横向合作以及产业链纵向合作,不断深化互利共赢。

当今世界是开放的世界,在矿业国际化发展背景下,开发矿业,促进矿业投资便利化、矿产品贸易自由化,共同打造资源投资人、消费国、所在国的合作多赢,兼顾各国合理利益关切,谋求促进发展,才能实现可持续发展。

2.5 资源共享新机制实现公平正义

共享注重的是解决社会的公平正义问题。矿业企业在自身发展的同时,应关注员工收入水平的提高,同时回馈社会,促进当地社区发展,力争成为具有高度社会责任感的企业。

2.5.1 建立科学的收益共享机制

国家应重新审视我国矿产资源开发收益的分配与共享机制,从维护国家所有者权益、地方利益、矿产资源使用者利益和国际接轨以及生态文明建设的角度出发,在国家、地方政府、开发企业、当地居民间妥善分配矿产资源收益,尤其需要顾及地方政府和资源所在地农民的利益,减少资源开发中的短视行为。减小贫富差距,防止掠夺式资源开发,减少环境污染。构思矿产资源开发带动经济社会可持续发展、造福当地百姓的新模式,构建"政府管理、公司开发、农民入股、协会参与"的收益共享型矿产资源开发新模式。矿产资源属于国家所有,政府负责矿产资源开发的总体规划和管理;在矿产资源开发中引入市场机制,国有、私营各类企业平等参与矿产资源开发;当地农民积极参与矿产资源开发,分享矿产资源开发收益;协会在企业和农民间充当中介,组织农民参与矿产资源开发。这种模式的显著特点与创新是:农民入股矿产资源开发,使企业利益和农民利益紧密联系在一起,两者共同分享矿产资源开发收益。

2.5.2 重视企业社会责任

矿山企业将社会责任理念融入企业发展战略,将利益相关者对矿业发展的期望纳入目标和考虑范畴,从企业发展战略高度推进社会责任。在企业制定发展规划时,以企业发展战略为指导,提出社会责任的具体规划方案及目标,逐步融入生产运营。将社会责任理念融入企业的日常管理及生产运营中,重新审视地质勘查、资源开发、人力资源管理等管理制度和业务流程,优化职责分工。比如将企业社会责任理念融入企业采购、生产等方面,在此基础上进一步凝练,落实到具体措施,就是安全发展型、资源高效型、环境友好型、社区和谐型、科技创新型等新型生产模式。

矿山企业通过建立企业来吸纳当地居民就业,实现当地居民劳务收入的增加。

同时,矿山企业将矿产资源开发与培育增大特色产业相结合,依托企业的信息、资金、原材料等优势,加大地方投资,建立符合地方特色的矿业配套产业;将矿产资源开发与生态环境保护相结合,坚持"谁开发、谁保护,谁损害、谁赔偿,谁破坏、谁治理"原则,切实保护当地居民合法权益;将矿产资源开发与改善交通水利道路等基础设施相结合,强调企业发展也强调企业贡献,要求企业积极参与当地建设。

第3章 长江经济带矿业发展总体态势

3.1 长江经济带是我国工业发展的重要阵地

3.1.1 工业地位重要,总量稳步增加

长江经济带仍是中国工业发展的重要阵地。2015年长江经济带规模以上工业总产值从2005年10万亿元逐步增长到2015年近50万亿元,规模以上工业销售产值从2006年12.79万亿元逐步增长为2015年47.23万亿元,增长了3.69倍。规模以上工业销售产值在全国的占比也不断增加,从2007年的41.13%增长到2015年的42.78%,增长率从2010年的29.67%下滑到2015年的3.78%,但仍高于全国平均水平。

工业发展主要集中在长江经济带中下游地区,中下游规模以上工业总产值达到40.16万亿元,占长江经济带比重达83.82%,规模以上工业销售产值逐年下降,从2006年的87.01%下滑到2015年的83.14%。中西部第二产业占GDP比重较高且增长速度较快,湖北、江西、安徽、贵州工业规模平均增长8%以上,处于工业化加速期。

分省(市)看,2015年工业销售产值排名全国前15位的省市中,8个位于长江经济带,其中江苏省排名第一,其余依次为浙江省(5)、湖北省(7)、四川省(9)、安徽省(10)、湖南省(11)、上海市(13)、江西省(14)。

3.1.2 制造业较发达,占据主导地位

2015年,长江经济带制造业工业销售产值占全部规模以上工业销售产值的92.44%,基本占据工业销售的绝对地位,形成以化学制造、装备制造、烟草、钢铁、

纺织等为代表的优势产业。其中,化学纤维制造业占全国同行业总销售产值的比重最高(76.23%),其次为烟草制品业(67.29%),仪器仪表制造业(63.11%),电气机械和器材制造业(54.17%),铁路、船舶、航空航天和其他运输设备制造业(52.34%),通用设备制造业(50.45%),纺织业,纺织服装、服饰业(50.23%),酒、饮料和精制茶制造业(50.01%),化学原料和化学制造制品业(48.86%)。

2015年,长江经济带11省(市)工业销售产值排名前10的工业行业依次为计算机、通信和其他电子设备制造业,化工制造业,电气机械和器材制造业,汽车制造业,通用设备制造业,非金属矿物制品业,农副食品加工业,钢铁制造业,电力行业,有色金属冶炼业,占经济带规模以上工业销售产值的60.98%。其中,下游4省(市)产值占比居前3位的分别是电气机械和器材制造业(10.25%),计算机、通信和其他电子设备制造业(10.12%),化工(9.38%);中游3省产值居前3位的是农副食品加工业(8.73%)、化工(8.40%)、非金属矿物制品业(7.75%);上游4省(市)产值居前3位的是计算机、通信制造业(9.54%),汽车(9.26%),非金属矿物制品业(6.75%)。

国家统计局公布的36种主要工业产品中,有20种工业产品产量超过了总产量的40%,其中,下游主要集中于电子、化工、电气机械、钢铁、通用设备、汽车等高科技产业、重化工业和装备工业等;上游主要集中于矿物采选和加工、特色农副产品加工等采掘工业、轻纺工业,以及化工、汽车、电子、电气机械等部分装备工业;中游介乎于下游与上游之间,为上、中、下游之间的产业分工与合作奠定了坚实的基础。

3.1.3 高耗能产业增速放缓,调整力度有待加强

近年来,长江经济带高耗能产业的工业销售产值增速放缓,呈下降趋势。2014年长江经济带高耗能产业的工业销售产值为13.89万亿元,占全国的比重为39.11%。2015年长江经济带全国高耗能产业的工业销售产值为13.64万亿元,占全国比重为39.79%,为2011年以来最高值。从全国的尺度上来看,长江经济带高耗能产业调整力度并不占优势,力度相对不足。

从六大行业内部结构来看,长江经济带高耗能产业以化学原料及化学制品制造业为主。2015年,石油加工、炼焦及核燃料加工业,化学原料及化学制品制造业,非金属矿物制品业,黑色金属冶炼及压延加工业,有色金属冶炼及压延加工业,电力、热力的生产和供应业的工业销售产值占全部高耗能产业工业销售产值的比重依次为6.02%、29.83%、17.19%、16.86%、14.89%、15.21%。与全国相比,长江经济带石油加工、炼焦及核燃料加工业,非金属矿物制品业,黑色金属冶炼及压延加工业,电力、热力的生产和供应业工业销售产值占比(10%、17.5%、17.87%、

16.76%)低于全国平均水平,化学原料及化学制品制造业、有色金属冶炼及压延加工业销售产值占比(24.29%、13.56%)高于全国平均水平(24.29%、13.56%)。

从空间内部差异来看,江苏省、浙江省、湖北省、湖南省高耗能产业的工业销售产值较高,2011—2015年在全国排名均处于前10位。重庆市、贵州省、云南省高耗能产业的工业销售产值较低,2015年在全国排名均处于20位以后。从发展动态来看,2011—2015年上海市全国排名呈现出持续下降趋势,长江经济带的其他省份高耗能产业工业销售产值在全国的排名相对稳定,波动幅度较小。2011—2015年上海市高耗能产业的工业销售产值下降,年均增长率为-3.93%,其他省份高耗能产业工业销售产值均有所增加,贵州省高耗能产业的工业销售产值年均增长率达到9.50%。

长江经济带各省(市)六大高耗能行业占全行业比重均超过20%,一些高消耗、高污染型产业普遍居于各省(市)中规模最大的行业之列,对当地经济发展起显著的支撑作用。最高的云南、江西、贵州三省六大高耗能行业占比分别高达48.69%、39.93%、38.60%。

3.1.4 新兴产业带动加强,创新能力亟待提高

战略性新兴产业对经济增长带动作用明显加强。近年来,长江经济带沿线城市群在先进轨道交通装备、集成电路、新型平板显示等多个领域形成数十个特色产业集聚区。其中,上海的生物制药行业、浙江的云计算产业表现十分突出,安徽的平板显示和人工智能产业、湖南的智能装备和数字创意产业、江西的中药制造和通用航空产业发展良好,进一步促进了长江经济带地区战略性新兴产业集聚发展。

战略性新兴产业增长速度明显快于旧产业、旧动能,但是战略性新兴产业发展仍处于初级阶段,产业规模偏小,高端产品比重偏低,仍处于关键爬坡期,对区域整体产业结构优化作用尚未体现。经济带在研发投入、专利发明、高新技术制造方面,处于全国中等水平。2015年,高新技术产业占比为13.8%,略高于全国水平12.6%。中上游八省(市)工业基础最好的湖北,高新技术产业占比仅为8.61%。经济带中仅上海、江苏、四川、重庆的高新技术发展水平高于经济带平均水平,上海、武汉、成都、南京、重庆等中心城市比较优势突出;多地制造业升级尚未完成。长江经济带研发投入处于全国中等水平,R&D经费投入强度(与GDP之比)由2011年的1.71%提高到2015年的2.04%,仅上海、武汉、成都、南京、重庆等中心城市优势突出;技术市场成交额增速由2011年的19.5%下降到2015年的14.0%,以江苏省为例,科技成果转化率仅为10%(全国为20%)。

3.2 矿业相关产业布局特征差异显著

3.2.1 化工产业走廊覆盖长江上中下游区域

长江经济带分布着全国近半数的化工企业。2015年长江经济带化学原料与化学制品制造业规模以上工业企业销售产值达到4.07万亿元,占全国该行业比重为48.85%,增速超过全国1.14%。规模以上化工企业数量为1.22万家,占全国化工企业比重为46%,同比上年有所增加;主营业收入总额实现5.14万亿元,同比上年增加5.8%,占全国比重为36.56%。

化学工业分布不均衡,其中产值最高的为江苏,2015年销售产值超过1.6万亿元,且保持较快增速;浙江排名第二,产值也超过5000亿元,同比2014年下降近10%。在中国石油和化学工业联合会发布的"2016中国化工园区20强"名单中,位于长江经济带的有11家,仅江苏就有5家。从全国化工500强企业个数分布来看,2015年江苏、浙江分别位居第二、第三名,共有89家。2015年湖北、湖南、上海、四川、安徽、江西6省市的产值规模在2200亿元~4100亿元,其中湖北、湖南增长较快。

目前,长江沿线29个中心城市共布局工业园区490个,其中国家级68个、省级271个。在490个工业园区中,以化工为主导产业的园区有103个。从2000年到2017年,临江1km范围内企业数由149家增加至715家。从空间布局上看,上游重庆沿三峡库区布局了长寿、涪陵、万州3个化工基地,分别发展天然气化工、石油化工和盐化工,打造国家级天然气化工基地、全国最大的化肥生产基地和西部基本化工原料及化工建材基地。重庆一小时经济圈的涪陵、大渡口、荣昌等地,渝东北地区的万州、开县、丰都等地均是承接精细化工的地区,优先承接乙炔化工、清洁环保聚氨酯涂料、高性能涂料、聚甲醛等工程塑料、电子化学品等产业。四川泸州等地也在大力发展天然气化工业,并在长江边建成了泸天化、川天化和北方化工(军)3个化工园区,上游沿江地区形成连片"石化化工带"。中游安徽、江西、湖南、湖北等也兴建或承接了大量沿海转移而来的化工企业,加上中下游南京、仪征、安庆、九江、武汉、岳阳等地是我国传统石化产业聚集区,长江已形成了连片的"石化化工走廊"。

区域石油化工企业炼化一体化程度较高,以上海石化、高桥石化、扬子石化、镇海炼化等大型企业为代表。沿长江布局的有高桥石化、扬子石化、金陵石化、安庆石化、九江石化、武汉石化、长岭石化等十余家炼化企业,原油加工能力约为0.75

亿 t,约占长江经济带的一半,原油加工能力约 0.56 亿 t,约占区域的 1/3。

近些年,化学农药原药产业空间集聚趋势明显增强,1995 年产量排名前 5 位的省份产量占全国总产量的 62.4%,2017 年产量排名前 5 位省份占全国总产量的 78%。长江经济带农药原药产业空间主要集中在江苏、浙江、湖北、安徽、四川一带,江苏产量占经济带比重约一半。

2014 年,整个长江经济带化学农药原药产量达到最大值(217.80 万 t),2015—2016 年连续下降,2017 年几乎又增长回峰值,增长的省市包括了江苏(产量 124.47 万 t,累计增长 3.09%)、湖北(产量 29.29 万 t,累计增长 5.32%)、湖南(产量 5.7 万 t,累计增长 14.69%)、重庆(产量 2.01 万 t,累计增长 48.89%)、贵州(产量 0.34 万 t,累计增长 41.67%);呈现了陆续由传统的东部集聚区域(如江苏、浙江等)向中西部省市(如湖北、湖南、重庆等)集聚的趋势。

长江经济带中上游依托丰富的磷矿资源,云、贵、川、鄂地区逐渐发展成为全国四大磷肥基地。2014 年,磷肥总产量达到 1 252.8 万 t,占全国磷肥总产量的 73.3%。据国家统计局相关数据,全国规模以上磷肥制造企业共计 213 家,199 家分布在长江流域,其中云天化集团(产能居世界第 2 名)、贵州开磷集团是全国磷酸二铵产量排名靠前的企业。涉及磷化工的开发区主要有 32 个,集中分布在湖北、四川、云南、贵州、江西等地。

3.2.2 有色金属采选冶炼集聚中上游地区

长江经济带有色金属冶炼规模大,产量大。2015 年,长江经济带有色金属冶炼和压延加工业规模以上工业企业销售产值达到 2 万亿元,占全国有色金属冶炼企业的比重为 43.68%,主要集中在中下游地区。

长江经济带上游、中游、下游地区 10 种有色金属产量占比分别为 11.40%、10.47%、4.72%,产量呈现递减趋势。其中云南省 10 种有色金属产量占长江经济带总产量的 1/4,湖南其次,约占 1/5。湖南、云南、江西、安徽四省有色金属产量及占比分别为 244.2 万 t(24.5%)、215.9 万 t(21.6%)、174.0 万 t(17.4%)、132.9 万 t(13.3%)。

3.2.3 典型高耗能行业聚集中下游城市群

2015 年,长江经济带黑色金属冶炼及压延加工业销售产值占全国比重为 37.54%,较上年下降 13.01%。2015 年长江经济带地区生铁、粗钢、钢材产量分别达到 2.18、2.84、3.74 亿 t,分别占全国水平的 31.5%、35.31%、33.26%。产量首次下降。

全国十大钢铁工业基地,一半位于长江经济带地区,分别为上海钢铁基地、湖北武汉钢铁基地、四川攀枝花钢铁(简称攀钢)基地、安徽马鞍山钢铁基地和重庆钢铁基地。2015年,全国年产量在1000万t以上的钢铁企业共30家,其中位于长江经济带的有10家,主要分布在上海、江苏、安徽和湖北。其中江苏省产量占长江经济带总产量的38.74%,其钢铁产业集中在南京以下的长江口地区,呈现了沙钢、永钢、南钢、兴澄等大型钢铁企业沿江布局、沿海钢铁工业占比较低的态势。中型钢铁企业主要分布在南京、杭州、合肥、新余、鄂城、湘潭和涟源、昆明等。四川攀钢是我国西部最大的钢铁生产基地,也是中国最大的铁路用钢生产基地、品种结构最全的无缝钢管生产基地。

长江经济带范围内共有71家钢铁规范企业①,折合生铁产能约为2.1亿t/年,普钢产能(转炉+电炉)约为3.0亿t/年,其中江苏省钢铁企业数量最多(31家),生铁、普钢产能分别为0.83万t/年、1.26亿t/年。近六成钢铁企业分布在长江沿岸城市,生铁、普钢产能分别为1.50亿t/年、2.12亿t/年,产能约占区域总量的70%。

2015年,长江经济带火电装机容量占全国比重超过1/3,主要集中在下游地区,占全国总量的20.94%,同比上年增长了9.56%。上、中、下游火电装机容量增长明显高于全国平均水平。区域火电发电比例为59.94%,低于全国平均水平13.77%,下游地区火力发电量达到89.22%。

长江经济带为全国提供了近一半的水泥产量以及2/5的平板玻璃,2015年水泥和平板玻璃产量比2010年分别增长了32%、29%。其中,江苏省水泥产量居于全国第一,平板玻璃产量多集中在湖北、浙江、江苏、四川地区。

2015年,长江经济带非金属矿采选业、非金属矿物制造业实现规模以上工业销售产值分别为2726亿元、23 400亿元,分别占全国同行业比重达1/2、2/5,主要贡献来自江苏、湖北、四川、湖南等省份。2015年江苏省建材工业经济总量占全省工业经济总量的3.8%,在全国同行业中居第4位。2015年,云南省生产水泥9 305.3万t,同比下降1.97%,是"十五"以来持续保持增长后的首次负增长。

3.3 矿产加工业绿色化发展水平整体不高

工业是能源资源消耗和污染排放的主体,也是推行产业绿色转型的主阵地。

---

① 根据《钢铁行业规范条件(2015年修订)》和《钢铁行业规范企业管理办法》,符合要求的规范生产经营的企业。

当前以长江经济带为代表的中国工业仍未摆脱高投入、高污染、高排放的粗放发展方式,整体上处于工业化中期,区域工业绿色发展水平不高,地区差距明显,绿色发展任务艰巨。工业绿色化发展水平一般包括工业能源资源利用效率、工业污染物排放强度、生产工艺及技术装备水平、环保设备水平以及工业创新驱动能力等方面。长江经济带除浙江外整体工业用水效率低,中上游地区受工业能源效率、生产工艺及技术装备水平以及配套环保治理设施水平影响,工业污染物排放强度整体偏高。

3.3.1 水资源利用效率亟待提升

长江经济带整体工业用水效率低,工业用水效率提升空间较大。2016年,长江经济带各省市万元工业增加值用水量为67.54m^3,落后于全国平均水平47.3%,其中上、中、下游万元工业增加值用水量分别为53.64m^3、77.48m^{3}和68.08m^3,中游工业用水效率最差,下游次之,除浙江外中下游城市的万元工业增加值用水量全部高于经济带平均水平,其中安徽万元工业增加值用水量最高,是长江经济带平均水平的1.37倍,全国平均水平的2.0倍。因此,长江经济带需大力推进工业节水,降低单位产品用水量,提高水资源的综合利用率,促进工业用水效率稳步提升。

3.3.2 中上游工业污染物排放强度整体偏高

2015年,长江经济带各省(市)每万元工业增加值废水排放8.24t,比全国平均水平高0.99t。其中,每亿元工业增加值化学需氧量排放10.73t,比全国平均水平高0.06t;每亿元工业增加值氨氮排放0.80t,比全国平均水平高0.01t。较为发达的长三角地区污染排放强度较低,处于快速工业化阶段的中上游地区排放强度则较高,下游三省(市)废水及主要污染物排放强度均低于全国平均水平,而中上游部分省(市)则普遍高于全国平均水平。由于地处中上游,废水排放可能对长江流域生态环境产生更大的负面影响。经济带废气排放强度总体水平低于全国平均水平,呈现下游长三角地区较低而中上游地区较高的局面。具体而言,贵州、云南、安徽、江西省由于资源型重化产业比重较大,废气主要污染物排放强度较高。

第4章 长江经济带未来矿业发展趋势

在"共抓大保护、不搞大开发"战略导向下,未来长江经济带矿业的发展趋势为:依托清洁能源优势打造绿色能源产业带,依托有色金属优势打造世界级战略性新兴产业发展集聚区,依托黑色金属矿产冶炼加工业转型升级推动绿色制造体系建设,实现长江经济带矿产资源开发与区域经济社会发展及生态环境保护之间的统筹协调发展,构建矿业协调发展新格局。

4.1 工业发展总体态势判断

长江经济带作为贯穿我国"西部大开发""中部崛起"和"长三角一体化"的重要经济带,在区域发展总体格局中举足轻重,是我国经济高质量发展的重要战略支撑。长江经济带工业增加值占全国比重超过40%,工业整体处于发展中期,工业发展仍是长江经济带经济未来发展的核心动力。在当前和今后一段时期内,长江经济带工业发展的重点仍是化解长期形成的工业发展与资源环境保护存在的矛盾,以供给侧结构性改革为主线,以提高发展质量和效益为中心,以传统产业绿色化改造为重点,以绿色科技创新为支撑,以法规标准制度建设为保障,紧紧围绕能源资源利用效率和清洁生产水平提升,加快构建产业绿色发展体系,最终实现工业绿色发展。具体来看,未来工业产业发展呈现如下特点,国家应采取相应措施,构建矿业协调发展新格局。

4.1.1 增强自主创新能力

(1)打造创新示范高地。支持上海加快建设具有全球影响力的科技中心,推进上海、安徽、四川和武汉全面创新改革试验,加快创新型省份和创新型城市建设,继续加强上海张江、武汉东湖、苏南、长株潭国家自主创新示范区及沿江国家级高级技术产业开发区建设,发挥辐射带动作用,推进创新驱动发展转型,形成一批可复制、可推广的改革举措和重大政策,培育新的增长点,拓展新的增长极、增长带。

(2)强化创新基础平台。立足长江经济带智力优势和重点产业,加强统筹规划,整合区域创新资源,新建一批创新平台,实现跨机构、跨地区开放运行和共享。在上海、南京、武汉、长沙、重庆、成都等城市建立和完善一批创新成果转移转化中心、知识产权运营中心和产业专利联盟。

(3)打造工业新优势。《长江经济带创新驱动产业转型升级方案》提出,长江经济带要立足于打造工业新优势,充分发挥技术改造对传统产业转型升级的促进作用,采用节能、节水的新技术、新工艺、新装备、新材料,加快沿江现有重化工企业生产工艺、设施(装备)和污染治理水平的绿色化改造,力争实现沿江重化工企业技术装备和管理水平走在全国前列,引领行业发展。

4.1.2 推进产业转型升级

通过产业整合,积极推动传统产业升级。依托产业基础和龙头企业,整合各类开发区、产业园区,引导生产要素向更具竞争力的地区集聚,打造一批竞争优势明显的产业集群和产业基地。积极推动钢铁、有色金属、石化、磷化工行业等产业改造升级,提升技术装备水平,推进去产能、去库存,鼓励企业跨区域兼并重组,坚决淘汰落后产能。

(1)钢铁行业。《钢铁工业调整升级规划(2016—2020年)》提出,以化解过剩产能为主攻方向,促进创新发展,坚持绿色发展,推动智能制造,提高我国钢铁行业的发展质量和效益。将"积极稳妥去产能去杠杆""完善钢铁布局调整格局""提高自主创新能力"作为"十三五"期间的重要任务。《关于钢铁行业化解过剩产能实现脱困发展的意见》要求,5年时间再压减粗钢产能1亿~1.5亿t;"十三五"期间,浙江省压减钢铁产能300万t以上;四川省压减420万t粗钢;江西省压减粗钢产能433万t;江苏省压减粗钢产能1750万t,严禁沿城市周边和内河新增钢铁产能,沿江地区钢企实行减量调整,沿海地区钢企实施减量置换;安徽省实施钢铁产业等量或减量置换,禁止以任何形式新增产能项目。

(2)有色金属行业。《有色金属工业发展规划(2016—2020年)》指出,"十三五"期间将优化产业布局、严控冶炼产能扩张、加快传统产业升级改造和促进低效产能退出作为加快产业结构调整的重点,严控新增,推动低效产能退出,从严控制铜、电解铝、铅、锌、镁等新建冶炼项目。湖南省以湘中南、湘西地区为重点,加强行业整合,限制冶炼产能盲目扩张,大力发展精深加工业,推动有色金属传统产业转型升级;江西省探索实施稀土氧化物等过剩冶炼产能减量置换方案,建设"世界铜都"和"中国赣州稀金谷",采选、冶炼以及大部分精深加工等工艺技术达世界先进水平;贵州省鼓励铅锌冶炼、锑冶炼、电解锰、涉汞等行业的企业兼并重组,促进涉重行业的集聚发展;云南省严控产能规模,新建铜、铅、锌、锡冶炼项目,落实产能等量或减量置换建设指标,有色金属自产资源量须达到50%以上。

(3)石化行业。《关于石化产业调结构促转型增效益的指导意见》提出,严控传统化工过剩行业新增产能,加快淘汰工艺技术落后、安全隐患大、环境污染严重的落后产能。推进危险化学品全程追溯和城市人口密集区生产企业转型或搬迁改造,提升危险化学品本质安全水平。完善化工园区基础设施配套,加强安全生产基础能力和防灾减灾能力建设。推动杭州湾北岸化工集中区产业升级,改造提升金山石化产业基地;加大高桥、吴泾结构调整力度;江苏省提出淘汰转移环太湖石化化工企业;湖南长株潭老工业区向化工专业园区有序转移并实现转型升级,推进湘南盐(氟)化工、煤化工转型升级,大湘西地区发展特色精细化工产业。

(4)磷化工行业。"十三五"发展思路中提出严格控制新增产能,实行总量控制,新建项目要遵循等量或减量置换的原则。湖北省提出按照"严格准入,适度规模,优化结构,综合利用"原则规划磷化工产业,控制磷复肥发展,逐步削减过剩产能,严控磷铵、黄磷违规新增产能。四川省新建涉磷工业等涉磷项目实施总磷排放量倍量替代。云南省提出控制压缩黄磷产能,总量控制高浓度磷复肥发展规模,规范优化中低浓度磷肥产业发展。按照贵州"十三五"规划,仅开阳—瓮福磷资源基地的产能就新增1300万 t/年,对技术水平的提升、工业固废的利用提出一系列保障措施。

4.1.3 打造核心竞争优势

培育和壮大战略新兴产业,形成全国战略性新兴产业发展高地。构建制度创新体系,提升关键系统及装备研制能力,加快发展高端装备制造、新一代信息技术、节能环保、生物技术、新材料、新能源等战略性新兴产业,推动产业转型升级和结构调整。优化战略性新兴产业布局,加快区域特色产业基地建设,发挥辐射带动和引领示范作用,形成全国战略性新兴产业发展高地。

装备制造业是长江经济带工业经济体系中的重要优势产业,在巩固原有装备制造业基地、高技术产业基地的基础上,推进长江经济带装备制造业高端化、智能化、绿色化、服务化、集群化发展,将长江经济带打造成为先进装备制造业中心。《长江经济带发展规划纲要》强调,要培养和壮大战略性新兴产业,加快发展高端装备制造业等战略性新兴产业。《长江经济带创新驱动产业转型升级方案》将航空航天、智能制造、海洋工程、轨道交通、工程机械等高端装备制造业列为推动产业转型发展的战略重点。《国务院关于依托黄金水道推动长江经济带发展的指导意见》明确要求建成国际先进的长江中游轨道交通装备、工程机械制造基地和长江口造船基地,将长江经济带高端装备制造、汽车制造等装备制造业培育建成世界级制造业集群。

依托装备制造业原有优势,加大自主创新的投入力度,以装备制造业的产业技术经济关联性为提升着力点。建设新型工业化示范基地与装备制造业集成创新示范点;培育先进装备制造业产业集群,以产业链为纽带,整合要素合理布局,推动产业链向专业化和价值链高端延伸,推动产业集聚向产业集群升级,打造形成具有全球影响力的先进装备制造业走廊。

4.1.4 引导产业有序转移

推进国家级承接产业转移示范区建设,加快提高基础设施和产业配套能力,促进产业集中布局、集聚发展。鼓励社会资本积极参与承接产业转移园区建设和管理,加快形成一批具有较强规模效益的辐射带动作用的产业集聚区。

积极探索多种形式的产业转移合作模式,鼓励上海、江苏、浙江到中上游地区共建产业园区,发展"飞地经济",共同拓展市场和发展空间,实现利益共享。推进江西九江与湖北黄梅、安徽滁州与江苏苏州、湖南与江西边界地区合作共建,打造跨省跨江承接产业转移园区,加快长江中游城市群产业一体化进程。加强川渝合作示范区建设,共同承接下游地区产业转移。

《产业发展与转移指导目录(2018年本)》提出:东部地区(包括江浙沪)区位条件优越,面向国际、辐射中西部,是全国工业经济发展的重要引擎。东部地区要率先实现产业转型升级,积极承接国际高端产业转移,推动传统产业向中西部地区转移;要依托雄厚的产业基础和相对完善的市场机制,建设有全球影响力的先进制造业基地,成为我国先进制造业的先行区、参与经济全球化的主体区,建设全国科技创新与技术研发基地。

中部地区(包括皖、鄂、湘、赣)承东启西、连接南北,生产要素富集、产业门类齐全、工业基础坚实、市场潜力广阔,具备较强的产业转移承接能力。中部地区要加快承接国际和东部发达地区的产业转移,建设全国重要能源原材料基地、现代装备制造和高技术产业基地,打造全国重要先进制造业中心。

西部地区(包括云、贵、川、渝)具有广阔的发展空间、巨大的市场潜力和突出的资源优势,是我国重要的战略资源接续地和产业转移承接地。西部地区是产业转移的主要承载区和重点生态保护地区,要大力实施优势资源转化战略,加快沿边开发开放,建设国家重要的能源化工、资源精深加工、新材料和绿色食品基地,以及区域性的高技术产业和先进制造业基地。

4.2 长江经济带矿业发展战略格局

目前长江经济带矿业相关产业发展面临着布局结构不合理、区域发展不平衡、部分区域矿业发展与生态环境保护矛盾突出等问题。未来矿业相关产业将会有序转移和协调发展,相关城市群的产业发展圈将成为矿业相关产业的有效载体。

4.2.1 整体空间格局

依托国家级、省级开发区,长江经济带矿业相关产业将有序转移和协调发展,重点打造电子信息、高端装备、汽车、家电、纺织服装等世界级制造业集群,构建"一轴一带、五圈五群"的产业发展格局。

(1) 有序建设沿江产业发展轴。发挥上海、武汉、重庆的核心作用,以南京、南通、镇江、扬州、芜湖、安庆、九江、黄石、鄂州、咸宁、岳阳、荆州、宜昌、万州、涪陵、江津、泸州、宜宾等沿江城市为重要节点,优化沿江产业布局,引导资源加工型、劳动密集型和以内需为主的资本、技术密集型产业向中上游有序转移,构建绿色沿江产业发展轴。下游沿江地区聚焦创新驱动和绿色发展,中游沿江地区加快转型升级,引导产业集聚发展,上游沿江地区突出绿色发展。

(2) 合理开发沿海产业发展带。有序推进沿海产业向长江中上游地区转移,主动承接国际先进制造业和高端产业转移,构建与生态建设和环境保护相协调的沿海产业发展带。依托长三角沿海地区,积极发展石化、重型装备等临港制造业。

(3) 重点打造矿业相关城市群产业发展圈。以长江三角洲、长江中游、成渝等跨区域城市群为主体,以黔中、滇中等区域性城市群为补充,构建相关的城市群产业发展圈(表4-1)。

表4-1 矿业相关的城市群产业发展圈

城市群	产业发展要求
长三角城市群	聚焦电子信息、装备制造、钢铁、石化、汽车、纺织服装等产业集群发展和产业链关键环节创新,改造提升传统产业
长江中游城市群	以沿江、沪昆和京广、京九、二广"两横三纵"为轴线,重点发展轨道交通装备、工程机械、航空、电子信息、生物医药、商贸物流、纺织服装、汽车、食品等产业,推动石油化工、钢铁、有色金属产业转型升级
成渝城市群	依托成渝发展主轴、沿江城市带和成德绵乐城市带,重点发展装备制造、汽车、电子信息、生物医药、新材料等产业,提升和扶持特色资源加工和农林产品加工产业,积极发展高技术服务业和科技服务业,打造全国重要的先进制造业和战略性新兴产业基地、长江上游地区现代服务业高地
黔中城市群	以贵阳—安顺为核心,以贵阳—遵义,贵阳—都匀、凯里,贵阳—毕节为轴线,重点发展资源深加工、能矿装备、航空、特色轻工、新材料、新能源、电子信息等优势产业和战略性新兴产业,打造国家重要能源资源深加工、特色轻工业基地和西部地区装备制造业、战略性新兴产业基地

续表 4-1

城市群	产业发展要求
滇中城市群	以昆明为核心,以曲靖—昆明—楚雄、玉溪—昆明—昭通为轴线,重点发展生物医药、大健康、物流、高原特色现代农业、新材料、装备制造、食品等产业,改造升级烟草、冶金化工等传统优势产业

(4)大力培育世界级产业集群。依托长江经济带不同地区产业发展基础,加快实施"中国制造 2025"促进产业转型升级,强化工业基础能力,以沿江国家级、省级开发区为载体,以大型企业为骨干,加强重大关键技术攻关、重大技术产业化和应用示范,提高综合集成水平,培育一批集聚程度高、研发能力强、知名品牌多、技术水平领先、具有核心竞争力的大企业集团,联合打造电子信息、高端装备、汽车、家电、纺织服装等世界级制造业集群,在推动中国制造由大变强历史跨越中发挥引领作用。

4.2.2 矿业相关行业空间格局

1. 依托清洁能源优势打造绿色能源产业带

长江经济带拥有丰富的页岩气、地热等清洁能源,应努力打造绿色能源产业带,推动能源生产和消费革命。页岩气开采利用,瓶颈在"采",目的在"用",应加强页岩气调查评价与勘查,创新勘探方式,突破开发利用关键技术,改进利用方式,提高开发效率。

按照第三轮全国矿产资源规划的要求,可开展四川长宁—威远、重庆涪陵、贵州遵义—铜仁、云南昭通等地区页岩气勘查开发示范工作,继续实行页岩气开发利用补贴政策,推动低成本规模开发。地热资源重在利用,要进一步开展地热水资源、干热岩和浅层地温能潜力评价,推进西南地区地热资源调查与开发利用示范工程建设,推进梯级利用及循环利用工艺研究与示范,加强政策扶持力度,创新开发利用模式,提高地热能利用比重。

石化化工产业下游与中上游分布的差异化态势进一步扩大。长江下游将聚焦石化化工产业发展,沿海地区石油炼化产业规模将进一步增大,沿江地区在完成基础原料化工转型后,以化工新材料为特点的新型化工、精细化工产业将得到大力发展;长江中上游地区依托资源优势,重点发展磷化工、盐化工等无机化工,其中磷化工产业主要集聚在贵州、湖北和云南。

2. 依托有色金属优势打造战略性新兴产业发展集聚区

高端化、清洁化、智能化现代制造业的发展必将带动新型材料矿产的需求,促进能源消费结构的调整,带动并提升锂、稀土等战略性新兴矿产品的需求。长江经济带应充分利用自身锂、稀土、钒钛、钨锡等战略性新兴产业矿产和其他有色金属矿产优势,带动新材料、高端制造、新能源汽车等战略新兴产业发展,将长江经济带打造成世界级战略性新兴产业发展集聚区。作为资源依托型的有色冶金产业的布局与资源分布密切联系,未来发展布局基本保持不变。

3. 依托黑色金属冶炼加工业,钢铁产业进一步向下游集聚

随着各省化解钢铁过剩产能全面实施,未来长江经济带的粗钢产能较现状约减少15%,上中下游粗钢产能总体呈1∶2∶4的态势,钢铁产业进一步向下游集聚。其中江苏钢铁产能占长江经济带总量的40%,江苏省在《关于加快全省化工钢铁煤电行业转型升级高质量发展的实施意见》中提出,实施钢铁产业沿江向沿海转移,在搬迁改造过程严格执行长三角地区1.25∶1的钢铁产能置换要求,未来江苏有望实现钢铁产业装备水平提升和产能压减。

第5章 长江经济带矿业绿色创新发展的对策建议

在长江经济带矿产资源开发上,必须以"共抓大保护、不搞大开发"为导向,以供给侧结构性改革为主线,坚持高质量发展,加快产能优化布局,推动矿业技术创新,秉持绿色发展的理念,增强矿业的国际合作,从而提升自身的竞争实力。与此同时,要解决矿产资源开发存在的重大生态环境问题,以保持矿区生态系统稳定、改善矿区生态环境和保障流域人居安全等为目标,协调好发展与底线的关系,强化空间、总量、环境准入管理,优化矿业勘查开发空间布局,推动矿业城市产业转型升级,推广矿业勘查开发先进技术,推进矿产资源节约与综合利用,完善流域矿产资源开发生态补偿机制。

5.1 矿业向绿色化、智能化、高科技化转变

矿业的发展应适应中国消费升级和技术升级的需要,及时追踪高端制造、智能设备、航空航天、新材料等新型产业的需求。在2019中国国际矿业大会上,中银国

际控股有限公司首席执行官兼执行总裁李彤指出:"发展高端耐用消费,特别是新兴消费设备上游的相关矿产品,未来可以重点推动战略性新型矿产品、稀缺矿产品、重要矿产品的开发和利用,保障重要产业的矿产品需求。"

改造提升矿业的传统发展模式,为矿业发展提供新动能。未来矿山企业需要采选技术和生产方式的创新,改造传统生产方式,改进矿业设备工艺,深度参与新一轮技术革命和产业化过程。要通过推动矿山企业对战略性新兴产业创新的参与合作,来提高矿业生产的数字化、智能化和清洁化的程度。

矿山企业可以相对高速、高效地处置低盈利、高资本、高能耗的资产,发展高盈利、低资本消耗的业务;可以加速资本运作,释放更多的资本,吸引长期投资资金,支持新一轮技术创新和效率提升,改善中长期资本回报和盈利前景;可以根据利率环境和盈利前景预测未来变化,调整融资结构,实现资本结构的最优化。依靠资本市场在汇率、利率、主权信用、商品价格等领域的风险管理优势,矿业企业还能更好地对冲在投资、生产、交易等经营活动中的风险。

5.2 优化和调整空间产业结构,提高市场集中度

5.2.1 优化矿产资源开发空间格局,构建矿业开发空间治理体系

从源头预防因矿业活动导致的生态破坏和环境污染问题,严格矿产资源开发环境准入、强化矿产资源分区分类管理和源头管控,有效推动资源开发与环境保护相协调。

全面实施"生态优先、绿色发展"和"资源开发可持续、生态环境可持续"的生态环境保护战略,妥善处理好经济发展和生态环境保护的关系。按照"禁采区内关停、限采区内收缩、开采区内集聚"的要求,合理统筹矿产资源勘查开采布局。

落实主体功能区制度。根据《生态文明总体方案》和《全国功能区规划》,应完善主体功能区制度,根据地区自然性条件进行适宜性开发。长江上游的部分区域海拔高、地形复杂、气候恶劣、生态脆弱,拥有重要生态功能,不适合大规模、高强度的矿产资源开发,否则将对生态系统造成破坏,对其提供生态产品的能力造成损害。因此,必须将长江上游生态脆弱的国土空间确定为限制开发或禁止开发的重点生态功能区,严格控制该区域能源和矿产资源的开发,加大长江上游地区的生态环境的保护力度,对历史遗留的矿山环境问题进行整治、修复,开展大江大河源头及上游地区的小流域治理工作,改善区域生态功能(表5-1)。

表 5-1 主体功能区矿山环境恢复和治理措施

矿山环境恢复和治理措施	具体内容
加大财政资金投入	各级地方财政加大资金投入力度,拓宽资金渠道,为废弃矿山、政策性关闭矿山等历史遗留的矿山地质环境恢复治理提供必要支持
鼓励社会资金参与	按照"谁治理、谁受益"的原则,充分发挥财政资金的引导带动作用,大力探索构建"政府主导、政策扶持、社会参与、开发式治理、市场化运作"的矿山地质环境恢复和综合治理新模式
整合政策与资金	根据本地实际情况,将矿山地质环境恢复治理与新农村建设、棚户区改造、生态移民搬迁、地质灾害治理、土地整治、城乡建设用地增减、工矿废弃地复垦利用等有机结合起来,加强政策与项目资金的整合与合理利用,形成合力,切实提高矿山地质环境保护和恢复治理成效。对由历史原因造成耕地严重破坏且无法恢复的,按照规定,补充相应耕地或调整耕地保有量

5.2.2 推动矿业城市资源产业转型升级

推动矿业城市资源型产业由资源主导向多元化转型。产业结构的单一化是造成长江经济带资源型地区发展困境的最直接原因。加快产业多元化、多级化发展,弱化"一业独大"资源主导型产业格局,是国内外资源型地区普遍选择的模式。以休斯敦为例,在石油开采仍处于较大规模时期,它通过发展石油深加工和技术研发服务,不断延长石油产业链条,增强主业竞争力;同时,积极布局航天、造船、电子、医疗、金融、商贸、科技等非资源型产业发展,逐步由单一的石油开采经济发展模式转变为多元化的经济发展模式。在多元化转型过程中,要立足本地的区位优势、资源优势和产业优势,提升资源产业竞争力,兼顾培育发展特色化非资源型产业。一方面,加快整合现有产业资源,通过淘汰落后产能、加快资产重组、延长产业链、打造特色产业集群等途径,提升传统产业的竞争力;另一方面,加快非资源型产业的培育和发展,特别是引进低污染、低排放、高附加值的具有比较优势、符合市场需求的战略性新兴产业。推动矿业城市产业由资源依赖向创新驱动转型,推动矿业城市产业由重工业化向服务化转型,推动矿业城市产业由粗放发展向绿色集约转型,逐步淘汰高污染、高能耗、低效率产能,加快资源型产业的低碳化、绿色化改造,推进经济结构的绿色化、集约化转型。

5.2.3 加大中小型矿山整合力度,提高产业集中度

通过"控制规模,优化布局,提高效益,恢复治理"的目标调控,实行"大企业进入、大项目开发"政策,促进大型矿山企业兼并小型矿山企业,提高企业环保投资的承受力和技术能力;对小规模矿产、禁止开发区和限制开采区部分矿产加快淘汰;对部分具有规模,但生态效益不高的矿山企业,要优化改造其开采工艺技术,延长产业链,提高企业生态效益;对开采规模较大的老矿区要促进其生态恢复治理,做到"还清旧账,不欠新账";对于重点开发的矿区,要提出更高的治理和恢复要求,预留治理保护资金。还要认真清理产能严重过剩行业违规在建项目,尚未开工的,一律不准开工建设;正在建设的,一律停止建设。

实行矿山最低开采规模设计标准。坚持矿山设计开采规模与矿区资源储量规模相适应的原则,严格执行矿山最低开采规模设计标准,严禁大矿小开、一矿多开。对涉及民生建设的小矿开发,各省市可根据实际情况明确矿山设计开采规模准入门槛,严格规范管理。产业政策准入门槛高于设计标准的,以产业政策为准。

5.3 全面加强重点矿区管控,实行最严格的生态环境保护制度

重点矿区是以战略性矿产或区域优势特色矿产为主,资源储量大、资源条件好、具有开发利用基础、对全国资源开发具有举足轻重作用的大型矿产地和矿集区。在划定重点矿区时应综合考虑矿产资源特点、勘查程度、规模、资源潜力、开发利用现状,兼顾经济、环境等因素。在矿产资源比较集中、资源禀赋和开发利用条件好的地区,将大中型矿产地、重要矿产集中分布区、国家规划矿区、对国民经济具有重要价值的矿区划为重点矿区。

要整体开发重点矿区,在矿产资源配置上向资源利用率高、技术先进的大型矿山企业倾斜。对区内已设置的影响大矿统一开采规划的矿山,引导矿山企业进行资源整合。在重点开采矿区内,必须节约与综合利用矿产资源,切实保护和同步治理矿山地质环境。

在重点矿区内严格执行规划控制、计划投放和准入退出制度。对于新建矿山严格控制最低开采规模;对于已有矿山存在的规模小、数量多、布局不合理、资源浪费严重、生态保护和安全生产压力大等突出问题,通过产业调整、转型升级、资源整

合等方式,构建集约、高效、协调的矿山开发新格局,实现科学发展、安全发展。

重点矿区在建设过程中要提高准入条件,减少对生态保护区内生态系统的扰动,注重区内生态保护红线。加强大型矿产地的统筹规划和监督管理。在煤炭规划矿区,按照严控增量、优化存量、清洁利用的要求,将化解过剩产能与结构调整、转型升级相结合,推进煤炭行业健康发展;坚持合理开采、确保安全、杜绝纠纷的原则,有序开发复合矿区的石油、天然气、煤层气、页岩气、煤炭、硫铁矿、高岭土和地表砂石土类矿产。加强钒钛磁铁矿、稀土、锂、磷、石墨资源的合理开发利用和有效保护,依托科技创新,保障资源的高效利用。规范铜矿、铂镍矿、银多金属矿勘查开发秩序,提高节约集约和综合利用水平。推进宝兴大理岩等优质非金属矿产深度开发与生态建设相协调。

5.4 推进矿山清洁化、集约化发展

推进矿山"清洁生产",加强科学技术研究和应用,鼓励采用先进的采选工艺,开发低废、无污染的矿山清洁生产技术,实现矿山废弃物的减量化和资源化。严格执行《矿产资源节约与综合利用鼓励、限制和淘汰技术目录》中提出的要求,新建或改扩建矿山不得采用国家限制和淘汰的采选技术、工艺和设备。

鼓励和引导矿山企业规模化开采,提高大中型矿山企业比重,减少矿山数量,加大对小矿山的改造整合力度。通过新建扩建、兼并重组等途径,加快打造世界矿山企业,提高产业集中度,完善目标体系,实现多目标协调。明确完善的目标体系是绿色矿山政策取得成效的前提。绿色矿山建设作为矿产资源开发的新方式,最基本的目标与一般的矿山建设一致,即保证矿产资源的供应能满足市场需求。根据绿色矿山的定义,绿色矿山与其他矿山的区别关键在于生态环境扰动可控的目标,同时满足各实体的利益,企业有利可图、矿地关系和谐也是重要的目标。基于绿色矿山的基本目标,结合各利益相关者目标,长江经济带绿色矿山建设要分别从资源、环境、经济、社会等方面出发,同时综合政府、企业、社区、第三方的利益,对各目标进行细化。只有确保各目标之间相互平衡、相互协调,才能建设真正的绿色矿山(图 5-1)。

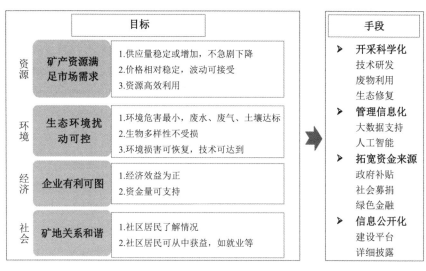

图 5-1　长江经济带绿色矿山建设目标体系与实施手段

5.5　建立流域矿产资源生态补偿机制

党的十九大报告将"建立市场化、多元化生态补偿机制"列为加快生态文明体制改革、建设美丽中国的重要内容之一。应以生态环境质量改善为核心，根据生态功能类型和重要性实施精准考核，强化资金分配与生态保护成效挂钩机制。探索将纵向补偿机制与横向补偿机制相结合，推动建立流域矿产资源生态补偿机制，充分调动流域上下游地区的积极性，加快形成"成本共担、效益共享、合作共治"的流域保护和治理长效机制，使保护自然资源、提供良好生态产品的地区得到合理补偿，促进流域生态环境质量不断改善（图5-2）。

5.5.1　完善矿山环境治理、恢复基金制度和生态修复制度

对于废弃矿区和老矿区过去造成的生态环境污染破坏，通过完善"废弃矿山生态环境恢复治理基金"等方式由国家开展治理。矿山生态环境恢复治理基金的主要来源是政府财政拨款以及向正在生产的矿山企业征收的"废弃矿山生态环境补偿费"；新矿区造成的破坏由企业承担全部治理责任。企业对破坏的生态有两种补偿形式：现金补偿和修复治理。现金补偿是针对煤炭开采造成的直接损害，如地上附着物损害、耕地占用等，直接给予现金补偿；修复补偿主要指开采企业有责任和

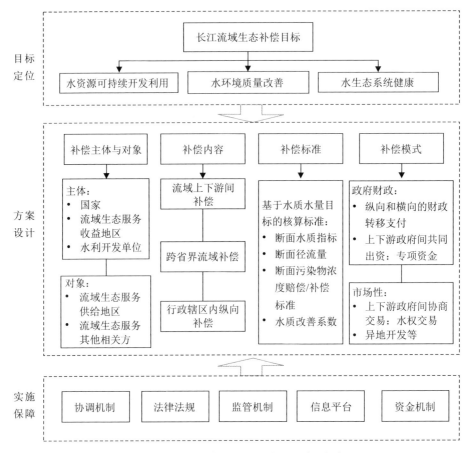

图 5-2 长江经济带生态补偿机制建设框架

义务将开采时破坏的环境恢复治理到原有状态,它又包括企业直接修复补偿和政府组织大型工程治理两种补偿方式。

5.5.2 加大对中上游生态功能区的生态补偿力度

完善生态占用核算,从资源消费和污染排放类型以及用地类型拓展生态足迹的量化范围,构建包括长江经济带各地区和各生态空间的生态大数据,并扩展基于生态服务功能类型的各种生态占用核算,为间接占用的自然生态空间的生态价值核算创造条件,进而为环境资源的量化管理以及区域生态补偿奠定基础。

借鉴生态足迹法和生态系统服务功能经济价值核算的方法,运用生态足迹量化矿产资源消费对自然生态空间的占用,并将消费的碳排放与具备固碳能力的林地等相结合,同时扣除因达标排放而减少的碳排放需求,计算长江经济带各地区林地、草地、耕地和水域的生态赤字量,并基于生态赤字价值补偿方案,将生态占用与其供给侧生态载体的承载能力结合,逐步减少资源消耗和污染排放对自然生态空间的超额占用,促进生态平衡和可持续发展。

通过税负转移促进绿色发展,在生态补偿基础上减轻劳动和资本要素税负,通过税负转移促进创业创新能力和全要素生产率的提高,推动经济增长动能转换。

5.5.3 加快生态环境损害赔偿制度改革

明确生态环境损害赔偿范围、责任主体、索赔主体、损害赔偿解决途径,加快推进重庆、江苏、云南、江西四省市的生态环境损害制度改革试点,继续完善长江经济带各省市矿产资源开发生态环境损害赔偿机制。

长江经济带流域覆盖范围极广,不同地区在环保意识、财力水平、监测能力上差异较大,因此不同地区对于生态补偿标准设计的认识也有很大不同。在制定补偿标准时,应当根据流域上下游生态环境现状、保护治理成本投入、水质改善的收益、下游支付能力、下泄水量保障等因素,综合确定补偿标准,以更好地体现激励与约束。由生态环境部联合财政部等部门,统一设计长江流域的基础补偿标准,由各地根据水质改善需要、水生态保护需要、地方财力水平等相关因素来协商议定。在长江流域联防共治框架下推进流域生态补偿机制建设。按照流域水资源统一管理要求,协商推进流域保护与治理,联合查处跨界违法行为,建立重大工程项目环评共商、环境污染应急联防机制。

主要参考文献

黄洁,侯华丽,2018.我国矿业绿色发展指数体系构建[J].中国矿业,27(12):1-5.

黄敬军,倪嘉曾,赵永忠,等,2008.绿色矿山创建标准及考评指标研究[J].中国矿业(7):36-39.

鞠建华,黄学雄,薛亚洲,等,2018.新时代我国矿产资源节约与综合利用的几点思考[J].中国矿业,27(1):1-5.

鞠建华,强海洋,2017.中国矿业绿色发展的趋势和方向[J].中国矿业,26(2):7-12.

李斌,彭星,2013.环境机制设计、技术创新与低碳绿色经济发展[J].社会科学(6):50-57.

李海萍,向刚,高忠仕,等,2005.中国制造业绿色创新的环境效益向企业经济效益转换的制度条件初探[J].科研管理(2):46-49.

刘明凯,张红艳,王新宇,2020.广西有色金属产业链关联测度与发展路径规划研究[J].中国国土资源经济,33(12):65-74.

刘亦晴,梁雁茹,刘娜娜,等,2020.基于高质量发展视角的绿色矿山建设评价指标体系研究

[J].黄金科学技术,28(2):176-187.

聂洪光,2012.生态创新理论研究现状与前景展望[J].哈尔滨工业大学学报(社会科学版),14(3):126-132.

潘楚林,田虹,2016.前瞻型环境战略对企业绿色创新绩效的影响研究:绿色智力资本与吸收能力的链式中介作用[J].财经论丛(浙江财经学院学报)(7):85-93.

乔繁盛,栗欣,2010.推进绿色矿山建设工作之浅见[J].中国矿业,19(10):59-62.

寿嘉华,2000.走绿色矿业之路:西部大开发矿产资源发展战略思考[J].中国地质(12):2-3+6.

孙维中,2006.浅谈绿色矿山建设[J].煤炭工程(4):60-61.

陶岚,郭锐,2013.企业环境管理行为的驱动因素分析:基于制度合法性理论[J].理论月刊(12):137-141.

田丹,于奇,2017.高层管理者背景特征对企业绿色创新的影响[J].财经问题研究(6):108-113.

魏民,姚永慧,1999.鲁中南地区矿业环境评价[J].地球科学(5):549-552.

吴战勇,2017.矿业城市可持续发展效率评估与优化[J].中国矿业,26(2):71-76.

肖黎明,肖沁霖,2018.国内外绿色创新研究进展与热点:基于CiteSpace的可视化分析[J].资源开发与市场,34(9):1212-1220.

杨朝均,呼若青,杨红娟,2016.中国绿色创新研究热点及其演进路径的可视化分析[J].情报杂志,35(8):139-144.

杨宜勇,吴香雪,杨泽坤,2017.绿色发展的国际先进经验及其对中国的启示[J].新疆师范大学学报(哲学社会科学版),38(2):18-24+2.

叶强生,武亚军,2010.转型经济中的企业环境战略动机:中国实证研究[J].南开管理评论,13(3):53-59.

钟琛,胡乃联,段绍甫,等,2019.有色金属绿色矿山评价体系研究[J].矿业研究与开发,39(7):146-151.

周海华,王双龙,2016.正式与非正式的环境规制对企业绿色创新的影响机制研究[J].软科学,30(8):47-51.

朱训,2013.关于发展绿色矿业的几个问题[J].中国矿业,22(10):1-6.

AZAPAGIC A,2004.Developing a framework for sustainable development indicators for the mining and minerals industry [J].Cleaner Production,12(6):639-662.

CHEN Y S,LAI S B,WEN C T,2006.The influence of green innovation performance on corporate advantage in Taiwan[J].Journal of Business Ethics,67(4):331-339.

DASHWOOD H S, 2007. Towards sustainable mining: The corporate role in the construction of global standards[J]. Multinational Business Review,15(1):47-66.

FOSTER C, GREEN K,2000. Greening the innovation process[J]. Business Strategy & the Environment, 9(5):287-303.

FUSSLER C, JAMES P,1996. Driving eco-innovation:A breakthrough discipline for innovation and sustainability[M].London:Pitman.

GEISSDOERFER M,VLADIMIROVA D,EVANS S,2018. Sustainable business model innovation: A review[J]. Journal of Cleaner Production, 198: 401-416.

HORBACH J,2008. Determinants of environmental innovation: New evidence from German panel data sources[J]. Research Policy,37:163-173.

JENKINS H,2006. Convergence culture: Where old and new media collide[M]. New York: New York University Press.

RANÄNGEN, 2017. Community involvement and development in Swedish mining [J]. The extractive industries and society,4(3): 630-639.

REHFELD K M, RENNINGS K, ZIEGLER A, 2007. Integrated product policy and environmental product innovations:An empirical analysis[J]. Ecological Economics,61:91-100.

SCHIEDERIG T,TIETZE F, HERSTATT C,2012. Green innovation in technology and innovation management: An exploratory literature review[J]. R & D Management, 42(2): 180-192.

TAI X L,WU X,TANG Y X,2020. A quantitative assessment of vulnerability using social-economic-natural compound ecosystem framework in coal mining cities"[J].Journal of Cleaner Production,258(2): 120969.

专题研究报告四

长江经济带工业旅游资源空间分布特征与影响因素研究

李江敏[1,2]，柴亚朵[1]，杨赞[1]，黎鑫薇[1]

1. 中国地质大学（武汉）经济管理学院，武汉 430074
2. 中国地质大学（武汉）湖北省生态文明研究中心，武汉 430074

摘 要：基于长江经济带代表性城市研究长江经济带工业旅游资源空间分布特征，认识其工业旅游发展基础，对研究长江经济带工业旅游的进一步发展极为重要。本文通过整理长江沿岸中心城市经济协调会 27 个成员城市的工业旅游数据，综合运用基尼系数法和核密度分析法对长江经济带工业旅游资源空间分布特征进行分析，认为长江经济带沿岸中心城市工业旅游资源有明显的集中趋势，整体上呈现出"一带多核，东多西少，中东部集中，西部分散"的空间格局，符合中心地理论，主要分布在长江中下游城市——上海市、南京市和武汉市，且高密度聚集区具有围绕行政驻地周边分布的特征。然后，基于长江经济带沿岸中心城市工业旅游资源空间分布特征及影响因素提出整体优化策略。

关键词：长江经济带；工业旅游资源；空间分布特征

基金项目：湖北省生态文明研究中心开放基金项目（STZK2019Y14）；教育部人文社会科学规划基金项目（19YJAZH046）；湖北省技术创新专项软科学项目（2019ADC153）。

作者简介：

李江敏（1976—），湖北老河口人，中国地质大学（武汉）经济管理学院副教授，主要研究领域为区域经济与工业旅游。E-mail：ljm1437@163.com。

柴亚朵（1994—），河南洛阳人，中国地质大学（武汉）经济管理学院硕士研究生，主要研究领域为区域经济与工业旅游。E-mail：2914797167@qq.com。

杨赞（1995—），贵州毕节人，中国地质大学（武汉）经济管理学院硕士研究生，主要研究领域为区域经济与工业旅游。E-mail：2516394660@qq.com。

黎鑫薇（1998—），湖北咸宁人，中国地质大学（武汉）经济管理学院硕士研究生，主要研究领域为区域经济与工业旅游。E-mail：3291672225@qq.com。

目前,长江经济带发展是我国实施新一轮区域开放、协调发展的国家战略之一。长江经济带是指沿长江而形成的经济发展区域,它覆盖上海、江苏、浙江、安徽、江西、湖北、湖南、重庆、四川、云南、贵州11个省市,占地面积约205万 km^2,占全国总面积的21%,人口集中。长江经济带是我国重要的工业走廊之一,产业密集,有一大批现代化、高科技的工业行业和特大型企业,据统计,这里有全国30%的工业产业,因此也使得地区生产总值占比超过全国的40%。在经济发展的推动下,工业型城市中的高污染企业远离城市,在原来的企业地留下了空闲的厂房。但是,这些空闲的厂房并不是就没有价值了,也不一定非得推倒重建。结合新的创意对工业产业园区进行改造等便是变"废"为宝的好措施。在民众眼里,厂房代表的不只是建筑本身,更是一代人的回忆和一个时代的智慧结晶。具有较高历史文化价值和改造价值的旧工业建筑若被拆除,将造成社会资源的不合理利用;同时,对闲置厂房的清理将涉及大量的资本投入。为避免此种情况,工业旅游应运而生。工业旅游伴随着城市的经济转型和产业结构的调整而产生,城市的经济越发达,其工业厂房再利用的比例就越高,两者正相关。长江经济带沿岸城市借助地理及区位发展优势,积淀了丰富的工业资源,在发展工业旅游方面具有独特优势和巨大潜力。

工业旅游是一种以工业生产过程、工厂风貌、工作生活场景为主要吸引物,集科普性、教育性、体验性、观赏性于一体的新旅游形态。工业旅游是在生态文明社会建设、资源型城市转型发展和工业企业创新发展等背景下衍生的旅游新形式。我国工业旅游发展尚处于起步阶段,2002年国家对"工业旅游示范点"的评选以及对工业旅游发展的政策扶持,使工业旅游的研究热度不断上升。国内有关工业旅游的研究主要包括工业旅游的概念、工业旅游资源评价、工业旅游资源开发模式、工业旅游营销对策以及游客对工业旅游的认知等方面,而对长江经济带的工业旅游研究,尤其是对其工业旅游资源的空间分布研究涉及较少。资源是产业发展的基石,因而对长江经济带的工业旅游资源点进行梳理并对其空间分布进行相关的研究是有必要且有意义的。

本文通过分析长江经济带工业旅游资源的空间分布特征,深挖空间分布差异背后的影响因素,直接客观地反映长江经济带空间范围内工业旅游发展的资源基础,体现长江经济带生态文明视角下"大保护"新动能理念,为长江经济带进一步发展工业旅游提供借鉴。同时运用ArcGIS软件,基于基尼系数等科学研究方法探讨长江经济带工业旅游资源的空间分布特征及影响因素,验证ArcGIS软件中的核密度分析等方法在研究长江经济带资源空间分布上的可行性和科学性,为后期研究长江经济带资源空间分布特征提供新的视角和思路。通过研究影响长江经济带工业旅游资源的分布因素,明晰长江经济带沿岸省市工业旅游发展差距和原因,为这些省市的"以旅游促发展"提供指导,为长江经济带高质量发展提供助力。

第1章 研究背景

1.1 长江经济带上升到国家战略地位

长江是我国第一大江,是中华文化产生发展的中心地之一,对五千年中华文明的形成有着不可磨灭的作用。沿江所形成的经济带在改革开放之后开始被重视,长江沿岸城市也在积极寻求新的发展机遇,也先后尝试了成立长江沿岸中心城市经济协调会等组织,出现了长江上、中、下游城市群。无论何种组织形式出现,都是寻求以个体发展促进整体发展,以整体发展带动个体发展的有力尝试。2013年7月,习近平总书记在武汉调研时提出,长江流域要加强合作,意味着长江经济带各地区间的联系将会更为紧密。长江经济带集中了一大批现代化、高科技的工业行业和特大型企业,是我国经济重心,党和国家对长江经济带的发展给予高度重视。2016年,习近平总书记在第二次长江经济带发展论坛上指出,长江经济带的发展理念要集中在"共抓大保护,不搞大开发"。坚持生态优先、绿色发展,对实现长江经济带生态、经济、文化等多方面的高质量发展尤为重要。

1.2 工业旅游发展取得一定成效

经济快速发展的需要促使人们对自然过度索取,这在一定程度上造成工业污水等废弃物向自然的排放,从而导致生态环境恶化、经济发展萎靡,因此,在城市经济发展过程中,人们亟需寻找一种新的发展方式来实现经济、社会和生态的可持续发展。工业旅游是在工业革命后期社会经济发展面临生态风险的背景下的产物,它在发展过程中出现了多种开发模式,包括工业遗产旅游、工厂观光旅游、工业博物馆参观等,是一种汇集了多种具体旅游形式,集科普教育、观赏体验于一体的新旅游形态。我国工业旅游发展虽处于起步阶段,但发展潜力巨大,目前国家相继公布了全国工业旅游示范点、国家工业遗产等国家级工业旅游资源,说明国家对工业旅游越发重视。

第2章 文献综述

2.1 长江经济带

长江经济带是我国国土空间区域内最重要的东西轴线和重大国家战略发展区域,国内外学者在这方面的研究颇丰。外文文献大多针对长江流域,尤其是长江三角洲地区的产业、生态环境(Luo等,2009;Tao等,2013)。在针对长江经济带的研究方面,Tian等(2018)基于单维和多维度量的研究方法对长江沿线的上海、南京、杭州、武汉、长沙、重庆、成都7个城市进行了扩展性测度;Wang等(2016)采用空间自相关分析和地理信息系统(GIS)制图分析等不同指标和技术措施,对15个城市区域的增长率、增长强度水平和空间聚类格局进行了研究。

国内学者对长江经济带的研究主要集中在长江经济带的概念及范围、发展战略、产业发展、区域经济发展4个方面。在中国知网上以"长江经济带"为题名和关键词检索,发现在2013年后人们对长江经济带的关注度呈指数级增加,虽然后期的研究速度有所减缓,但整体的研究热度依然高涨。这与长江经济带上升成为重大国家战略发展区域密不可分。长江经济带相关论文发表趋势如图2-1所示。

在长江经济带的概念及范围界定研究方面,陆大道等在1992年首先提出了"长江沿岸产业带"。20世纪90年代,高万权(1994)、虞孝感等(1999)开始采用"长江经济带"的概念。在长江经济带发展战略和产业发展研究方面,徐国弟等(1998)在阐述长江经济带发展意义的基础之上,认为长江经济带要综合发展农业、传统产业、新兴支柱产业,加快长江经济带综合开发的战略构想,从而将其建设成为亚太地区经济规模最大的内河经济带。黄庆华等(2014)基于SSM模型分析法研究了长江经济带在2003—2012年期间的三次产业结构演变特征及其影响因素。

在长江经济带区域经济发展研究方面,Chen等(2003)在流域一体化的发展大背景下,对长江流域尤其是中游地区的区域产业发展进行研究,并提出了对应的产业发展路径。杜德林等(2019)通过构建知识产权发展评价指标体系,运用空间自相关、象限法以及耦合协调度等研究方法,研究长江经济带知识产权区域布局及空间演变,并与经济发展进行耦合关系的分析。侯林春等(2019)运用熵权法计算出旅游业与区域经济发展的综合评估值,进一步研究了长江经济带旅游业与区域经

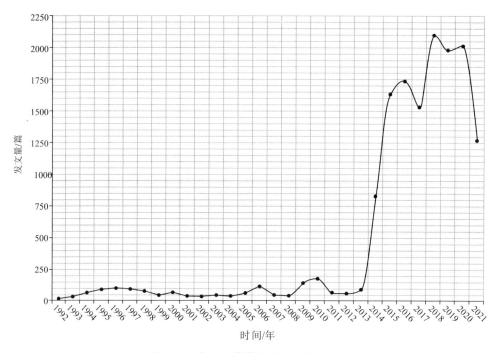

图 2-1 长江经济带相关论文发表趋势

济协同发展的关系。洪水峰等(2019)、张明月等(2019)、胡艳等(2019)也从不同角度对长江经济带区域经济发展进行了研究。

2.2 工业旅游

工业旅游是伴随着人们对旅游资源理解的拓展而产生的一种旅游新概念和产品新形式(李文杰等,2011)。工业旅游不是工业和旅游的简单相加,而是充分利用已有的生产要素和产业资源,恰当组合改造后形成的旅游产品,它所蕴含的经济价值和社会价值是无法估量的(刘源,2015;孟令国,2017)。我国十分重视工业旅游的发展,2017年《国家工业旅游示范基地规范与评价》(LB/T 067—2017)行业标准的颁布,标志着我国工业旅游发展进入新的发展阶段。2017年,在第二届全国工业旅游创新大会上,原国家旅游局出台《中国工业旅游发展纲要》,提出《全国工业旅游创新发展三年行动方案》,表明我国工业旅游的发展越来越受到广泛的关注。至此,我们看到国家层面的支持促进了工业旅游的进一步发展,巨大的人口数量和旅游市场也推动了工业旅游市场的发展。在国家、地方、企业和旅游者的多方推动下,工业旅游的研究理论也越来越受到学者们的重视。从图2-2中可以看出,自2002年后,工业旅游的相关研究逐步增多。

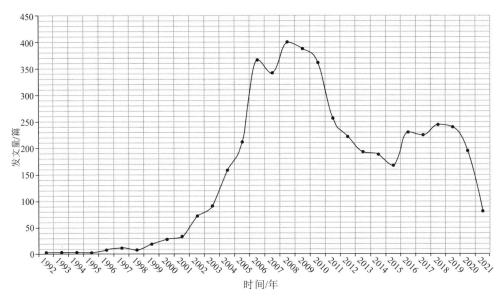

图2-2　工业旅游相关论文发表趋势

2.2.1　国外工业旅游研究进展

工业旅游最先是在国外发展起来的,目前已有60多年的历史,因此,国外工业旅游的发展相对来说已经非常成熟。国外工业旅游研究始于20世纪80年代,内容集中在工业观光旅游、规划与管理、工业遗产保护与开发等方面(Frew,2000)。这一阶段工业遗产旅游的兴起标志着工业旅游的开展已初具规模。工业旅游的研究地区主要集中在欧美、亚洲、北美和大洋洲的发达国家或地区(Yale,1991)。工业旅游具有极强的综合性,产品的开发种类涉及多个行业,既有能源产业、纺织业、食品产业,又有高科技产业以及传统手工业等(李冰,2009)。在Elsevier等国外数据库中查找关于工业旅游的文献,发现研究主题集中在工业遗产旅游、工厂观光旅游、工业旅游的游客特征、工业旅游个案研究、工业旅游的影响、工业旅游规划与管理6个方面。

在工业遗产旅游研究方面,Yale(1991)认为工业遗产旅游是文化遗产旅游中的一类,其理论来源于工业考古学,还将工业遗产旅游定义为一种从工业考古、工业遗产的保护而发展起来的一种新的旅游形式,指出它是广义的包括工厂观光的工业旅游。Edwards(1996)认为工业旅游兴起的原因主要有 5 点:①战后休闲产业的快速发展;②大众的怀旧情感;③保护、保藏运动活跃;④政府对历史文物的保护政策;⑤工业产业的衰退。同时他将矿区遗产旅游产品分为 4 种类型:①生产场景,如露天开采地、深井等;②工艺过程场景,如切割石板的展现;③运输系统场景,如乘矿笼快速进入地下煤矿,乘柴油火车进入横坑;④社会文化场景,主要包括人造物品、社会物品和精神物品 3 个方面。在工厂观光旅游方面,约翰·斯沃布鲁克(2001)认为人们生活方式的改变、可自由支配收入及闲暇时间的增多都与工厂观光旅游的出现有着重要的联系。国外对工业旅游研究的过程中,利用案例进行分析研究的占很大一部分。大部分学者利用一个或多个很典型的开发案例,研究工业旅游的起源、开发的意义和影响以及开发过程和模式等。约翰·斯沃布鲁克(2001)针对工业遗产旅游做了很多案例研究,对英国工业旅游景点开发和管理策略方面进行了研究,并且对卡德布里世界、艾思布里奇峡博物馆等地进行了实证研究。Xie(2005)通过对美国俄亥俄州工业城市托莱多的研究,讨论了在这个城市修建吉普车博物馆的可能性以及存在的问题,最后总结了工业遗产旅游项目开发的特点。Alison 等(1999)以英国伯明翰的工业遗产项目 Soho House 为例,研究了在当前社会背景下如何进一步发展工业遗产旅游的问题。

2.2.2 国内工业旅游研究进展

目前,我国工业旅游发展尚处于起步阶段,与工业旅游相关的学术研究则更为薄弱。1990 年,山西杏花村汾酒集团率先开展工业旅游,随后越来越多的企业开始对工业旅游的探索。总的来说,国内关于工业旅游的研究主要集中在工业旅游的概念、特征、开发模式、游客及空间分布特征等方面。

国内最先对工业旅游进行概念界定的是阎友兵等(1997),他们认为"工业旅游是指人们在参观了解各类工业企业及其产品的制作过程之后能优惠地购买此产品的活动"。这一定义开创性地概述了工业旅游的基本活动内容,但是活动范围较狭隘,活动的目的也仅限于"以低于市场价的价格购买产品",且没有考虑工业旅游企业在工业旅游活动中的主动性,因此这一定义还不全面。随后,姚宏(1999)认为工业场所是工业旅游的客体,工业旅游不仅能满足游客基本的游览需求,还能使其了解工业产品生产的过程,学到科学知识,在精神上得到满足,因此他把工业旅游看作一种集求知、购物、观光等诸多要素于一体的综合型旅游产品。姚宏对工业旅游的定义不仅考虑了工业企业及其工业产品生产的过程,而且还提出,在现代科学技术日益发达的今天,人们求知的欲望越来越强烈,工业旅游具备较强的科普性,这与当今人们的求知心理相契合,同时也在一定程度上说明了工业旅游与一般观光旅游有着明显的区别。因此,后来的研究中多数学者也将这一定义看作国内旅游界最早对工业旅游所作的学术化定义。

在工业旅游的特征方面,阎友兵等(1997)认为工业旅游主要有以下3个特点:一是工业旅游集观赏性、知识性和参与性于一体,它具备旅游的一般特质,能够满足游客的食、住、行、游、购、娱等多方面的需要;二是开展工业旅游的地点大多是在交通便利的市郊区;三是工业旅游因消费水平低容易被人们所接受。何振波(2001)则认为工业旅游的核心在于人们能在旅游观赏的途中了解相关的知识,它依托的是工业旅游资源,只有对特定方面感兴趣的游客才会多次游览,因此重游率是十分低的,这将不利于企业经营。之后,胡江路(2005)、甘军丽(2006)等人提出了工业旅游的又一大特性——参与性。

在工业旅游开发模式研究方面,吴相利(2003)基于工业旅游开发模式相关理论,结合2001年公布的全国工业旅游示范点,提出我国工业旅游开发的10种模式,如表2-1所示。

表2-1 我国工业旅游开发的10种模式

模式	类型	案例地
大庆模式	城市型	大庆油田、新疆克拉玛依油田
华富模式	商品型	华富玻璃器皿有限公司、泉州惠安"中国雕艺城"、江西景德镇雕塑
海尔模式	中心型	海尔集团、秦山核电有限公司、河南新飞电器有限公司、中国首钢集团
丰满模式	景观型	丰满发电厂、刘家峡水电站、广州双湖电力、长江三峡、坛子岭
一汽模式	扩展型	中国第一汽车集团有限公司
鞍钢模式	场景型	鞍钢集团、山西平塑煤炭工业公司
沈航模式	产品型	沈阳飞机工业(集团)有限公司、四川绵阳市工业科技旅游长虹展馆
汾酒模式	文化型	山西汾酒集团
隆力奇模式	外延型	隆力奇集团
泰达模式	综合型	陕西西安高新技术开发区、天津泰达股份有限公司、武汉市经济技术开发区

其他较有代表性的观点有李淼焱(2009)提出的6种工业旅游开发模式,分别为文化传承型、综合景观型、现代企业型、艺术品展示型、工业园区型、遗产与博物馆型发展模式。再如杨成刚等(2016)根据黄石市工业遗产旅游的发展现状提出了

工业遗产公园、文化创意产业集聚区、产业观光工厂、工业博物馆这4种发展模式。

在工业旅游游客感知方面,刘雪美(2012)运用游客感知理论和游憩空间理论,调查研究了游客对传统工业旅游城市的感知情况。林涛等(2013)则结合原真性概念,对9个典型的工业遗产旅游点进行问卷调查,并运用统计分析和因子分析方法研究了游客对工业遗产的原真性感知。

对工业旅游的空间分布进行研究可以明确一定范围内工业旅游资源的空间分布规律,并为后期的区划、保护、开发、利用和管理提供科学依据。国内关于工业旅游空间分布特征的研究成果较少,其中,顾小光等(2006)以国家旅游局通过的180家工业旅游示范点为研究对象,分析它们的空间布局和空间分布特征,认为我国工业旅游示范点的空间分布明显不均,集中分布在华东、华北、东北等地区,中西部地区则分布较少;张洁等(2007)以103家工业旅游景点为例,通过对各省市工业旅游景点数量及其离差的统计分析得出,我国工业旅游企业分布广泛,且主要有热点开发省区、一般开发省区和冷点开发省区三种类型;吴杨等(2015)以城市工业旅游资源的空间结构为研究对象,运用统计方法和GIS的最邻近点指数计算、α指数计算等方法分析了上海市64家有代表性的工业旅游景区的总体空间分布类型与联动特征;韩福文等(2010)着重对东北老工业基地的工业遗产空间分布特征进行研究,并对东北工业遗产旅游提出了相应的开发建议。

由以上文献分析可知,国内外关于工业旅游的研究尚不完善,虽然有针对不同区域或省市工业旅游资源的空间分析,但针对长江经济带工业旅游发展以及工业旅游资源空间分布特征的影响因素的研究仍略显不足。因此,本文结合长江经济带区域经济和生态绿色发展理念,从资源空间分布角度对长江经济带沿岸工业旅游资源的空间分布特征及其影响因素进行研究,以期丰富长江经济带研究理论,并为长江经济带工业旅游研究提出针对性建议。

第3章 研究方法与数据

3.1 研究方法

空间特征是地理现象的最基本特征,它主要用来研究对象的实际分布情况。在确定研究区域的工业旅游资源后,本文主要采用文献分析法、基尼系数法、洛伦兹曲线法、核密度分析法等方法进行下一步的分析和研究。

3.3.1 文献分析法

文献分析法主要是指通过中国知网以及外文数据库 Elsevier 等进行关键词的搜索分析,查找并梳理关于长江经济带及工业旅游的相关文献,在此基础上明确目前国内外研究的侧重点及相关理论,分析当下的研究现状及存在的问题,为本研究的开展奠定基础。

3.3.2 基尼系数法

在地理学中,基尼系数法常用来描述离散区域的空间分布,利用基尼系数,不仅可以掌握空间要素的分布,还可以对空间要素的不同区域分布进行对比,进而找出其地域分布的变化规律。其计算公式(张建华,2014)为:

$$G = (-\sum_{i=1}^{n} P_i \times \ln P_i)/\ln N \quad (3-1)$$

$$C = 1 - G \quad (3-2)$$

其中,G 表示基尼系数,C 表示分布均衡程度,P_i 表示空间要素在各分区所占百分比,N 表示分区个数。理论上,基尼系数介于 0 到 1 之间,越接近于 1,表示空间要素的集中程度越高。

3.3.3 洛伦兹曲线法

洛伦兹曲线最初是用来比较、分析社会收入和财富分配均衡程度的一种图形方法,在广泛应用后,它也可以用来直观地反映资源分布平衡的状况(陈博,2010)。使用洛伦兹曲线对长江沿岸中心城市经济协调会成员城市的工业旅游资源进行分析,可以进一步了解工业旅游资源在长江经济带沿岸各省市的空间分布均衡程度。

3.3.4 核密度分析法

密度分析主要包括核密度分析、点密度分析和线密度分析,顾名思义,它可以计算单个输出栅格要素周围的密度,是描述一定区域空间内资源聚集程度的重要指标之一,可用于研究长江经济带沿岸工业旅游资源的空间聚集程度。本研究通过使用 ArcGIS10.2 软件,借助图形清晰表达出工业旅游资源的高—低分布密度区域,以便深入了解和分析工业旅游资源在长江经济带沿岸城市的具体分布情况。

3.2 研究数据

3.2.1 研究区域

长江是我国最大的河流,长江经济带则是依托长江,以长江沿岸一个或几个经济发达的大城市为核心,由沿线若干规模等级的中心城市共同组成的具有内在经济联系的带状经济区域(陈修颖,2007)。长江沿岸中心城市经济协调会成立于1985年,作为长江经济带沿岸最具代表性的经济及环境发展联合体,它在近些年的发展中紧密结合国家发展方针战略,开始向区域交通、资源共享、生态环保、产学研合作、文旅融合等方面倾斜,发展队伍日益强大,目前主要包含27个成员城市[①]。

3.3.2 数据来源及处理

本报告数据主要来源于中华人民共和国文化和旅游部官方网站、长江沿岸中心城市经济协调会27个成员城市旅游官方网站,并结合"全国工业旅游示范点",最终获得263个工业旅游资源点;数据截至2019年12月,其经纬度数据来源于百度坐标拾取系统。

第4章 研究分析

4.1 整体分布特征

整体上来看,长江经济带沿岸的工业旅游资源主要呈现出沿江分布的状态,且有明显的集中趋势,东部多,西部少,主要分布在长江中下游地区。

长江经济带主要包含三大城市群,分别为长三角城市群、长江中游城市群、成渝城市群。根据三大城市群工业旅游资源分布及其发展情况,在此得出长江经济带各城市群工业旅游资源的空间分布格局,如表4-1所示。

---

① 长江沿岸中心城市经济协调会的27个成员城市为:攀枝花、重庆、宜宾、泸州、宜昌、荆州、武汉、咸宁、鄂州、黄石、黄冈、岳阳、九江、安庆、池州、铜陵、芜湖、合肥、马鞍山、扬州、南京、上海、镇江、泰州、南通、宁波、舟山。

表 4-1 长江经济带三大城市群工业旅游资源空间分布情况

城市群	包含城市	工业旅游资源数量/个	占比/%
长三角城市群	上海、马鞍山、安庆、铜陵、池州、芜湖、宁波、舟山、南京、扬州、镇江、南通、泰州、合肥	165	62.74
长江中游城市群	武汉、岳阳、黄石、鄂州、荆州、宜昌、黄冈、咸宁、九江	62	23.57
成渝城市群	泸州、攀枝花、宜宾、重庆	36	13.69
总计	—	263	100

通过表 4-1 可以看出，长三角城市群的工业旅游资源数量最多，有 165 个，占比 62.74%；其次是长江中游城市群，工业旅游资源数量有 62 个，占比 23.57%；而成渝城市群的工业旅游资源数量最少，占比 13.69%。因此，长江经济带沿岸工业旅游资源总体上主要集中在长三角城市群和长江中游城市群。

4.2 空间集聚特征

根据式 3-1 可知，P_i 表示第 i 个省市工业旅游资源点占长江经济带沿岸工业旅游资源点总数的比重，N 表示长江经济带沿岸 27 个城市所在 9 省市，即 $N=9$，从而计算得出 $G≈0.890$。根据式 3-2，计算得出 $C≈0.110$。由此可见，工业旅游资源在长江经济带沿岸 27 个城市呈集中分布状态，且集中程度相对较高。

通过整理长江经济带沿岸 27 个城市所在 9 省市的工业旅游资源，可得出其空间分布统计表（表 4-2），进而对各省市的工业旅游资源数量及其所占比例进行分析，从而得到长江经济带沿岸各省市工业旅游资源空间分布的洛伦兹曲线（图 4-1）。其中，洛伦兹曲线弧度越大，均衡程度越低。点状要素在空间上呈凝聚型分布，并不能反映其在区域内的集中程度。长江经济带覆盖多个省市，且不同省市在地理条件、历史改革、自然条件和经济发展等方面均存在一定差异，导致各个省市工业旅游资源的空间分布并不均衡。因此，笔者选取长江沿岸中心城市经济协调会 27 个成员城市所在的 9 省市作为区域地理单元，采用基尼系数法进行分析。

表4-2 长江经济带沿岸各省及直辖市工业旅游资源空间分布统计

省(市)	工业旅游资源数量/个	比重/%
上海	75	28.52
江苏	45	17.11
湖北	40	15.21
安徽	29	11.02
浙江	25	9.51
重庆	25	9.51
四川	9	3.42
湖南	8	3.04
江西	7	2.66
总计	263	100.00

资料来源:根据相关数据统计得出。

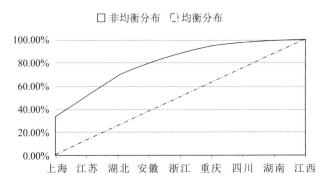

图4-1 长江经济带沿岸各省市工业旅游资源空间分布的洛伦兹曲线

通过表4-2和图4-1可以发现:长江经济带沿岸工业旅游资源点数量最多的是上海(75个),占总数的28.52%。其次是江苏、湖北,这3个省市的工业旅游资源数量在长江经济带沿岸工业旅游资源数量中的占比为60.84%。据图4-1可以看出,洛伦兹曲线弧度较大,表明长江经济带沿岸各省市工业旅游资源空间分布极不均衡。

4.3 空间分布密度

对与长江经济带沿岸城市的工业旅游资源有关的信息进行收集整理,在百度坐标拾取系统里查找每一资源点的经纬度坐标,将其导入 ArcGIS10.2,进行核密度分析后,可得出长江经济带沿岸工业旅游资源核密度分析结果。

核密度分析结果显示,长江经济带工业旅游资源在整体上呈现出"一带多核,东多西少,中东部集中,西部分散"的分布格局,具有明显的空间集聚分布态势。高密度聚集区主要分布在以上海、南京为中心的长三角城市群和以武汉为中心的长江中游城市群。由于长三角城市群中又呈现出两个工业旅游资源高密度聚集区,所以将其称为"双核结构"。

"双核结构"中的一核,是以上海为中心的高密度聚集区,以及周边宁波等城市。这一区域内工业旅游资源核密度最高的城市是上海,上海工业旅游资源丰富,其中有以上海大众汽车有限公司、嘉里食品工业有限公司、联想有限公司为代表的工业企业,也有以上海蜜蜂科普馆、中国3D打印文化博物馆、成龙电影艺术馆为代表的工业博物馆,还有以明珠创意产业园大柏树集装箱创客走廊、半岛湾时尚文化创意产业园、"800秀"创意产业园为代表的创意产业聚集区,所提及的263个工业旅游资源中,上海的工业旅游资源有75个,占比最大。其次,宁波工业旅游资源也相对丰富,有吉利汽车有限公司、宁波卷烟厂、宁波永淦古玩旅游区、宁波金田铜业等工业旅游示范点,还有沁园集团、宁波欧琳厨具有限公司等依托现代工业发展起来的工业企业。因此,这些工业旅游资源点促使形成了以上海为中心的一个工业旅游资源密集区。

"双核结构"中的另外一核,是指以南京为核心的高密度聚集区,高密度核心区向四周辐射。其中,这一区域内工业旅游资源核密度最高的城市是南京,其工业旅游资源主要有南京云锦研究所、南京卷烟厂、金泊集团、海尔曼斯工业园、江苏高淳陶瓷股份有限公司工业旅游区等,主要有22个工业旅游资源点,占据长江经济带沿岸工业旅游资源的1/10左右。

以武汉为中心的长江中游城市群是工业旅游资源分布密度较高的一部分,主要是由于这一区域中武汉、黄石、宜昌等地工业历史悠久,拥有数量较多且内涵丰富的工业旅游资源。其中,武汉是工业重镇,有着深厚的工业文化底蕴,武钢博物馆、汉阳造文化创意产业园、东西湖食品加工企业等工业旅游资源种类繁多。铜绿山古铜矿遗址、汉冶萍煤铁厂、华新水泥厂等工业遗址类旅游资源使得黄石从昔日的工业城市转型为生态绿色旅游城市。在2017年第二届全国工业旅游创新大会上,黄石国家矿山国家更是作为全国的典范被列入"国家工业遗产旅游基地"。据不完全统计,黄石境内的工业旅游资源主要包括采矿业、制造业、工业文化遗留物、工业非物质文化遗产4个主类20个亚类。宜昌的工业旅游资源不仅有国家重大工程项目三峡大坝库区,而且有蕴含历史文化的稻花香集团和枝江酒业工业旅游点。

第5章　影响因素分析

本章基于上文研究分析,对长江经济带沿岸工业旅游资源空间分布影响因素进行分析。

5.1　工业旅游资源赋存

旅游资源是一地区发展旅游业的基础和前提,工业旅游的发展需要依托工业旅游资源。长江经济带沿岸向来是我国工业产业的聚集地,以工业旅游资源数量最多的上海为例,上海的工业旅游资源主要有三类,分别为:工业遗存、工业博物馆、制造类工业项目,如表5-1所示。本文中涉及的工业旅游资源数量高达75个,这些丰富的工业旅游资源不但为上海的工业旅游发展奠定了基础,更为上海工业旅游的发展注入无限活力。因此,工业旅游资源赋存是影响工业旅游资源空间分布特征的重要影响因素之一。

表5-1　上海代表性工业旅游资源

类型	工业资源	简要介绍
工业遗存	半岛1919文化创意产业园	保留了1919年的多栋厂房和建筑物,是上海唯一保留较为完整的纺织工业建筑群。园区可供观的展馆有展示景区变迁的历史文脉展馆,展示自英国工业革命至今的上千件工业品和融入了未来概念的创新工业产品的展馆,可体验各类传统手工木工工具和现代木工机械的展馆等
	明珠创意产业园大柏树集装箱创客走廊	设有淞沪之战历史碉堡、淞沪铁路江湾站旧站址石碑、建设型蒸汽机车、飞越时空、火车模型展示体验中心、淞沪铁路纪念墙、淞沪铁路江湾站候车厅旧址、时光隧道、机器人展示中心等参观点,引进蜂巢众创空间、火车模型体验等科技创新企业及工作室等,另设有创客广场、火车头广场、创意广场等开放式区域

续表 5-1

类型	工业资源	简要介绍
工业博物馆	公元 2050—2500 未来生活体验馆	凝聚了世界最先进的前沿科技,通过声光影像技术、电子技术及 360 度立体投影技术,将设想中的未来世界模拟出来,让游客有机会去接触 50 年、500 年后的未来人类生活。体验馆内设有成规模的智能化展厅、各个未来家居的体验空间,可观看 360 度穹幕电影等,将未来的上海逼真地展现在游客面前
工业博物馆	东方地质科普馆	是集地质科普、展示、收藏和研究为一体的工业旅游场馆,设有地球天文厅、地球构造厅、矿物岩石厅、古生物厅、地貌厅、国土资源厅、宝石厅和能源开发保护厅 8 个厅,珍藏着从世界各地收集而来的数万块珍稀奇石、矿石晶体、古生物化石及各类宝石。此外,还为游客提供丰富有趣的互动体验,如地震体验等
制造类工业项目	比亚迪有限公司工业旅游项目	主要围绕比亚迪IT、汽车以及新能源三大产业开展,以"感知新能源、绿动新未来"为主题,阐述新能源的产生、储存和使用。在这里,游客可以观看比亚迪愿景影片,参观公司产业介绍展厅、锂电池生产线、太阳能屋顶光伏电站等,体验比亚迪唐SUV试乘服务
制造类工业项目	光明乳业	是目前世界上最大的乳制品生产单体工厂,主要生产液态乳制品。工厂配有长约 1.6 千米的参观通道,通道两侧墙面上以手绘方式展示了乳制品加工工艺、生产流程、乳制品小知识等。游客可透过参观通道玻璃直接看到车间生产情况,更加全面地了解乳制品生产过程

5.2 区域经济发展水平

现存旅游资源的分布特征除了与资源本身有很大关系外,还与外部环境紧密相关。区域经济发展水平是影响区域产业发展指向的重要因素,在此根据 2020 年相关统计数据,将整理得出的 2020 年长三角城市群、长江中游城市群和成渝城市群的部分经济指标进行对比,如表 5-2 所示。

表 5-2 2020 年三大城市群部分经济指标对比

地区	地区生产总值/亿元	人均地区生产总值/元	地区居民消费水平/元
长三角城市群	202 638.93	90 061.75	29 089.48
长江中游城市群	92 217.24	52 396.16	22 599.57
成渝城市群	73 601.59	64 001.00	23 405.5

资料来源:根据 2020 年相关统计数据得出结果。

通过对2020年长江经济带三大城市群的地区生产总值、人均地区生产总值和地区居民消费水平等指标进行对比分析,可以看出长江经济带城市经济发展水平存在明显差异,呈现出明显的"东高西低、东富西贫"的趋势。

5.3 地方政府规划支持

区域旅游业的持续发展离不开地方政府的重视和支持,工业旅游的发展也是如此。此外,在长江沿岸中心城市经济协调会的27个城市263个工业旅游资源点中,上海含有75个,其次是江苏(45个)、湖北(40个),因此,此处以上海为例进行分析。上海市文化和旅游局以及上海市经济和信息化委员会先后编制了《上海市工业旅游"十一五"发展规划》《上海市工业旅游"十二五"发展规划》《上海市工业旅游"十三五"发展规划》等发展规划,此外还编制了地方标准《工业旅游景点服务质量要求》(DB31/T 392—2018);2018年组织起草完成了《上海市工业旅游创新发展三年行动计划》,原上海市旅游局局长亲自参与工业旅游企业的调研工作,还推出了上海工业旅游的"一书一图一册"等。在尚无国家层面的工业旅游示范城市评价指标的背景下,为更好地加强地区层面工业旅游的发展政策指导,上海率先出台了《中国工业旅游示范城市指标体系》,重点从工业旅游发展基础、发展效益、服务效益和质量效益4个方面对国内所有工业旅游城市进行评价。此外,为了发展工业旅游,上海专门创建了"上海工业旅游"网站,如图5-1和图5-2所示。

图5-1 上海工业旅游网站界面(一)

图 5-2　上海工业旅游网站界面(二)

由图 5-1 和图 5-2 可知,上海工业旅游网站提供了详尽的政策法规、实时通知、最新资讯、工业旅游景点推介、工业旅游线路推介、地方标准等工业旅游信息,对长江经济带沿岸其他地区和城市的工业旅游网站建设具有引领作用。上海提出建设全国著名工业旅游目的地的战略目标,为工业旅游的整体发展、全面提升奠定坚实的基础;同时,也引导相关企业单位及其负责人开始重视工业旅游的发展。

5.4　旅游产业发展基础

在旅游研究中,常用旅游人数、旅游收入来衡量一个地区的旅游业发展状况。由 2020 中国旅游大数据可知,在长江经济带沿岸三大城市群中,长三角城市群在 2020 年接待国内外游客人数共达 24.77 亿人次,旅游总收入 30 839.52 亿元,接待的旅游人数和创造的旅游经济效益远多于长江中游城市群和成渝城市群(表 5-3)。长江中游城市群 2020 年接待的国内外人数和旅游总收入在三大城市群中处于中等水平;成渝城市群的两项旅游数据在三大城市群中均处于末端,旅游业所创造的经济效益还不到长三角城市群的一半。

表 5-3　2020 年三大城市群部分旅游数据

地区	接待国内外游客/亿人次	旅游总收入/亿元
长三角城市群	24.77	30 839.52
长江中游城市群	17.47	19 581.16
成渝城市群	17.13	14 173.30

资料来源:根据 2020 年相关统计数据得出结果。

5.5　工业旅游发展竞争力

在全面性、科学性、可比性和总体与个体相结合的原则基础上,邓宏兵等(2018)构建了中国城市工业旅游竞争力评价体系表。作为国家中心城市和特大型城市,上海是长江经济带沿岸也是本文的代表性城市,因此具有独特性。根据文章需要,本文从工业旅游综合发展、区位交通便捷性、旅游经济发展质量与效益、工业经济发展质量与效益、工业旅游资源及潜力、工业旅游发展现状、工业旅游发展环境以及生态文明显示度 8 个方面对上海工业旅游发展状况进行竞争力分析,结果如表 5-4 所示。

表 5-4　代表性城市工业旅游发展情况竞争力指数对比表

竞争力分析项目	上海	武汉	重庆
工业旅游综合发展	98.85	93.03	82.58
区位交通便捷性	97.78	95.90	91.80
旅游经济发展质量与效益	98.65	93.88	94.16
工业经济发展质量与效益	98.97	93.24	79.65
工业旅游资源及潜力	99.44	91.67	86.98
工业旅游发展现状	97.00	90.00	88.63
工业旅游发展环境	100.00	91.38	80.50
生态文明显示度	95.63	90.21	88.55

资料来源:根据《中国工业旅游发展报告 No.1》整理而得。

由表 5-4 可以看出,上海工业旅游发展的各项指标远大于武汉和重庆工业旅游发展各项指标。这不仅与工业旅游资源有关,更与上海发达的经济、便利的交通、良好的人力资源以及较成熟的工业旅游市场等多种因素相关。

第 6 章　长江经济带工业旅游发展优化策略

本章基于长江经济带沿岸工业旅游资源的空间分布特征及影响因素,提出以下发展建议。

6.1　地方政府加大支持力度

我国工业旅游发展起步较晚,大多数城市的工业旅游发展处于初期阶段,资源条件匮乏及资金不足等各种问题导致难以开展工业旅游,能否获益更是不可预知。目前长江经济带城市工业旅游的发展尚处于摸索期,单单依靠工业企业的力量是难以维持发展的,需要政府加大引导和扶持力度。长江经济带沿岸城市中,除上海对工业旅游发展有较大支持力度外,湖北黄石也十分重视工业旅游的发展。黄石是老工业城市,在城市转型期间,黄石市政府十分重视旅游业发展。在政策制定方面,将旅游业发展纳入地区经济发展规划中,为旅游业发展所需的土地、项目建设及开发建立新的制度并制定优惠政策。2016 年起,市政府专门投入一定比例和数量的资金用于旅游开发、宣传等。尤其在《黄石市"十三五"旅游业发展规划》中明确指出要"打造工业文化旅游品牌",同时开辟"工业文明探寻旅游线路",并在 2017 年底承办第二届全国工业旅游大会,通过一系列政策和活动等大力扶持工业旅游发展,并以工业旅游为特色全力将黄石打造为"中国最美工业旅游城市"。黄石积极探索工业旅游发展之路,一方面将工业遗址遗迹资源作为城市转型发展的抓手,促进工业旅游和城市的发展;另一方面又创新利用了工业遗址遗迹资源,使其焕发出新的活力,为社会经济发展开辟新路子。也正是因为黄石市政府对工业旅游的重视以及"工业兴市"政策的提出,黄石才得以大力发展工业旅游,逐步在全国老工业城市中脱颖而出。

6.2 工业企业发展生态旅游

工业旅游的发展离不开工业企业的参与和发力,工业企业是发展工业旅游的支柱。工业企业应转变原有的单一发展方式,利用自身的资源优势,与旅游业相结合,增强工业与旅游业融合的广度与深度。以工业旅游发展较好的上海为例,在游览上汽通用汽车有限公司时,游客可通过观看短片了解上汽通用汽车发展历程;在专设的参观通道俯瞰车间全貌,了解上汽通用汽车生产过程;在产品展示厅参观最新、最潮的上汽通用汽车。上汽大众工业旅游是上海创立较早的全国工业旅游示范点。上汽大众工业旅游项目参观全程配备专业讲解员,讲解员会带领游客近距离接触汽车一线生产车间,了解企业发展历史,加深游客对企业的认知,进一步提升游客对工厂产品及企业的好感度。再如宝山钢铁股份有限公司是全球领先的现代化钢铁联合企业,在这里,游客可以参观全天候码头、高炉、2050 热轧车间等,了解钢铁的生产制造过程。上海开能环保净水产业园拥有机器人自动化制造车间、多媒体等数十个参观景点。园区还提供分享健康环保文化、变废为宝知识的科学讲座,以及园区工业、生活污水废水净化处理的展示等各类主题活动。还可以将工业旅游与研学相结合,把工业历史、工业发展历程、工业品牌故事等融入游览过程,使研学者可以在游中学、学中乐、乐中有收获;另一方面又能开发新业态,促进工业企业可持续绿色发展。

6.3 打造工业旅游特色品牌

产品的丰富性是工业旅游产品开发最需要提升的方面,可将长江经济带沿岸城市的工业旅游产品进行创新组合,达到"区内成片、跨区成线"的产品组合效果,从而打造特色的工业旅游品牌和知名工业旅游线路,以在旅游市场竞争中脱颖而出。细分客源市场,针对不同类型游客的特点打造专属旅游线路,开发设计不同主题的工业旅游产品。如针对中老年游客,可以开发红色、历史、怀旧主题的工业旅游产品和线路;针对中青年游客,开发具有创新性、可以深度体验的工业旅游产品和线路;针对中小学生游客,结合研学、亲子游等形式设计和开发产品。

同时也可以针对或者结合不同的工业旅游类型打造工业旅游特色品牌和旅游线路,如针对有历史感的工业遗产,设计历史体验之旅;针对现代科技的工业企业游,设计智能生活探秘路线;针对汽车制造等工业企业,设计汽车极速动感路线;针对工业博物馆,设计博物馆历史追忆和探秘等主题的工业旅游。长江经济带沿岸著名工业旅游线路如表6-1所示。

表6-1 长江经济带沿岸著名工业旅游线路

线路主题	线路安排	线路说明
遗址遗迹工业旅游	船厂1862—杨树浦水厂—怡和1915—民生粮仓	线路内链接的4个资源点均为上海市工业遗址遗迹。在进行现代化改造后,船厂1862展现了中国造船业的发展史,目前为多主题汇聚一身的时尚艺术商业空间。杨树浦水厂书写了上海供水事业的传奇,在全国供水行业排名靠前,且有130多年的历史。怡和1915作为老工业企业的遗留,曾是生产毛条能力十分强的企业。民生粮仓目前为公共艺术空间
	铜绿山古铜矿遗址—大冶铁矿遗址—华新水泥—源华煤矿—劲牌酒业	将处于工业资源城市转型期的黄石作为线路打造地,选取多个工业旅游资源点,全面展示了遗址遗迹、现代工业企业及自然风光。其中,铜绿山遗址、大冶铁矿、汉冶萍煤铁厂、华新水泥厂和源华煤矿近年来都在黄石市政府支持发展工业旅游的政策下开发工业旅游项目,属于典型的工业遗址遗迹资源。近代工业品牌劲牌酒业和美尔雅服饰也在黄石大力发展工业旅游的进程中崭露头角
钢铁工业文化游	武钢博物馆—张之洞博物馆—鄂城钢铁公司—大冶铁矿露采遗址	此条线路以钢铁工业文化为主题,连接武汉、鄂州和黄石。游览时可了解张之洞与近代中国工业的兴起与发展历程,感受近代中国工业变革创新的独特历程,回顾张之洞创办汉阳铁厂的创举。在鄂州钢铁公司参观一线的钢铁用材制造;在黄石参观世界级露天采矿坑,感受人民用智慧与汗水铸就的钢铁工业文化史
重工制造辉煌之旅	三峡大坝—葛洲坝	该线路将水陆结合,游客可在观看西陵峡秀丽风光的同时,了解三峡大坝和葛洲坝的重工业制造的辉煌成就,游览水利工程主题公园——三峡截流纪念园

第7章 研究结论与创新点

本文基于长江沿岸中心城市经济协调会27个成员城市的工业旅游资源数据,借助ArcGIS10.2软件,结合基尼系数、核密度分析等方法从整体分布特征、空间集聚特征等方面对长江经济带沿岸工业旅游资源空间分布特征进行研究,发现:

①长江经济带沿岸工业旅游资源从整体上来看有明显的集中趋势,主要分布在长江中下游平原地区。②长江经济带沿岸各省市工业旅游资源分布极不均衡,且主要集中在长三角城市群和长江中游城市群,整体上呈现出"一带多核,东多西少,中东部集中,西部分散"的分布格局。③长江经济带沿岸工业旅游资源高密度聚集区具有围绕行政驻地周边分布的特征,其布局符合中心地理论。

本文对长江经济带沿岸工业旅游资源空间分布特征进行分析,可为探究长江经济带工业旅游资源空间分布的影响因素,优化工业旅游资源的空间布局,在空间协调的基础上开发差异化、特色化、区位优势突出的工业旅游产品提供理论指导,实现长江经济带工业旅游经济、社会和环境效益最大化。

此外,本文结合当前"旅游+"及工业与旅游融合发展背景,在充分了解长江经济带工业旅游资源发展现状及特点的基础之上,认清长江经济带发展工业旅游的基础条件,并分析得出长江经济带工业旅游资源空间分布特征的影响因素。本研究的创新点主要包括:①分析长江经济带工业旅游资源的空间分布特征。目前对工业旅游资源空间分布特征的研究主要针对个体或全国范围,如上海、湖南,没有针对区域经济带的工业旅游资源及研究。本课题针对我国代表性经济带——长江经济带进行研究,综合利用基尼系数法、洛伦兹曲线法、核密度分析法对长江经济带工业旅游资源空间分布特征进行分析,将其分布情况形象地展现出来,以便开展研究与后续的深入探讨。②提出长江经济带工业旅游空间分布特征的影响因素,为长江经济带工业旅游发展提供借鉴。基于长江经济带工业旅游空间分布特征,分析长江经济带工业旅游空间分布差异的内外影响因素。本文从工业旅游资源赋存、区域经济发展水平、地方政府政策支持、旅游产业发展基础、工业旅游发展竞争力等多方面入手研究影响因素,从而为长江经济带工业旅游提出针对性的发展建议。

主要参考文献

陈博,2010.洛伦兹曲线的发展及其启示[J].生产力研究(11):13-14.

陈修颖,2007.长江经济带空间结构演化及重组[J].地理学报(12):1265-1276.

邓宏兵,李江敏,2018.中国工业旅游发展报告 No.1[M].武汉:中国地质大学出版社.

杜德林,王姣娥,焦敬娟,2019.长江经济带知识产权空间格局与区域经济发展耦合性研究[J].长江流域资源与环境,28(11):2564-2573.

甘军丽,2006.基于泛珠三角的广东工业旅游探讨[J].云南地理环境研究(02):100-103.

高万权,1994.发挥宜宾对长江经济带的支持作用[J].经济地理(02):38-40.

顾小光,汪德根,2006.我国工业旅游的空间结构特征:以全国工业旅游示范点为分析对象

[J]. 经济管理(19):69-73.

韩福文,许东,2010. 试论东北地区工业遗产的空间特征与旅游开发模式[J]. 沈阳师范大学学报(社会科学版)(01):53-56.

何振波,2001. 工业旅游开发初探[J]. 武汉工业学院学报(02):45-48.

洪水峰,张亚,2019. 长江经济带钢铁工业—生态环境—区域经济耦合协调发展研究[J]. 华中师范大学学报(自然科学版),53(05):703-714.

侯林春,胡婷,2019. 长江经济带旅游业与区域经济发展协同效率研究[J]. 湖北农业科学,58(21):224-229.

胡江路,2005. 工业遗产旅游开发浅议[J]. 黑龙江对外经贸(07):49-50.

胡艳,潘婷,2019. 长江经济带科技创新对经济发展支撑作用研究[J]. 铜陵学院学报,18(04):3-6.

黄庆华,周志波,刘晗,2014. 长江经济带产业结构演变及政策取向[J]. 经济理论与经济管理(06):92-101.

李冰,2009. 国外工业旅游开发方略[J]. 企业改革与管理(01):68-69.

李淼焱,2009. 中国工业旅游发展模式研究[D]. 武汉:武汉理工大学.

李文杰,吉鑫哲,2011. 基于资源优势与游客需求的包头市工业旅游产品开发研究[J]. 内蒙古师范大学学报(哲学社会科学版),40(03):127-130.

林涛,胡佳凌,2013. 工业遗产原真性游客感知的调查研究:上海案例[J]. 人文地理,28(04):114-119.

刘雪美,2012. 游客感知下的传统旅游城市工业遗产旅游研究[D]. 杭州:浙江工商大学.

刘源,2015. 工业旅游发展实践研究[J]. 中国市场(26):249-250.

陆大道,赵令勋,荣朝和,1992. 重视长江产业带开发的规划研究[J]. 人民长江(11):4-8.

孟令国,2017. 全域旅游视域中工业旅游发展研究:一个文献综述暨研究思路[J]. 学理论(10):126-128.

吴相利,2003. 中国工业旅游产品开发模式研究[J]. 桂林旅游高等专科学校学报(03):43-47.

吴杨,倪欣欣,马仁锋,等,2015. 上海工业旅游资源的空间分布与联动特征[J]. 资源科学,37(12):2362-2370.

徐国弟,王一鸣,杨洁,等,1998. 加快长江经济带综合开发的战略构想[J]. 宏观经济管理(08):6-11.

阎友兵,裴泽生,1997. 工业旅游开发漫议[J]. 社会科学家(05):57-60.

杨成刚,陆文娟,2016. 工业遗产再利用视角下的黄石市文化产业发展模式研究[J]. 湖北师范学院学报(哲学社会科学版),36(06):74-79.

姚宏,1999. 发展中国工业旅游的思考[J]. 资源开发与市场(02):53-54.

虞孝感,王合生,崔大树,1999. 长江经济带发展的态势分析[J]. 长江流域资源与环境(01):1-8.

约翰·斯沃布鲁克,2001. 景点开发与管理[M]. 张文,等,译. 北京:中国旅游出版社.

张建华,2014. 经济学:入门与创新[M]. 北京:中国农业出版社.

张洁,李同升,2007. 我国工业旅游发展的现状与趋势[J]. 西北大学学报(自然科学版)(03):493-496.

张明月,周梦,张祥,2019. 长江经济带11省市旅游业发展水平评价[J]. 华中师范大学学报(自然科学版),53(05):792-803.

ALISON C, JANE L,1999. Developing the heritage tourism product in multi-ethnic cities[J]. Tourism Manage(20):213-221.

CHEN W, ZHOU C J, WANG J S, et al,2003. Industrial development in the area of middle reaches of the Yangtze River in context of river basin economic integration[J]. Resources and environment in the Yangtze Basin(2):101-106.

EDWARDS J A,1996. Mines and quarries[J]. Ann Tourism Res,23(2):341-363.

FREW E A,2000. Industrial tourism: a conceptual and empirical analysis[J]. Compr Psychiat,5(5):345-347.

LUO X, SHEN J,2009. A study on inter-city cooperation in the Yangtze river delta region, China[J]. Habitat Int,33(1):52-62.

TAO Y, ZHANG S,2013. Environmental efficiency of electric power industry in the Yangtze River Delta[J]. Mathematical and Computer Modelling,58(5):927-935.

TIAN Y, SUN C W,2018. Comprehensive carrying capacity, economic growth and the sustainable development of urban areas: A case study of the Yangtze River Economic Belt[J]. J Clean Prod,195:486-496.

WANG L, WONG C, DUAN X J,2016. Urban growth and spatial restructuring patterns: The case of Yangtze River Delta Region, China[J]. Environment and Planning B: Planning and Design,43(3):515-539.

Xie P F ,2005. Developing industrial heritage tourism: A case study of the proposed jeep museum in Toledo, Ohio[J]. Tourism Manage,27(6):1321-1330.

YALE P,1991. From tourist attractions to heritage tourism[M]. Huntingdon:ELM Publications.

促进淮河生态经济带湖北片区绿色发展的机制和路径

吴巧生[1,2]，李小军[1]，王丹丹[1]

1. 中国地质大学（武汉）经济管理学院，武汉 430074
2. 中国地质大学（武汉）湖北省生态文明研究中心，武汉 430074

摘　要：2018年4月，习近平总书记在深入推动长江经济带发展座谈会上明确指出，以长江经济带发展推动经济高质量发展。正确把握生态环境保护与经济发展的关系，构筑高质量发展高地，既是党和国家赋予长江经济带区域发展的战略使命，也将成为长江沿线各地方的政策着力点。为进一步贯彻习近平新时代中国特色社会主义思想，加速长江经济带发展，改善生态环境质量，本课题选取长江经济带和淮河经济带交汇湖北片区（广水市、随县、大悟县）作为研究对象，深入剖析该区域在经济发展和生态可持续平衡中实现绿色发展的具体路径。

关键词：淮河生态经济带；绿色发展；生态现代化

基金项目：湖北省生态文明研究中心资助项目"健全绿水青山转化为金山银山的机制和路径"（STZK2019Z08），湖北省发展改革委员会项目"促进淮河生态经济带湖北片区绿色发展的机制和路径"（KH196529）。

作者简介：

吴巧生（1969—），湖南娄底人，中国地质大学（武汉）经济管理学院教授，研究方向为资源环境经济与管理。E-mail：qshwu@cug.edu.cn。

李小军（1996—），湖北武穴人，中国地质大学（武汉）经济管理学院硕士研究生，研究方向为区域绿色发展。E-mail：1677329683@qq.com。

王丹丹（1992—），河南濮阳人，中国地质大学（武汉）经济管理学院硕士研究生，研究方向为绿色低碳。E-mail：w15623283382@163.com。

第1章 淮河生态经济带湖北片区发展现状

"创新、协调、绿色、开放、共享"五大发展理念是习近平新时代中国特色社会主义经济思想的核心内容之一,是新时代推动经济高质量发展的战略指引和重要遵循。绿色发展着眼于发展的永续性,是新时代中国特色社会主义建设新发展理念的重要组成部分。习近平总书记在党的十九大报告中明确指出,我们要建设的现代化是人与自然和谐共生的现代化,既要创造更多的物质财富和精神财富以满足人民日益增长的美好生活需要,也要提供更多优质生态产品以满足人民日益增长的优美生态环境需要。为进一步贯彻习近平新时代中国特色社会主义思想,加速淮河流域经济发展,改善生态环境质量,随着"中华人民共和国国民经济和社会发展第十三个五年规划纲要"(简称"十三五"规划)(2016—2020)的颁布,淮河生态经济带建设上升为国家战略被纳入"十三五"规划,这既是实现我国中部地区经济融合发展的重要举措,也是策应国家"一带一路"倡议、填补淮河流域区域发展战略空白、加快沿淮地区经济发展的有效路径。淮河生态经济带是以淮河干流为主线、以生态经济协调发展为主要目标的经济区域,在行政区划上包括江苏、安徽、山东、河南和湖北五省部分地区,其中湖北省一市两县(广水市、随县、大悟县)包括在内。

淮河生态经济带湖北片区,位于湖北北部,地处鄂豫两省交界,是长江和淮河两大水系交汇处,包括广水市、随县、大悟县,辖49个镇(乡),行政区域面积为10 176 km^2,人口总数为242.54万人。

淮河生态经济带湖北片区地处中原,南北贯通,东西顺畅,具备多个区域战略叠加优势。区域内交通四通八达,建成航空、铁路、公路、航运立体化交通体系,京广铁路贯穿区域内一市两县,国道、省道纵横分布,区域内水系发达,航运发展潜力大。

1. 经济运行

近年来,淮河生态经济带湖北片区一市两县总体经济运行平稳,绝大部分经济指标均有一定程度的增长,但总体经济发展水平在湖北省排名较为靠后,且第一、第二产业在产业结构中占据较大比重,产业发展较为落后,城乡居民收入偏低,尤其是大悟县,在一市两县中,其综合发展水平最低(表1-1)。

2. 地理环境

淮河生态经济带湖北片区内一市两县地形以低山、丘陵为主,平原地区较少。

气候以北亚热带季风气候为主,因受太阳辐射和季风环流的季节性变化的影响,气候温和,四季分明,光照充足,雨量充沛,无霜期较长,严寒酷暑时间较短。区域内水系发达、水网密布,流域面积广。

3. 自然资源

淮河生态经济带矿产资源种类多、储量大;光照充足、水资源充沛,具有较大的新能源开发利用潜力;区域内森林覆盖率高,植被茂密,是天然氧吧。同时,区域内特色农产品种类多,生物具备多样性。

表1-1 淮河生态经济带湖北片区(一市两县)2019年1—7月主要经济指标

经济指标	随县	广水市	大悟县
地区生产总值(二季度累计)(亿元)	111.01	146.98	71.49
财政总收入(亿元)	7.25	18.07	1.31
地方一般公共预算收入(亿元)	5.26	9.10	6.54
规模以上工业总产值(亿元)	269.85	268.99	—
规模以上工业增加值(亿元)	69.2	70.08	11.34
规模以上工业企业数量	245	185	—
工业用电量(亿 kW·h)	4.58	4.26	—
固定资产投资(亿元)	—	—	57.2
社会消费品零售总额(亿元)	89.69	78.26	55.1
限额以上企业消费品零售额(亿元)	22.09	41.4	—
外贸出口额(万美元)	11 390	3533	2 862.2
城镇常住居民人均可支配收入(二季度累计)(元)	11 764	13 765	13 104
农村常住居民人均可支配收入(二季度累计)(元)	7109	7727	4524

1.1 随县

1.1.1 基本情况概述

随县以西周封国"随"为名,战国末期属楚,置随县,距今已有2300多年的建县史,1949年属孝感专区,1952年属襄阳专区,1970年属襄阳地区。1979年,析随县城关镇及近郊,设立县级随州市。1983年8月19日,经国务院批准,撤销原随县,将随县的行政区域并入县级随州市。1994年，湖北省政府将随州市由襄樊市（今襄阳市）代管改为省直辖。2000年，撤销省直辖县级随州市，设立地级随州市，原县级随州市行政区域为曾都区行政区域，区辖面积为6989km²。2009年，湖北省随州市随县获国务院批准重新设立，成为湖北省最年轻的县，即在现随州市曾都区（市政府所在地）区划范围内，划出部分乡镇成立随县，并继续保留曾都区。新随县面积为5543km²，人口总数为91.32万人，辖19个镇（场），394个村（居）委会。

随县位于鄂西北，地处长江流域和淮河流域的交汇地带、桐柏山南麓、大别山西端、大洪山东北部。它在湖北"两圈一带"战略中处于重要位置，为鄂西生态文化旅游圈和武汉城市圈"两圈节点"，跨北纬31°19′~32°26′，东经112°43′~113°46′，有着独特的区位优势。它东依武汉、西邻襄阳、北至信阳、南近荆州，交通十分便捷，312、316两条国道，汉丹、西宁两条铁路和汉十、随岳两条高速公路穿境而过，居"荆楚要冲"，扼"汉襄咽喉"，系"鄂北重镇"。

随县地貌特征以低山、丘陵为主，兼有山地和冲积平原。一般海拔为200~800m。境内北部最高点为桐柏山太白顶，海拔1140m；西南面最高点为大洪山宝珠峰，海拔1055m。中部为一片狭长的平原，称之为"随枣走廊"，是古今南北交往的重要通道。境内㵐水流贯其间，溠水、漂水、浕水、均水等支流汇集形成㵐水流域。境内属于北亚热带季风气候。因受太阳辐射和季风环流的季节性变化的影响，随县气候温和，四季分明，光照充足，雨量充沛，无霜期较长，严寒酷暑时间较短。

随县境内已探明矿产有50多种，其中金属矿产27种，矿产地和矿（化）点174处；非金属矿产22种，地热矿产1种，矿点1处。金属矿产主要有金、银、铁、铝等，其次是钒、钼、锌、铅；非金属矿产主要有冶金辅助原料矿产白云岩和萤石，化工原料矿产重晶石、原硫铁矿、含钾岩石，建材和其他矿产大理石、花岗石、辉绿岩、石灰石、矾石、石棉等，其中重晶石储量居全省之首，质量居全国之冠。全县森林覆盖率约57%，森林面积占全省5%。

随县电力资源充足，境内有华中电网和丹江口水力枢纽电网双回路供电，风能、太阳能等新能源发电迅猛发展；有大中型水库380余座，年有效储水量12亿m³，构建了覆盖全县城乡的供水体系。

随县经济社会发展呈现出速度平稳、结构优化、效益提升、动力增强、民生改善的良好态势。相较于2018年，2019年上半年随县经济增长平稳，稳中向好，经济运行主要有以下特点。

1. 投资项目稳步增长

1—7月全县固定资产投资完成108.6亿元，同比增长11.6%，其中5000万元及以上投资完成57.44亿元,占全县投资完成的比重为52.9%。民间投资有所提升,1—7月民间投资完成86.39亿元,同比增加16.4%,较上月提升6.7%,其中工业民间投资完成45.1亿元,占民间投资52.2%。第一、第三产业增势迅猛,乡村振兴战略加速推进,全县第一产业投资额达10.55亿元,同比增长101.1%;基础设施建设持续发力,第三产业完成投资40.78亿元,同比增长68.9%。

2. 消费市场保持稳定

1—7月,全县实现社会消费品零售总额89.69亿元,同比增加11.6%,其中限额以上消费品企业零售额完成22.09亿元,增长13.9%。城镇市场进一步扩大,全县城镇限额以上社会消费品零售额完成17.2亿元,同比增长17.2%,农村限额以上社会消费品零售额完成4.9亿元,同比增长10.4%,城镇零售额占限额以上总额的77.8%,较去年同期增长1.9%,农村消费市场仍需进一步挖掘。从行业分类来看,批发零售业实现限额以上消费品零售额2.9亿元,同比增长8.7%,批发零售业消费额占全县社会消费品零售总额的比重达86.9%。由此可见,批发零售业仍是消费品市场的主导力量。

3. 财政收入稳健增长

1—7月,全县财政总收入完成7.25亿元,增长6.9%。地方一般公共预算收入完成5.26亿元,增长10.2%,连续两月保持两位数增长,完成年度目标进度67.3%,超时序进度0.9%。其中税收收入38 030万元,同比增长17.6%,增速较去年同期提高6.2%;非税收入受减税降息的政策影响,同比下降5.2%,收入质量进一步提高。

4. 外贸出口走低

1—7月,全县34家企业实现出口额11 390万美元,同比下降27.48%,降幅较上月增长3.8%。骨干企业出口额继续下滑,出口总额居前的裕国菇业出口额1207万美元,同比下降61.7%;合泰食品、中兴食品、万和食品,出口额分别同比下降79.7%、83.4%、70.5%,品源食品出口额仍为0。农产品出口额下滑严重,1—7月全县农产品出口额9645万美元,同比下降33.1%,占全县出口总额的84.7%,占比较上月下降2.6%,较去年同期下降7.3%。其中食用菌出口额7673万美元,同比下降36.9%;服装出口额1096万美元,同比增长12.9%,猪鬃制品出口额98万美元,同比增长614.2%,新增贸易出口额354万美元。

总体来看,1—7月全县经济运行稳中有进,但因矿石石材企业受环保整顿影响,预计会给下半年工业经济增长带来进一步的压力。同时还存在新增"四上"企业(规模以上工业企业、资质等级建筑业企业、限额以上批零住餐企业、国家重点服务业企业等这四类规模以上企业的统称)较少、后续各项经济指标后劲不足等短板。

1.1.2 产业发展现状

1. 农产品加工业

随县农业产业特色鲜明,是全国优质茶、棉、大米、小麦、肉牛、生猪、蜂蜜和香菇、木耳等食用菌的生产基地,以中国兰之乡、中国香菇之乡誉满神州。随县属北亚热带季风气候,四季分明,光照充足,雨量充沛,雨热同期,气候变化显著,灾害天气发生频繁。年平均气温14.9~15.9℃,平均无霜期在220~240天之间。适合种植多种作物,如水稻、小麦、油菜、土豆、芝麻、棉花、花生等作物和众多的蔬菜作物;同时也适合多种食用菌生长,如香菇、木耳等;也适合繁育牛、猪、鸡、鸭、兔等禽畜类。随县境内有多种特色农产品,如三里岗镇的香菇、木耳,洪山镇的三黄鸡,均川镇的大蒜,安居镇的萝卜,唐县镇的土豆、蜜枣,小林镇的花生,高城镇的芝麻、金头蜈松,殷店镇的大米,厉山镇的腐乳,云峰山和车云山的茶叶等。2019年1—7月随县农产品加工业规模以上工业企业数量达59个,累计产值为78.83亿元,累计增幅15.66%,随县全县农产品外贸出口总额达4 711.34万元。

2. 矿产石材及建材业

随县矿产资源丰富,据地矿部门调查可知,全县有黄金矿、铁矿、重晶石、大理石、钾长石、花岗岩等58种开采价值较高的矿产资源,特别是钾长石、花岗岩,无论是质量还是藏量,均在全国同类矿藏中居前列,可供开采80~100年。

1)金属矿产

随县金属矿产主要有金、银、铁、铝、重稀土等,其次为钒、钼、锌、铅,还有少量的锰、钛、铍、铂、汞硒。金矿查明资源储量7336kg,主要分布在随县小林镇、淮河镇、万和镇(黑龙潭、枣园、汪家湾)、封江乡(卸甲沟)、吴山镇和新城镇等地,常有银、铜、钼等以共生或伴生矿产的形式与之共同产出。铁矿主要分布在随县淮河镇,矿石的主要成分为磁铁矿、赤铁矿。钒矿主要分布在冬青庙和青山寨,两处均为小型矿床。铜矿零星地分布于北部的万和镇、吴山镇、小林镇,规模较小,主要为矿点或矿化点,且常与铁、钼、金等以共生的伴生矿产的形式产出。该矿属国家限制性开采矿种。

2)非金属矿产

随县非金属矿产主要有冶金辅助原矿产冶金用白云岩和萤石,化工原料矿产重晶石、磷矿、石墨矿、硫铁矿、含钾岩石等,建材和其他非金属矿产大理石、花岗石、辉绿岩、石灰石、瓷石、长石和黏土等,还有少量石棉、硅石、蛭石、墨玉和天河石等。重晶石矿累计探明储量1 077.8万t,保有储量306.2万t,主要分布在柳林镇。钾长石矿主要分布在吴山镇、唐县镇和厉山镇等地。唐镇—华宝—吴山—汪家湾新集—温家湾—三合店地区的钾长石矿,分布广,埋藏浅,量大质优。由于吴山镇三合店岩体的边缘相分布面积较大,故矿区潜在的钾长石矿资源量将近亿吨。花岗岩矿在境内分布广泛,主要出露在随县的万和镇、草店镇、淮河镇等地。岩石类型为似斑状钾长花岗石、辉长辉绿岩、片麻花岗岩,它们均是良好的建筑装饰材料。"随州白麻""随州黄金麻"等石材品牌闻名全国。

3. 服装纺织业

服装纺织产业是随县的传统支柱产业,具有较好的物质和技术基础。2019年1—7月全县规模以上纺织企业数量为26个,累计产值29.81亿元,累计增幅19.36%。目前,九龙布业、雄丰布业、鹏翔纺织、华盛布业、民程纺织、鑫昌源皮革等产值过亿元的龙头企业已形成集群发展,其产品涉及纺纱、棉纱、帆布、针织服装、皮革等10余种类别,对外贸易国家和地区有30多个。其中织布类企业生产的主要产品是7240细帆布及重型帆布(工业用帆布);主要加工机器为剑杆180、剑杆200和帝威布业的38台重磅机;纺纱机器主要采用气流纺纱技术,年产纱量在1000t左右。

4. 汽车及零部件加工业

随县现有汽车及配件规模以上企业17家,具有汽车改装资质企业3家(分别是开发区的三铃专汽、中威专汽、日昕专汽)。2018年实现产值40.5亿元,同比增加17.9%,占全县规模以上工业产值比重为9.2%。随县作为地级随州市政府的所辖县,拥有汽车及零部件业规模以上企业21家,其中专用汽车生产企业3家,零部件生产企业18家,汽车零部件主要有汽车车身、驾驶室、前后桥总成、电线束、车厢、车头覆盖件及内饰件等300余种500多个规格。2019年1—7月,汽车及零部件加工业累计产值22.56亿元,累计增长20.24%。

5. 医药化工产业

2019年1—7月,随县医药化工产业共有企业6家,主要分布在开发区、厉山、高城、均川、尚市、新街等乡镇,以湖北茂盛生物、湖北沃中肥业、双星生物、神威药业等公司为代表的医药化工行业发展初具规模。医疗化工企业产品主要涉及生物复合肥、医疗器械、中药材加工出口、农药生产等。自医药化工产业被列入随县八大支柱产业以后,随县正逐步形成集原料药生产、新药品研发、医用复合材料、生物制药、医疗器械、农药化工等于一体的医药化工产业链。2019年7月全县医药化工产业累计产值为9.7亿元,累计增长14.39%。

6. 电子信息产业

随县电子信息产业已经有9家规模企业，2018年实现产值15.95亿元，虽然在地区生产总值中的占比只有3.6%，但增幅达14.4%，2019年1—7月随县电子信息产业规模工业企业为8个，累计产值为9.47亿元，累计增速为19.13%。汽车电线总成、电子变压器、光学镜头、手机隐形天线生产订单多，企业产能发挥好。目前已初步形成以电子元件、光学原件、汽车电器等为主打产品的电子信息产业。以允升科技、方正光电、瑞硕电子、鸿泰电子、灏文电子、顺虹电子、兴业电器等公司为首的电子信息企业发展势头强劲。

7. 新能源产业

随县南北两大山系位于冷空气入口处，风速风力稳定集中，且山脉附近交通便利，便于风电施工，多重优势叠加让随县成为风电企业抢先投资开发的热点地区。随县现在已建成和在建6座风场，总装机规模达150万kW，目前主要任务是完善后期滚动扩展项目建设，发挥产能效益。全县已有5家新能源发电规模企业，截至2019年7月，风电、光伏总装机规模达到82.36万kW，总投资66亿元，累计发电25亿kW·h，实现总产值16亿元，成为工业经济重要增长点。

目前随县新能源产业以华润新能源（随县天河口）风能有限公司、湖北华电随县殷店光伏发电有限公司、湖北万泰新能源发展有限公司、随县爱康新能源投资有限公司、华能随县界山风电有限责任公司等为龙头代表。

8. 文化旅游产业

随县2012年成功入选"湖北旅游强县"，2015年荣获"湖北省旅游产业发展突出贡献县""湖北省旅游产业发展先进县""随州市2015年度旅游责任目标考核优胜单位"等荣誉称号，并被纳入首批21个"省级全域旅游示范区"创建单位。随县牢固树立"全域旅游"发展理念，按照"党政主导、景区先导、激活镇场、市场运作、产业融合、全民参与"的工作思路，着力打响"华人老家、美丽随县"品牌，着力培育发展旅游产业。2019年全县重点推进神农部落、大洪山林泉生态园、云峰山万亩茶园、明月谷旅游综合体、太白顶八访洞、草店神农寨等12个文旅项目建设，累计完成投资额约2.6亿元。西游记公园、西游记漂流、抱朴谷养生产业园、明玉珍故里等A级景区正在提档升级。旅游市场再创新高，2019年上半年举办的第十三届尚市桃花节和第三届牡丹文化节，共接待省内外游客20余万人次，旅游收入达到3000多万元。研学游强势突起，炎帝故里、西游记公园、裕国菇业、云峰山万亩茶园4个景区的研学游持续火爆，云峰山万亩茶园景区最高峰时日接待学生人数突破2000人次。2019年1—7月旅游总人次为596.1万，增幅为8.34%，1—7月旅游总收入为 38.5 亿元,增幅为 10.95%。

随县重点产业及相关企业如表 1-2 所示。

表 1-2 随县重点产业介绍

产业名称	产业简介	重点企业
农产品加工业	主要产品包括茶、棉、大米、小麦、肉牛、生猪、蜂蜜和香菇、木耳等。2019 年 1—7 月累计产值为 78.83 亿元,累计增幅 15.66%	湖北裕国菇业股份有限公司、随县天星粮油科技有限公司、随州市宝珠峰食品有限公司、联丰(随州)食品有限公司、湖北中兴食品有限公司、耀兴大海(随州)食品有限公司、湖北品源食品有限公司、湖北合泰食品有限公司等
矿产石材及建材业	2019 年 1—7 月,工业规模以上工业企业数量达 111 个,累计产值为 101.93 亿元,累计下降 1.58%	随州市炎顺建材有限公司、湖北鸿森新材料科技有限公司、湖北瑞丰石材有限公司、华新水泥随州有限公司
服装纺织业	2019 年 1—7 月全县规模以上纺织企业数量为 26 个,累计产值 29.81 亿元,累计增幅 19.36%	九龙布业、雄丰布业、鹏翔纺织、华盛布业、民程纺织、鑫昌源皮革
汽车及零部件加工业	2019 年 1—7 月,汽车及零部件加工业累计产值 22.56 亿元,累计增长 20.24%	湖北日昕专用汽车有限公司、湖北长力汽车制造有限公司等
医药化工产业	2019 年 1—7 月全县医药化工产业累计产值为 9.7 亿元,累计增长 14.39%	湖北茂盛生物有限公司等
电子信息产业	2019 年 1—7 月随县电子信息产业规模工业企业为 8 个,累计产值为 9.47 亿元,累计增长 19.13%	允升科技、方正光电、瑞硕电子、鸿泰电子、灏文电子、顺虹电子、兴业电器等
新能源产业	暂无	华润新能源(随县天河口)风能有限公司、湖北华电随县殷店光伏发电有限公司、湖北万泰新能源发展有限公司、随县爱康新能源投资有限公司、华能随县界山风电有限责任公司
文化旅游产业	2019 年 1—7 月旅游总人次为 596.1 万,增幅为 8.34%,1—7 月旅游总收入为 38.5 亿元,增幅为 10.95%	湖北西游记公园有限公司、随州市西游记漂流有限公司、随县淮河源生态农业开发有限公司、湖北锦鸿生态农业开发有限公司

1.2 广水市

1.2.1 基本情况概述

广水市位于鄂东北,与河南信阳毗邻,素有"鄂北门户"之称。全市面积 2647km²,共辖 13 个镇,4 个街道办事处,1 个省级经济开发区,401 个村(社区),总人口 89.62 万人,是全省首批扩权县市、财政直管市之一,从南北朝置县,迄今已有 1400 多年的历史,文化底蕴丰厚,历史人文荟萃。广水市先后被评为全国科技进步先进市、教育先进市,全省文化先进市、体育先进市,是全国民间书法艺术之乡,2006 年同时获得"中国楹联文化城市"和"湖北省楹联文化城市"称号。

广水市区位优越、交通便捷。它位于湖北省北部偏东,地跨东经 113°31′~114°07′,北纬 31°23′~32°05′。广水市地处中原腹地,承东启西,是武汉、襄阳、孝感、信阳等大中城市的重要交汇点,是人流、物流、信息流的集聚区,是鄂豫物资的重要集散地,是西部大开发的桥头堡。同时,广水市也是武汉城市圈与中原城市群的切点,是大别山和桐柏山两大山脉的交点,是长江和淮河两大水系的节点,是淮河源头的源点,同时享有大别山革命老区经济社会试验田、长江经济带、淮河生态经济带 3 个国家战略和湖北汉江生态经济带共 4 个区域战略的叠加优势。广水市交通优势十分明显,自古为南北交通要道、战略要地。京汉、汉瑜铁路,107、316 国道分别从市境东西部穿境而过,又与京珠、汉十高速公路并肩相连,境内再由平浠、宋长两条省道连接贯通,形成了"七纵一横"的交通格局。

广水市地形以山地、丘陵为主。广水市地处桐柏山脉南麓、大别山山脉西端,属低山丘陵地带。地势北高南低,山地、丘陵、岗地、沿河小块平原依次分布。山地占全市总面积的 30.1%,丘陵占 67.4%,平原占 2.5%。北部最高的大贵山主峰海拔 907.80m,西南部最低处平林河床海拔 37m。市境群山环峙,北扼雄关险隘,东西居铁路要冲,绾毂南北,控制随枣,系"全楚襟喉之处,自古用兵之地"。境内武胜关、平靖关、黄土关三关鼎峙,历来为兵家重地、商旅要途。境内河流分属长江、淮河流域水系,共有大小河流 337 条,总长 2 418.5km,均属间歇性河流,总流域面积 2 434.2km²,占总面积的 92%。境内地表水资源主要为大气降水产生的地表径流。年平均降水量 990mm,平均径流深 351.6mm,平均地表径流量 9.3 亿 m³。在时间分布上,降水量集中在 5—8 月;在地理分布上,降水量东部多于西部;在气候成因上,丰水年十年一遇,枯水年五年一遇。境内地下水资源贫乏,为无统一地下水体的贫水区,地下水量为 2726 万 m³。因地表为丘陵地带,水资源分布极不均匀,虽部分低洼地区有地下水,但水位低,储量小,对农田灌溉无开发价值。已查明的矿产有32种,矿产地47处,探明储量的有11种。

2018全年全社会用电量10.65亿kW·h,比上年增长16.22%。其中,工业用电量5.52亿kW·h,比上年增长25.2%。2018年,全市能源消费总量为161.18万吨标准煤,增长39.67%;全市万元地区生产总值能耗为0.53吨标准煤/万元,同比上升29.52%。

2019年上半年广水市经济结构不断优化调整,经济运行呈现如下特点。

1. 三大产业发展势头良好

(1)农业生产形势稳定。2019年上半年,全市农业总产值和增加值分别为35.14亿元、16.3亿元,同比增长3.44%、3.5%;农产品加工业产值77.6亿元,增长15.3%。全市夏粮总产量3.88万吨,同比增长3.72%;猪、牛、羊、禽分别存栏(笼)50.23万头、12.02万头、16.32万只、1867万只,出栏(笼)38.72万头、2.84万头、12.03万只、1036万只,肉类产量5.3万吨,水产品产量2.8万吨,主要农副产品供应充足。

(2)工业经济稳步发展。上半年,完成规模工业总产值227.74亿元,同比增长10.47%;实现增加值59.47亿元,增长9.2%;完成工业税收1.5亿元,增长7.6%。新增规模以上工业企业5家,总数量达185家,比去年同期增加2家。

(3)第三产业发展势头良好。2019年上半年,完成社会消费品零售总额68.28亿元,同比增长11.7%;其中限额以上商贸企业社会消费品零售总额34.5亿元,同比增长16.5%,高于随州市平均水平0.9%。完成电子商务交易额6.2亿元,同比增长63%,其中农产品网上销售额1.1亿元,同比增长27%。乡村旅游蓬勃发展,打造了桃源、观音、梅庙、丁湾、兴河、油榨桥等一批乡村旅游景点。现代服务业发展取得突破,荣获全省服务业发展"贡献单位"称号,获批奖励引导资金145万元。

2. 发展动能不断增强

现代农业加快发展,优质稻种植面积35万亩(1亩≈666.67m²),订单生产面积6万亩,虾稻共作田7.3万亩,全市名特优养殖面积达到11万亩。工业经济稳步转型,"百企百亿技改"工程深入实施,2019年上半年,完成技术改造投资额20亿元,风机制造、造纸包装、纺织服装等传统产业不断迈向中高端。投资5亿元的毅兴智能通讯滤波器项目启动实施,投资3.8亿元的空调配件产业园项目开工建设,投资6.3亿元的中国天然气集团储配调峰中心项目签约落户,投资3亿元的杨寨循环经济产业园项目即将动工;装机规模5.6万千瓦的香炉山风电场基本完工,中华山二期、龙门、京桥风电场启动建设,新能源总装机规模达到101万千瓦,锂电产业园入驻企业达11家,新兴产业加快发展。高标准编制了地铁装备、钢铁冶金、精细化工三大园区总体规划,为精准化招商、工业高质量发展奠定了基础。实现高新技术产业产值55亿元,同比增长9.4%。

3. 财政金融运行平稳

2019年上半年,完成财政收入16.06亿元,占全年计划的59.3%,同比增长9.6%;完成地方公共财政预算收入7.95亿元,占全年计划的57.8%,同比增长7.1%。地方公共财政预算收入中,税收为5.62亿元,占比70.7%。地方公共财政预算支出30.6亿元,占全年计划的60.9%,同比增长3.1%。其中"八项支出"21.69亿元,占全年计划的61.2%,同比增长8.1%;其他项目支出8.91亿元,占全年计划的60.1%,同比下降7.2%。上半年,全市金融机构贷款余额138.42亿元,同比增长16.87%;存款余额405.7亿元,同比增长11.58%。贷款增幅高于存款增幅5.29%,贷存比34.12%。

4. 城乡建设提质增效

十大市政工程稳步推进,"四馆三中心"基本完成征地、拆迁、清表,火车站站前广场项目前期工作基本完成,广办中心客运站开工建设,平涢路加宽、公园路建设加快推进。"三城同创"深入开展,强力推进城乡人居环境综合整治,"一把扫帚扫到底,干干净净迎国庆""五清一改"等活动得以有力实施,开展垃圾分类试点工作,持续改善城乡人居环境。2019年上半年,城区新增绿地近10万m^2。《乡村振兴规划》完成编制,乡村振兴战略加快实施,长岭泉水村、余店古城村被列为全省美丽乡村示范村。全面完成土地确权,深入推进"三乡工程",新增下乡市民104人、回乡能人56人、兴乡企业27家。武汉城市圈环线高速广水段、107国道广水段、徐家河生态防洪公路路基工程基本完工,316国道广水段改造完成初步设计,三李线、垃圾焚烧发电厂进厂道路建成通车,建设"四好"农村路120km。积极争取上级资金投入广水市基础设施建设,2019年上半年,已争取中央、省预算内投资1.3亿元。

5. "三大攻坚战"扎实推进

(1)重大风险防范有力。以"访民情、议民事、解民难""逢四说事"等活动为载体,扎实做好涉军、涉房、涉教、涉金融等重点群体维稳工作,社会大局总体稳定,政府债务、金融风险总体可控。

(2)脱贫攻坚质效提升。围绕"两不愁三保障"要求,根据各级专项巡视巡察反馈意见积极整改,深入开展遍访活动,提升脱贫攻坚质效。易地搬迁后续工作有序推进;教育扶贫全面开展,2019年上半年,全市发放各类教育扶贫资金1000余万元;健康扶贫再添举措,出资1000余万元为贫困人口购买大病补充医疗保险;产业扶贫与金融扶贫有机结合,累计发放小额扶贫贷款1 829.18万元,贫困户脱贫内生动力不断增强。

(3)污染防治全面加强。认真落实"河长制",强力整治河道采砂和矿山采石行为,积极整改中央和省环保督察反馈问题,启动双桥垃圾填埋场生态修复工程,双桥、竹林垃圾填埋场渗滤液实现达标处理,全省"四个三重大生态工程"现场会筹备工作基本到位。2019年上半年,全市共改造、建设各类厕所31 760座,提前一年完成精准灭荒任务,建成启用乡镇垃圾中转站22座,13个乡镇生活污水处理厂主体工程全部完工。

6. 营商环境持续优化

(1)基本建成"一张网"。政务服务"一张网"已全面实现省、市、县、乡、村"五级联通",依申请类政务服务事项1166项,其中可网办事项965项,可网办率接近83%。工程建设项目审批管理平台、信用信息系统接入政务服务平台,公共资源交易平台正在对接政务服务平台。

(2)全部进驻"一扇门"。按照七大类事项"应进必进"的要求,全市应进驻的31个部门已全部进驻政务服务大厅,部门进驻率达100%。

(3)力争最多"跑一次"。进一步整合"一窗受理、一口办理"后台服务事项,加快建设集咨询、评价、建议、投诉、反馈和便民服务为一体的12345在线服务平台。公布广水市政务服务"马上办、网上办、一次办、就近办"事项清单和高频事项"最多跑一次"清单,全市即办件事项275项,一次办好率23%。

(4)压缩时限,提高效率。对照"3550"要求,企业开办时间压缩至3个工作日内完成,符合条件的一般在1个工作日内完成;不动产一般登记、抵押登记业务办理时间压缩至5个工作日内完成;正加快推进工业建设项目50个工作日内取得施工许可证和工程建设项目审批时间减至100个工作日内等相关工作。

7. 服务发展初见成效

认真落实"六位一体"帮扶服务机制,大力开展"进企业、送政策、解难题"活动,定期到企业走访调研,收集问题、意见和建议,开展"一企一策一帮扶"。深入推进扫黑除恶专项斗争,严厉打击"四强六霸"、恶意阻工等行为,营造了项目建设、企业发展良好环境。积极搭建供需信息平台,先后开展"就业援助月""春风行动""高校毕业生专场招聘""民营企业招聘周""大学生实习实训"等活动,为企业和劳动者搭建桥梁。

8. 社会事业均衡发展

认真落实惠民政策,《广水市被征地农民参加基本养老保险实施办法》正式实施,惠民一卡通全面启用。安置小区加快建设,伍家巷子安置区1号、2号楼基本完工,马都司安置区一期进入封顶阶段。教育事业全面发展,市一中综合教学楼、永阳学校启动建设,市第三实验小学(原八一学校)、应办渡蚁桥学校改扩建加快推进,育才高中与广水四中联合办学;严格落实"划片招生、就近入学"政策,制定《广水市义务教育学校招生工作方案》,严格按照标准班额下达招生计划。医疗卫生条件继续改善,市二医院完成改造,市妇幼保健院新院、市中医院新综合楼竣工使用,市一医院专科大楼启动建设。

1.2.2 产业发展现状

1. 农产品加工业

广水有食用菌、畜禽、水产、林果、优质蒜稻、茶叶六大农业特色板块。吉阳大蒜、广水王鸽、大自然小龙虾、妙知味糙米卷、仁健家里客、红星蛋品、花山莼菜、"三白"蔬菜、杨岭沟茶叶、吴店云雾米、广水奎面、金丰食用菌、胭脂红桃、桔梗等是广水特色农产品。该市精心培育农业产业化龙头企业,主要有大自然农业、金悦农产品、金山科技、楚丹食品、永佳禾农业、金丰食品等。同时着力延伸产业链,推进农业"接二连三"融合发展。目前,该市农业产业化重点龙头企业达到73家,其中省级8家。位于该市蔡河镇的湖北金悦农产品开发有限公司,带动2万多农户种植近3万亩甘薯,蔡河镇正积极规划建设"甘薯小镇"。2019年全市农产品加工业上半年产值77.59亿元,同比增长15.33%。

2. 服装纺织业

随着沿海成本要素快速上涨,部分劳动密集型产业正积极内迁。广水市抓住机会,积极承接产业转移。利成制衣、海洋服饰等企业落户该市,这些企业沿袭"走出去"战略,产品出口法国、西班牙等20多个国家和地区,成为该市工业出口创汇的"生力军"。目前,全市共有纺织服装制鞋规模企业20家,总资产达9.5亿元,2019全市服装纺织产业上半年实现产值27.92亿元,同比增长16.43%。

3. 食品加工业

食品加工业是广水市支柱产业之一,2018年全市全行业产值64.2亿元,水果、蔬菜、吉阳大蒜、珍稀食用菌、中药材、莼菜、银鱼、黄牛等绿色农产品声名远播,诞生了吉阳食品、奎佳食品、深广物流、银龙集团、火车头肉联厂等一批优质企业。2019全市食品加工产业上半年实现产值38.01亿元,同比增长13%。

4. 医药化工产业

广水市是全国重要的催化剂生产基地、中南地区小针剂生产基地、全省乳酸产业博士后研发基地,拥有20多家医药化工企业、150多个国家级药品批号和多名行业顶尖人才。

5. 风机制造产业

广水市风机制造产业起源于1958年,历经半个多世纪的积累,目前整个产业生产总值达到100亿元。该市风机制造产业是全省重点成长性产业集群之一,在全国风机产业集群综合实力名列前茅。2012年,广水市荣获"中国风机名城"称号。全市拥有数十家风机制造产业相关企业,生产60多个系列1000多种规格、型号的风机,其中地铁轴流风机、MVR蒸汽压缩机、单级高速离心鼓风机、静叶可调轴流风机的市场占有率全国领先,部分产品远销海外。广水风机制造产业实现了裂变式发展,产业规模快速扩张,2018年产业产值为29.31亿元,同比增幅23.07%。

6. 新型建材产业

广水市依托当地丰富的资源大力发展新型建材产业,整个新型建材产业逐渐崛起。2019全市新型建材产业上半年实现产值46.31亿元,同比增长7.38%。

7. 文化旅游产业

广水市旅游资源丰富,境内四季分明,雨量充沛,景色秀丽,气候宜人,森林覆盖率达42%,是鄂北生态屏障;现有大贵寺、中华山2个国家级森林公园,三潭省级风景名胜区、徐家河省级旅游度假区、武胜关省级生态文化旅游试验区和全国美丽乡村桃源村,享有武汉"后花园"和中原"度假村"之美誉,正在创建国家级中华山(鸟类)自然保护区和徐家河湿地公园。

8. 新能源产业

广水市地处长江、淮河流域的分水岭,大别山、桐柏山交汇地,属中纬度季风环流中部区域,境内的中华山、桐柏山位于湖北省冷空气南下的入口处,风能分布集中。该市年日照时数约2100h,集中于5至10月,是国家三级、湖北省一级太阳能资源可利用区。特殊的地理区位使得风能、光伏等新能源独具发展优势。广水市把新能源产业发展作为建设特色产业增长极的优先方向,吸引了华润、国电、中广核等一大批能源巨头抢滩聚集,以风电、光伏发电、锂电为代表的新能源产业迅速崛起,目前该市正争创全国绿色能源基地。

近年来,该市因地制宜,积极发展新能源产业,先后吸引了大批知名企业落户广水。总投资3.38亿元的中电建广水十里风光一体风电工程项目,装机容量41.6MW,可实现年产值约5753万元。截至2018年末,广水市新能源已核准和备案项目规模超过100万kW,总投资额近100亿元,建成后年可创税收2.5亿元。2019全市新能源产业上半年实现产值6.38亿元,同比增长29.60%。

9. 智能装备制造产业

智能装备制造产业是广水市近年来推动产业转型升级、后来居上的新兴产业，其中以广同控股为龙头，旗下控股广固科技、广达机床、毅兴机床、广泰精密压铸4家子公司，主要生产各类数控机床和精密五金件，可与日本数控机床媲美。2019全市智能装备制造产业上半年实现产值3.79亿元，同比下降4.76%。

广水市主要产业现状汇总见表1-3。

表1-3 广水市主要产业现状概述

产业名称	产业简介	重点企业/单位
农产品加工业	有食用菌、畜禽、水产、林果、优质蒜稻、茶叶六大农业特色板块；2019年全市农产品加工业上半年产值77.59亿元，同比增长15.33%	大自然农业、金悦农产品、金山科技、楚丹食品、永佳禾农业、金丰食品等
服装纺织业	2019全市服装纺织产业上半年实现产值27.92亿元，同比增长16.43%	昌瑞纺织、安宏兄弟服饰、新城达时装（湖北）有限公司
食品加工业	2019全市食品加工产业上半年实现产值38.01亿元，同比增长13%	大自然农业、高祥麦面、金悦农产品、金山科技、白云酒业、吉阳食品、奎佳食品、深广物流、银龙集团、火车头肉联厂等
医药化工产业	2019全市医药化工产业上半年实现产值17.92亿元，同比增长10.61%	湖北景草药业有限公司、湖北至欣药业有限公司、天成医疗、三江固德
风机制造产业	暂无	三峰透平、双剑风机
新型建材产业	2019全市新型建材产业上半年实现产值46.31亿元，同比增长7.38%	永阳材料股份有限公司、湖北大洋塑胶有限公司
文化旅游产业	暂无	中华山国家森林公园、徐家河国家湿地公园、三潭省级风景名胜区等风景区
新能源产业	2019全市新能源产业上半年实现产值6.38亿元，同比增长29.60%	广水深圳锂电产业园入园企业9家
智能装备制造产业	2019全市智能装备制造产业上半年实现产值3.79亿元，同比下降4.76%	广固科技、广达机床、毅兴机床、广泰精密压铸有限公司

1.3 大悟县

1.3.1 基本情况概述

大悟县地处鄂东北,隶属于湖北省孝感市,原名礼山县,于1933年建县,1952年更名为大悟县。全县面积1986km²,共辖3乡3区14镇、362个行政村,总人口61.6万人。大悟县人杰地灵,是中国乌桕之乡、中国板栗之乡、中国名茶之乡、国家经济林建设示范县、国家绿色能源示范县、全省花生大县和"十大将军县"之一。

大悟县位于鄂豫两省交界处,大别山脉西端,地跨长江、淮河两大流域,北依中原,南扼江汉,属武汉城市圈范围,东经114°3′~114°35′,北纬31°18′~31°50′。县境北与河南省信阳市交界,南与武汉黄陂区、孝昌县接壤,东与红安县相邻,西与广水市相连。凭借处于鄂豫两省交界的区位,大悟县已逐步建成较为系统的交通网络,其中铁路有京广高铁,高速公路有京港澳高速、麻安高速,省道有S320大黄线、S108黄土线、S243大天线、S326新大线、S473乔吕线、S260高刘线,县道17条,乡道61条,村道2021条。

大悟县隶属桐柏-大别造山带,夹持于华北地块和扬子地块之间,是秦岭复合造山带的东延部分和根带,大地构造位置属秦岭褶皱系南秦岭-淮阳褶皱带。境内以北部五岳山、西部娘娘顶、东部仙居山、南部大悟山四大主峰构成地貌的基本骨架,形成澴水、滠水、竹竿河三大河流。其中,竹竿河是淮河流域的重要支流,位于大悟县东北部,发源于大悟县五岳山南坡,经丰店镇至宣化店镇的北岗村流入河南省。竹竿河大悟县境内流程全长45km,流域面积471km²。大悟县地形基本为低山、丘陵、平畈三种类型,低山面积占68.8%,平畈散落于澴水、滠水、竹竿河及其支流两侧。其气候属北亚热带季风气候,冬季受西北冷气团的影响,夏季受东南、西南季风控制,形成冬冷、夏热、冬干、夏湿,雨量充沛、光照充足、四季分明、无霜期较长、严寒酷暑时间短的气候特征。

大悟县资源丰富,物产充沛。县境内已探明的金属矿和非金属矿有8类38个品种,占湖北省矿藏种类的32%,可供采矿140余处,矿种及矿产地数量居孝感市首位,是全省30个矿产资源大县之一。其中金、铜、磷、石英石、石灰石、大理石、花岗岩、萤石等矿产储量丰富、品位高、质量好、易于开采。其林特物产极为丰富,板栗、花生、茶叶、乌桕、银杏、山野菜、药材等产品久负盛名。其中,乌桕年产量居全国县级之首,花生、板栗、油桐年产量居全省前茅。

2019年上半年,大悟县各项经济指标总体平稳,工业经济企稳回升,经济发展总体好于预期,呈现出逆势上扬的平稳增长态势。

1.3.2 产业发展现状

1. 农产品加工业

大悟县乌桕、板栗、花生、茶叶、油茶、药材、蔬菜等农产品资源丰富。大悟种植茶叶历史悠久,具有得天独厚的茶叶生产条件。近年来,大悟县将茶产业作为带动农民脱贫致富的第一支柱产业来打造,按照"基地＋龙头企业＋合作社＋农户"的模式整合资金,支持茶产业快速发展,全县茶园面积以每年 2 万亩(1 亩 ≈ 666.67 m^2)以上的规模递增,建成千亩以上的连片基地 23 处,茶园面积达到 29.3 万亩,采摘面积达 18.2 万亩,茶园规模位居孝感市第一、全省第三;年产干茶 1.2 万 t,综合总产值达到 10 亿元以上,形成了茶叶高中低档、春夏秋茶全覆盖的产业格局。县内各类茶叶经营主体达 240 多家,参与茶叶生产经营的农户达 10 万余户,占全县农户的 60% 以上,茶农年人均增收 2000 元以上。其中,省级龙头企业湖北悟道茶业有限公司自建标准化茶园 1 万多亩,网络合作社、农户种茶 3 万多亩,该公司生产的"悟道茶"先后荣获"湖北十大品牌茶""湖北名牌产品""中华孝文化名茶""中国驰名商标""荆楚优品""新时代湖北十大名茶"第一名等荣誉。

2. 文化旅游产业

大悟县山清水秀,景色优美,境内有众多奇峰怪石、水库湖泊、深谷幽潭,还有革命纪念地 49 处,伟人故居 13 处。鄂豫边区革命烈士陵园是全国十大陵园之一,宣化店中原军区革命旧址群、白果树湾新四军第五师司令部旧址入选全国百家红色经典景区。近几年来,全县共投入近 3 亿元用于建设和提档升级鄂豫边区革命烈士陵园、新四军第五师纪念馆、中原突围纪念馆等一批红色经典景区。同时启动以宣化店红色旅游名镇为核心的一批旅游项目建设,撬动社会资本近 20 亿。以生态文化旅游等为基点,引进省内外资金 96.88 亿元,直接利用外资 1380 万美元,招商引进项目 68 个,协议投资额达 192.5 亿元。全县共启动建设具备生态绿色旅游小镇功能的 AAAAA 级旅游景区 4 处。2017 年旅游综合收入达到 12.3 亿元。

大悟县相关产业重点企业及单位见表 1-4。

表 1-4 大悟县相关产业重点企业及单位

产业名称	企业/单位名称
农产品加工业	大悟山农林产品开发有限公司、湖北红翼农林、佰菲特食品、湖北芋茶汇、湖北悟道茶业、华龙生物制药、金丰果园、新华食品、金鼓露毫、黄站寿眉、双桥茶场、柏园茶场等
文化旅游产业	新四军第五师司令部旧址、鄂豫皖边区革命烈士陵园、徐海东大将亲属烈士陵园、大悟乌桕红叶观赏、宣化店谈判旧址、红色山城宣化店、大悟铁寨风景区、中原军区司令部旧址、宣化九女潭等

第2章 淮河生态经济带湖北片区发展问题

淮河生态经济带是在"一带一路"倡议和长江经济带发展战略的基础上提出的。以经济带的模式进行国土开发和区域经济发展,对于促进豫、皖、苏、鲁、鄂5省沿淮流域地区的经济发展,改善居住环境和生活水平,施行国家的精准扶贫政策,构建沿海沿边与内陆开发开放、东西互动的协同发展格局和体系具有重大而深远的意义。淮河生态经济带湖北片区位于鄂北地区,区域内经济发展较为落后,绿色发展意识较为淡薄,具体表现为产业结构不合理、生态保护和经济发展协调度低、区域协同合作较为松散、缺乏整体性的规划和监管、基础设施较为薄弱、信息网络平台亟待构建等方面。就现场调研而言,普遍认为尽管流域内各县市绿色发展取得了一定的成果,但在发展理念和路径上仍需进一步探索,且在产业发展、生态保护等领域和重点发展环节上存在一定的矛盾。

2.1 经济体量小,缺少话语权,受重视程度较低

相较于江苏、安徽、河南、山东四省而言,湖北省仅有"一市两县"被纳入淮河生态经济带,不论是经济体量、行政面积还是人口数量,比重均偏小,在淮河生态经济带省际合作和高层面规划制定方面的话语权较小。且由于历史和现实原因,该片区绿色发展在湖北省层面和县市层面的相关规划中受重视程度较低,支持力度不够,缺乏配套的规划等政策供给和财政等其他方面的支持。湖北片区在淮河生态经济带中应有的水源涵养和生态屏障战略性地位没有得到有效突出,承担水源地保护的义务和未享有的"补偿式发展"权利不匹配。

2.2 地区经济落后,贫困人口基数大

2018年湖北片区内人均地区生产总值为26 759元,城镇、农村常住居民人均可支配收入分别为27 642.35元、15 065.45元,城乡低保对象64 673人,其中农村低保对象64 673人,低保对象在总人口中占比3.07%。区域发展呈现出不平衡、发展质量较低等特征,人均可支配收入较低,农村贫困人口众多。尤其是大悟县,2018年其农村常住居民人均可支配收入11 299元,农村低保对象31 830人,脱贫攻坚形势严峻。

2.3 财政收支极不均衡,绿色发展面临投入困境

湖北片区经济发展较为落后,地方政府财政压力大,可投入绿色发展方面的资金少。一方面,国家持续实施减税降费政策,如大悟县预计全年将减收3亿元,财政收入中烟草划转税收占比较大,工业税收占比较低,一批招商企业尚处在建设阶段,新的税收增长点难以支撑财政收入的持续快速增长。另一方面,脱贫攻坚、深化改革、强农惠农、改善民生等各项支出政策叠加,财政支出远大于财政收入,收支平衡压力大。2018年湖北片区内财政总收入为53.43亿元,财政总支出为97.84亿元(因数据缺失,财政总支出中不含随县),财政收支不平衡,财政赤字较为严重,有限的财政收入需满足民生工程、脱贫攻坚、公共服务、三农建设等多个重要领域的投入需求,绿色发展相关项目缺乏有力的财政支持和长期投入。

2.4 产业结构不合理,生态保护和经济发展协调度低

一方面,在随县、广水市、大悟县三地的产业结构中,第一产业和第二产业的比重偏高,第三产业的比重较低,总体而言三地产业发展水平比较落后,面临产业升级的重要任务,同时也面临淘汰落后产能的客观需求,这就必然会涉及资源的重新配置和利益的再分配问题。这些问题解决不好,势必影响产业结构调整的进程和效果。另一方面,产业升级和新产业开发等方面存在诸多制约因素,集中表现在第一产业中现代农业发展问题、第二产业中工业转型升级问题和第三产业中新兴产业培育问题等方面。由于地处鄂西北,大悟县的地形以山地为主,农业人口在三地中均占有不小的比重。此外,该地区工业转型步履维艰,受资金紧张、市场因素、成本增加、内外环境变化的影响,部分企业对市场预期存在顾虑,工业投资进程有所

放缓,工业项目较同期有所减少,新旧动能接续转换后劲不足。规模以上工业企业数量较少,后期培育申报缺少项目支撑。尽管三地提出了相关的规划,但受限于交通基础设施等,辐射能力有限,其产业规模依然较小。文化旅游产业发展中,区域内文化旅游产业具有一定规模,但其发展模式依然较为传统,缺乏完善的配套设施,文化旅游资源开发方式较为粗放,对游客的吸引力有限。

2.5　区域协同合作较为松散,缺乏整体性的规划和监管

(1)区域经济合作总体规模偏小。随县、广水市和大悟县的产业结构与特色优势产业相似之处颇多,尤其是在农产品加工业上,随县和广水市都在发展菌类种植,三地都有茶产业等,但三地的产业交流和合作十分有限,资源分散,产业竞争力较弱。

(2)区域环境协同治理合作有限。淮河生态经济带生态环境治理涉及上中下游多地区利益,任意一方的独立作为无法解决问题,开展协同治理是必由之路。随县、广水市、大悟县及其他地区相关政策存在一定差异,且各地资源禀赋、地方生态问题的严重性、地方政府治理能力不尽相同,目前各地的相关规划和实施方案的制定多基于本地区情况,区域内的生态环境治理合作协同应进一步加强。

2.6　基础设施较为薄弱

(1)交通基础设施薄弱。随着广水市被纳入高铁建设规划,三地交通整体运输便利性大大提高,但区域内部,尤其是山区,交通仍然是阻碍地区发展的重要障碍。区域内的山地地形使得村庄交错分布,小而散的分布使得公路修建成本上升,公路等级差。虽然农村公路通达率很高,但公路等级低、路面狭窄、路况差、抗灾能力低、缺桥少涵的问题比较普遍,晴通雨阻问题非常突出。落后的交通基础设施仍然是制约当地农村经济社会发展的瓶颈,为新农村建设、产业结构调整等带来诸多不便。

(2)水利基础设施较为落后。区域内水利基础设施抵御自然灾害(尤其是干旱)的能力较弱,部分农村地区水利基础设施不完善,存在老化、退化严重,以及报废率高、配套程度差等问题。其中三地部分农村地区依然持续着传统的漫灌等形式,不仅造成水资源的大量浪费,同时亦会造成一定土壤问题。

第3章 淮河生态经济带湖北片区绿色发展突破口的选择

3.1 加强规划引领,统筹流域绿色发展管理

在科学甄别和划分流域经济区域及其类型的基础上,针对不同地区现状特点和发展趋势,强化规划引导。着眼于将流域经济绿色发展作为我国新时代经济高质量发展的重要内容和新增长点,以及生态文明建设的重要组成部分,并为淮河源头生态环境可持续保护提供支撑保障,湖北省发展和改革委员会择机出台《流域经济绿色发展指导意见》,为全省流域经济绿色发展提供顶层路线和设计蓝图,统筹三地绿色发展管理,建立长效合作机制,充分协调各方有序合作。湖北片区绿色发展的近期突破口是建立流域水环境信息及其他绿色发展相关信息的共享机制,为流域合作和利益协调提供信息支持;远期突破口是建立跨地区的管理部门,管理协调湖北片区的绿色发展进程。

3.2 因地制宜优化产业结构,推动产业转型升级

习近平总书记指出,"既要金山银山,又要绿水青山"。绿水青山需要绿色发展,而不是不要发展。常保绿水青山,更需要科学的经济发展方式。十九大报告明确指出,构建政府为主导、企业为主体、社会组织和公众共同参与的环境治理体系,提高污染排放标准,强化排污者责任,健全环保信用评价、信息强制性披露、严惩重罚等制度。近期突破口应从优化产业结构,降低高污染产业比重,寻求区域经济增长和环境保护的发展平衡点切入。随县石材产业在矿山开采过程中存在无序开发、生态污染等问题,应对当地石材产业发展制定严格的标准,淘汰一部分小而散且造成污染的石材企业。同时应引导农民在农业生产过程中减少农药和化肥的使用,尤其在淮河源头附近的地区应制定措施限制农药化肥使用,以涵养水源。远期突破口应从建立环境管控的长效机制,发挥其绿色发展的导向作用切入,有效引导企业转型升级,推进技术创新,走向绿色生产,同时鼓励发展绿色产业,壮大节能环保产业、清洁生产产业、清洁能源产业,使绿色产业成为替代产业,接力经济增长。还应以技术创新为引领,推进以节能减排为主要目标的设备更新和技术改造,加快

传统产业升级换代,减少污染物排放。

(1)加快转变农业发展方式,推进农业现代化,以特色农业为突破口,提高农业综合生产能力,走产出高效、产品安全、资源节约、环境友好的现代化道路。按照"一镇一业"和"多村一品"发展思路,大力发展精准、高效、生态农业,以增加农民收入、提高农民生活水平为出发点和落脚点,以增强农业空间承载能力为依托,促进淮河源头重点发展高效种植业、生态林业、集约畜牧业、名优水产业、农机装备化建设、休闲观光农业。加快农业现代化步伐,提高农机装备化水平。拓展农业产业集群,加快农业规模化、产业化。加快煤炭、电力等高碳产业低碳化改造。同时发挥农业科技创新的作用,促进生态农业的发展。规范土地流转,推进土地承包经营权抵押贷款,保障农民更多的财产权利。建立健全土地流转机制,引导农村土地向农业企业、合作社、种田大户等对象规范有序流转,形成企业、合作社、农户"利益共享、风险共担"的利益共同体。创新社会化服务体系建设,大力培育农民专业合作社、种养大户和家庭农场,构建以"家庭经营+适度规模+合作组织"为主的现代农业经营模式。深化供销合作社综合改革,鼓励和支持供销合作社深入推进农业社会化服务体系建设试点工作。推进生态农业产业化,实现农业强、农民富、农村美。农业产业化是拉长农产品产业链、价值链、市场链,提高农业产出效益、增加农民收入的有效途径。积极推动淮河源头特色农产品加工业的发展,推动食用菌、茶、粮油、果蔬走出去。加强产品的省级著名商标申报工作,打造引领随县发展的龙头企业,引领农民致富,在全国范围内形成良好口碑,走品牌之路。以三里岗镇、万和镇、草店镇、殷店镇为食用菌重点发展与拓展区域,充分发挥其得天独厚的资源优势与先天条件。重点打造香菇科技产业园项目,以园区内香菇加工龙头企业为投资主体,发挥各自优势,走专业化、差异化的发展道路,打造集香菇种植、精深加工、出口创汇、冷链物流、电子商务、研发创新为一体的综合性产业园。提高茶叶种植技术、采摘技术、成品技术,稳定茶叶出口增产率,扩大国内外市场。优化茶产业空间分布,重点拓展随县南部大洪山、随县北部桐柏山两大优势茶区,推动全县茶叶生产由分散型向集中型转变、茶叶经营由粗放型向集约化转变。整合茶场资源,开发有机茶场,加快建设随县华中茶叶交易大市场。积极发展无公害蔬菜、绿色有机蔬菜,加强优化空间布局,提高机械化水平,加强集约化生产,提高物流配送效率,促使大众化向品牌化转变,打造"金子"品牌。突出随县生态优势和现代特色农业发展特点,推进现代农业与乡村休闲旅游融合发展,依托香菇种植园、车云山茶园、桃花基地、牡丹产业园、蕙兰种植园、蓝莓庄园和油用牡丹园等发展花卉苗木观赏旅游和农家乐体验旅游。推进重点项目建设。重点推动封江现代农业园区、封江国家级湿地公园、淮河源国家级湿地公园、昱辰现代生态观光旅游示范园项目,建设集餐饮、住宿、娱乐、休闲、健身于一体的综合性服务场所;以食用菌、畜禽、水产、林果、优质蒜稻、茶叶六大农业特色板块构建广水特色农业发展体系,推动吉阳大蒜、广水王鸽、大自然小龙虾、妙知味糙米卷、仁健家里客、红星蛋品、花山莼菜、"三白"蔬菜、杨岭沟茶叶、吴店云雾米、广水奎面、金丰食用菌、胭脂红桃、桔梗等特色农产品积极走出去,重点培育一批代表性特色农产品企业;充分挖掘乌桕、板栗、花生、茶叶、油茶、药材、蔬菜等农产品资源优势,依据"基地+龙头企业+合作社+农户"的模式,将茶产业作为带动农民脱贫致富的第一支柱产业,将农村脱贫与农业发展结合,积极促进农村脱贫。

(2)推进绿色化技术改造,构建生态工业体系。经过长期发展,淮河流域已形成较完整的工业体系,但存在资源消耗多、环境污染大、技术含量低、市场竞争力弱等问题,战略性新兴产业也发展不足。针对这些问题,工业要树立绿色发展理念,加强技术改造与技术进步,推进低碳、循环发展,构建生态工业体系,拉长产业链、价值链。推动随县石材及建材业、服装纺织业、汽车及零部件加工业、电子信息业、医药化工业等传统产业优化升级。支持广水市打造中国高端风机制造基地,同时重点发展智能装备制造产业,推动大悟县与广水市印刷包装产业升级。在企业内可以提升工艺水平,提高设备新度系数、资源产出率,降低能源消耗,提升企业的核心竞争力,把企业做强做大;在企业间可以提高产品关联度,优化产业结构,拉长产业链、价值链,增强行业的综合竞争力,把行业做强做大。技术改造要突出绿色发展理念,融入供给侧结构性改革,通过技术改造与推进工业低碳循环发展,构建生态工业体系,提供有效的市场供给。

(3)以绿色发展理念发展服务业和绿色新兴产业,繁荣城乡市场。要通过绿色发展提质提速提量,繁荣城乡市场。在商业领域,应积极鼓励发展绿色批发、零售业和绿色消费,推进商业场所的节能化改造,积极发展电子商务等新型业态,大幅度减少商品销售过程中的资源消耗和费用,推进随县、广水市、大悟县大力发展电子商务,促进"互联网+"与农业、工业和旅游等结合。绿色商业和绿色消费逐渐成为社会新风尚。在物流业领域,要以绿色、循环、低碳、高效理念发展现代物流业,突出园区、重点企业的现代物流业建设,依托综合交通运输体系,加强城市物流配送体系建设,实现客运"零距离换乘"和货运"无缝衔接",提高物流配送效率。加强综合性、专业化物流园区建设,加快推进随县楚北公铁联运物流中心、大随通物流园、随广物流园、小林百万吨货运场、广水城南物流中心、广茂综合物流园、广水锦诚农贸市场及冷链物流园、广水火车站配套功能服务区、大悟县鄂北物流商贸城三期、大悟县中农批农商交易城等项目建设。依托风能、太阳能资源和产业优势,延伸能源产业链,使得新能源产业成为随县、广水市、大悟县的支柱产业。

3.3　构建市场化的生态补偿机制，增强流域生态屏障功能

近期突破口是加快专项资金的设立，加大财政支持力度。建议湖北省发展和改革委员会组织随县、广水市、大悟县三地政府共同研究制定淮河流域生态补偿政策，探索建立淮河流域市场化、多元化生态补偿机制，处理好生态补偿与扶贫开发的关系，加大贫困地区生态保护修复力度，建立健全生态补偿机制，增设生态公益岗位，探索生态脱贫新路子，使贫困人口通过参与生态保护增加收入。设立专项资金开展补偿试点，推动上下游生态合作共建。远期突破口是梳理地方与国家层面的生态补偿支持重点政策，吸引个人、企业及社会组织的积极参与，建立由政府主导、全社会参与的市场化生态补偿机制。明确生态补偿的责任、范围与标准，支持自下而上的补偿方案的监督和自上而下的补偿政策的落实。

第4章　推动淮河生态经济带湖北片区绿色发展的机制和路径

淮河生态经济带湖北片区处于源头地段，淮河源头的绿色发展关乎着淮河中下游的绿色发展建设。针对湖北片区绿色发展，应以水污染治理、改善水质为重点，提升水资源节约集约利用水平，强化生态系统保护与建设，构建友好型产业体系，促进一市两县的经济建设快速绿色发展。

4.1　突出淮河源头的战略定位

淮河生态经济带湖北片区包括的一市两县地处鄂北，位于鄂豫两省交界，南北贯通，东西顺畅，具备多个区域战略叠加优势，应进一步做好合作对接，促进资源共享，发挥战略叠加优势。但其经济发展在全省范围内属于较低水平，尤其是国家级贫困县——大悟县，该地区工业基础薄弱，农业在产业结构中占据不小比重，在该区域的发展中具有重要地位，源头绿色发展不仅面临着生态攻坚的艰巨任务，同时如何实现绿色脱贫亦是该地区实现绿色发展的重要命题。促进淮河源头绿色发展，有利于通过"以点带面"的示范效应充分辐射推动周边地区和中下游的发展。淮河流域作为一个相对完整的生态和地理单元，有着独特的自然地理条件。流域

生态健康状况深刻影响着流域内的社会—经济—环境复合生态系统的绿色发展,尤其是淮河生态经济带湖北片区的绿色发展,对淮河流域中下游各生态系统健康发展具有深刻影响。尽管湖片区面积较小,流程较短,但它对淮河生态经济带实现中国经济第四增长极、第三条出海黄金水道、"美丽中国"的重大工程、重要粮食基地、重要能源保障基地等战略定位具有重要意义。

4.2 加大"输血式"财政支持和"造血式"绿色发展

一市两县难以在短期内实现跨越式发展,建议设立相关专项资金,加大水污染治理、生态补偿等一些重要的短板领域的投入,建立绿色发展评价考核体系,将片区绿色发展及其协调机制和效果纳入政绩考核范围。另一方面,应注重培育绿色产业、低碳产业等,促进产业转型,推动其实现财政自给和长效绿色发展。

依据片区丰富的农业资源,探索发展"多村一品""一镇一业"等特色农业发展模式,延长产业链,提升附加值,适度开发生态资源,发展"生态+旅游"、康健休闲产业;利用片区鄂豫交界和"武汉半小时城市圈"等区位优势,完善交通基础设施,打造立体化交通网络,积极发展现代物流业;鼓励片区与发达地区合作,以共建产业园等多种形式,发展"飞地经济",积极引入新能源产业等项目,促进战略新兴产业壮大。

4.3 加强源头农业污染治理,设立农业绿色发展试点

针对淮河生态经济带湖北片区农业污染状况,建立和完善农村、农业污染防治项目的实施责任制,将农村和农业污染作为新农村建设的重要内容,把农业污染综合整治纳入对主要领导政绩考核的重要内容。同时,要像监督污染防治基金那样,本着"谁污染谁治理"的原则,对农药、化肥生产经营企业和规模化畜禽水产养殖大户征收污染补偿费,建立农业污染防治财政专项基金,用于各地开展农业污染的防治工作及技术攻关。同时,改革现有的农业生产技术系统,实行保护性生产措施。建立生态缓冲区,即按一定面积的比例划出部分耕地,种植一些能够吸收土壤、水体中富余养分或污染物质的植物,扩大农业面源污染的环境容量,减轻农业面源污染;建立农业面源污染的生态补偿机制,对为改善生态环境而利益受到侵害的农业企业给予一定的补偿。例如建人工湿地需要占用农民的土地,此时,就要给被占用土地的农民一定的经济补偿。对建立畜禽粪便处理厂的企业在政策上给予倾斜,要参照城市垃圾发电的政策优惠措施,采取经济扶持和减免税收,尽可能提高企

效益,鼓励快建畜禽粪便处理厂。再者,积极设立农业绿色发展试点,推进农业资源及生态环境方面的资金向试点倾斜。以增加农民收入、提高农民生活水平为出发点和落脚点,以增强农业空间承载能力为依托,促进湖北片区重点发展高效种植业、生态林业、集约畜牧业、名优水产业、农机装备化建设、休闲观光农业。加快农业现代化步伐,提高农机装备化水平。拓展农业产业集群,加快农业规模化、产业化。发挥农业科技创新的作用,促进生态农业的发展。

4.4 建立协调机制,统筹流域绿色发展

建议设立跨地区的淮河生态经济带湖北片区水环境保护与经济社会协调发展委员会,统合相关部门职能,统筹和协调湖北片区三地城市与乡村发展、发达地区与欠发达地区发展,动员和支持各类社会组织和公众参与淮河流域的绿色发展进程。

(1)建立信息共享机制与平台,统筹淮河生态经济带各地区绿色发展。一方面,在湖北片区内建立一市两县长期流域水环境信息及其他绿色发展相关信息共享机制,推进高层会晤常态化。另一方面,积极参与整个淮河生态经济带水质量及其他信息共享,积极参加相关论坛和领导圆桌会议,着力推动上中下游在污染治理、灾情防治、政策沟通、设施建设等方面的资源共享,实现片区战略地位与话语权的对等与匹配。

(2)协调区域整体监管,促进淮河生态经济带综合治理能力的提升。推动湖北片区治理方式转变和监管一体化,治理方式由建设单一的水利工程转变为推进综合的生态与社会工程;建立湖北片区长期合作执法机制,聚焦跨流域、跨省份监管难题,完善市场监管体制和风险联防联控机制。

4.5 建立绿色发展政策体系,强化政策调控实施能力

政策的制定应切实为促进流域经济区绿色发展提供政策支撑与保障,让良好的规划蓝图能落地能实现。研究中央和地方成立财政专项引导资金,用于支持湖北片区水环境保护和生态建设、流域现代绿色经济体系构建、流域重大基础设施工程建设以及重点领域的研发创新。通过政府财政资金引导,促进流域经济绿色发展重大工程项目落地,并积极引导社会资金融入,在重点项目的投资建设中促进流域绿色经济可持续增长。在推动流域经济绿色发展过程中,应立足已有的生态环

境补偿经验和成果,进一步推动完善流域生态补偿机制。注重相关财政资金领域和地区分配的均衡性,促使政策倾斜达到"有的放矢"的效果,重视城郊、乡村和经济欠发达地区的公众在清洁空气和干净水源等方面的环境诉求,以及对环境基础设施建设的强烈需求。对绿色发展的相关短板方面加强财政支持和政策供给,避免在"明星领域"和"明星地区"过度投入资源,以求资源投入释放效果的最大化。

4.6 完善考核评价机制,保障绿色发展

一是明确淮河生态经济带湖北片区绿色发展的责任主体,应涵盖区域内的地方政府、企业及相关组织和个人。二是明确界定考核者与被考核者的权利与义务关系,统一的流域管理机构既是考核者(考核地方政府、企业等),也是被考核者(接受人大等国家权力机关的监督与考评)。三是改进考核内容,提倡绿色 GDP,破除唯 GDP 论,把流域绿色发展及其协调机制和效果纳入政绩考核范围。四是采用科学的考核评价方法。国家发展改革委等 2016 年制定了《绿色发展指标体系》和《生态文明建设考核目标体系》,针对的是省级以下各级地方政府,地方政府应进一步建立和完善对其他责任主体的考评机制,如制定企业绿色发展指数、区域绿色发展指数以及个人绿色行为指数等,规范各主体行为。

4.7 建立成本分担制度,健全生态补偿机制

加紧落实《淮河生态经济带发展规划》中关于推进淮河流域生态保护补偿制度的建议,在片区着力推进生态补偿制度试点,建立淮河生态经济带省际生态补偿机制(中下游省份向上游地区进行补偿),积极推进水权、排污权交易等制度改革,支持各市县探索"多规合一",编制统一的空间规划,构建平衡与统筹各地区协同发展的绿色发展政策体系。

4.8 构建绿色产业体系,实现高质量生态发展

实现区域协调发展,统筹淮河生态经济带湖北片区产业布局。建立水源地保护区并禁止或限制开发。打造高质量绿色产业应该着力发展新技术、培育新业态、拓展新空间,加速构建生态、农业、旅游、流通和新能源"四大一新"绿色产业体系,全力推动产业结构持续优化,产业发展提质增效,确保流域经济高质量发展步履铿锵。同时,规划和建设一批新型特色城镇,形成新的经济增长点。根据区域内部与

外部的功能定位与发展差异,测算流域环境治理、生态修复和产业转型升级的成本,通过国家牵头的省际协商,在中央政府和流域各级地方政府之间分阶段分担成本。此外,要重视利用市场化手段鼓励民间力量参与流域治理和绿色发展,共担绿色发展成本,如通过政府和社会资本合作(PPP)建立污水处理设施,或者对已有污水处理设施民营化,减少公共资源占用,提高绿色治理效率。

4.9 加大绿色生态扶贫力度,实现精准扶贫与绿色发展的同频共振

协调好扶贫开发与生态保护的关系。依托和发挥贫困地区生态资源禀赋优势,规划生态旅游+农业、美丽乡村示范点等扶贫项目,按照"一镇一业"和"多村一品"发展思路,大力发展特色农业、生态旅游产业。深入实施贫困地区特色产业提升工程、建立贫困户产业发展指导员制度、积极发展产业扶贫新业态,中央和省政府应该加强对随县、广水市和大悟县特色小镇规划建设力度,建设一批美丽乡村示范村、省级及以上特色旅游小镇,重点打造集餐饮、住宿、娱乐、休闲、健身于一体的综合性服务场所项目。加大对随县炎帝故里等生态扶贫项目的支持。此外,积极改善贫困地区生产生活条件,完善特困地区交通、水利基础设施。分村科学制订生态扶贫开发实施方案,针对贫困户致贫原因、家庭状况和实际需求,逐户制定帮扶措施,建立完善的技术服务体系,并引导多渠道资金投入。

主要参考文献

白阳,2018. 共同构筑绿色发展美好未来[N]. 人民日报,2018-08-27(010).
常纪文,2018. 深入推进长江经济带绿色协同发展[N]. 中国环境报,2018-05-08(003).
陈华,2018. 推动绿色发展 打造特色产业增长极[N]. 中国环境报,2018-08-31(003).
陈伟生,关龙,黄瑞林,等,2019. 论我国畜牧业可持续发展[J]. 中国科学院院刊,34(02):135-144.
丁雅诵,2019. 探索绿色发展之路[N]. 人民日报,2019-06-05(004).
高苇,成金华,张均,2018. 异质性环境规制对矿业绿色发展的影响[J]. 中国人口·资源与环境,28(11):150-161.
黄茂兴,叶琪,2017. 马克思主义绿色发展观与当代中国的绿色发展:兼评环境与发展不相容论[J]. 经济研究,52(06):17-30.
姜晓亭,2019. 以生态保护优先促绿色发展[N]. 中国环境报,2019-06-14(003).
李干杰,2016. 坚持走生态优先、绿色发展之路扎实推进长江经济带生态环境保护工作[J].

环境保护,44(11):7-13.

李志强,2019."中国走在绿色发展的道路上"[N].人民日报,2019-09-27(003).

刘欢,邓宏兵,谢伟伟,2017.长江经济带市域人口城镇化的时空特征及影响因素[J].经济地理,37(03):55-62.

卢风,2017.绿色发展与生态文明建设的关键和根本[J].中国地质大学学报(社会科学版),17(01):1-9.

王军,李萍,2017.新常态下中国经济增长动力新解:基于"创新、协调、绿色、开放、共享"的测算与对比[J].经济与管理研究,38(07):3-13.

魏琦,张斌,金书秦,2018.中国农业绿色发展指数构建及区域比较研究[J].农业经济问题(11):11-20.

杨志江,文超祥,2017.中国绿色发展效率的评价与区域差异[J].经济地理,37(03):10-18.

于会文,2018.践行习近平生态文明思想走绿色发展之路[N].中国环境报,2018-07-17(003).

翟自宏,2018.石羊河流域重点治理的实践与思考(下):铭记历史 科学用水 依法管水[J].中国水利,852(18):70-74.

张文和,2008.美国密西西比河流域治理的若干启示[R].北京:中国地质调查局发展研究中心.

张治栋,秦淑悦,2018.环境规制、产业结构调整对绿色发展的空间效应:基于长江经济带城市的实证研究[J].现代经济探讨(11):79-86.

邹巅,廖小平,2017.绿色发展概念认知的再认知:兼谈习近平的绿色发展思想[J].湖南社会科学(02):115-123.

专题研究报告六

交通基础设施对经济韧性的影响研究

李金滟[1,2]，尹傲雪[1]，周心怡[1]，陈诗仪[1]

1. 中国地质大学(武汉)经济管理学院，武汉 430074
2. 中国地质大学(武汉)湖北省生态文明研究中心，武汉 430074

摘　要：近年来，有关区域经济韧性的研究日益丰富，但交通设施对区域经济韧性的影响尚未明确。本文基于中国 31 个省级行政区的面板数据，采用动态转移份额分析法测算了 2008—2018 年区域经济韧性，利用空间杜宾模型(SDM)评价区域经济韧性的空间溢出效应。结果表明，除了产业专业化、人口和宏观经济稳定外，交通基础设施对经济韧性的影响也表现出两分性，在经济衰退时期对抵抗经济冲击起着重要作用，但在经济复苏时期对经济韧性的影响似乎并不显著。本文试图加深对区域经济韧性与交通基础设施之间复杂关系的理解，并帮助决策者设计相关的规划，以提高区域抵御经济冲击的能力。

关键词：区域经济韧性；交通基础设施；空间计量

基金项目：湖北省区域创新能力监测与分析软科学研究基地 2020 年开放基金项目"城际铁路与都市圈经济韧性研究"(HBQY2020z08)。

作者简介：

李金滟(1975—)，四川成都人，中国地质大学(武汉)经济管理学院副教授，主要研究领域为区域经济学。E-mail:ljyjan@163.com。

尹傲雪(1997—)，湖北仙桃人，中国地质大学(武汉)经济管理学院硕士研究生，主要研究领域为区域经济学。E-mail:1154666729@qq.com。

周心怡(2001—)，湖南长沙人，中国地质大学(武汉)经济管理学院本科生，主要研究领域为区域经济学。E-mail:1260771189@qq.com。

陈诗仪(2000—)，浙江台州人，中国地质大学(武汉)经济管理学院本科生，主要研究方向为区域经济学。E-mail:895426053@qq.com。

第1章 导 论

1.1 研究背景与意义

1.1.1 研究背景

1. 研究区域经济韧性有助于理解区域在受到冲击后的经济增长差异

2000年以来,随着经济全球化日益加深,区域间要素流动更加频繁,联系日益紧密,区域发展面临的不确定性因素也在不断增加。无论是全球金融危机、还是中美贸易摩擦,乃至于2020年全球新型冠状病毒肺炎(COVID—19)疫情的大爆发,任何来自外部的干扰,都可能对区域经济的发展路径与方式产生冲击甚至破坏。然而在遭遇到相同的冲击或扰动时,有些区域能够迅速通过调整恢复到遭受冲击前的水平并重新实现经济的稳步发展,而有些区域却从此一蹶不振,陷入衰退的泥潭。区域应对冲击的能力是实现经济可持续发展的关键。经济韧性可以用来衡量区域对冲击或干扰的抵抗、吸收、调整以及从中恢复的能力,为区域长期增长路径形成的原因和经济发展的空间差异提供了解释。

以美国次贷危机为例,它对中国的影响主要体现在以下5个方面。第一,进出口贸易额显著下降。受次贷危机影响,2008年我国的出口规模缩小,1月至2月我国的贸易顺差从194.9亿元下降到了85.6亿元;由于国际金融危机影响存在一定的滞后性,前10个月,中国对外贸易增长总体平稳,进出口额为21 886.7亿美元,增长24.4%,其中出口12 023.3亿美元,增长21.9%;但到了11月份,中国对外贸易形势发生逆转,进出口额呈现下降趋势,同比下降9%,其中出口下降2.2%;12月份,中国进出口降幅进一步扩大到11.1%,其中出口下降2.8%。作为经济发展的"三驾马车"之一,我国出口贸易与GDP高度相关,出口增长率的下降使我国经济增长速度放缓。第二,物价波动幅度大。2008年上半年出现通货膨胀现象,全国居民消费价格总水平同比上涨8.1%。而2008年10月以后出现通货紧缩现象,连续6个月出现物价下降趋势。第三,人民币升值压力增加。仅2008年上半年人民币对美元就累计升值6.5%。第四,资本市场风险加强。在发达国家经济放缓、消费市场萎缩和人民币升值压力增大的情况下,中国资本市场会引起国际游资的密切关注,从而推高资产价格,引发资本市场泡沫(揭水利,2009)。第五,实体经济增速放慢。2009年1—4月我国22个地区工业实现利润同比下降27.9%,亏损企业亏损额增长18.6%(王风云等,2010)。

2. 高质量的交通基础设施对社会经济产生重要影响

由于其具有的可达性特征和在发达区域经济中的基础性作用,高质量的交通基础设施能够对整个社会经济产生重要的影响。一直以来,我国十分重视交通基础设施的建设,实现了从"瓶颈制约"到"基本适应"的历史性变化,为建设交通强国奠定了坚实基础。中华人民共和国成立之初,我国的交通建设十分落后,全国铁路总里程仅2.2万km,公路里程仅8.1万km,没有高速公路,民航航线也仅仅只有12条。自改革开放以来,我国的交通基础设施建设得到明显改善:截止到2020年底,我国的铁路运营里程已经达到了14.6万km,是新中国成立时铁路总里程的6倍多,其中高铁运营里程达到了3.8万km,占世界高铁运营里程的2/3;公路总里程为519.8万km;高速公路通车里程稳居世界之首,有近16.1万km;民用航空颁证运输机场达到241个。我国的交通基础设施建设已经取得历史性成就,中国交通已经进入了高质量发展阶段。

自21世纪以来,我国政府将大量的注意力放在了改善交通系统上,以便相关部门在遭遇冲击时能够快速应对。2017年10月,党的十九大报告明确提出要建设交通强国。2019年9月,习近平总书记在出席北京大兴国际机场投运仪式上强调,要加快建设交通强国。2019年9月19日,中共中央、国务院印发《交通强国建设纲要》,明确从2021年到本世纪中叶,我国将分两个阶段推进交通强国建设,到2035年,基本建成交通强国,形成"三张交通网""两个交通圈"。2020年11月,党的十九届五中全会对加快建设交通强国作了进一步部署。2021年2月,中共中央、国务院印发《国家综合立体交通网规划纲要》,加强交通强国顶层设计,推动交通运输事业加快实现由大变强。

3. 加大基础设施投资能否助力中国经济快速恢复和提升韧性有待探讨

在次贷危机背景下,国家2008年11月推出了进一步扩大内需、促进经济平稳较快增长的十项措施。初步匡算,实施这十大措施,到2010年底约需投资4万亿元。由于"4万亿投资计划"和财政货币政策发力,2008年广义基建投资同比增长22.67%,次年2月同比增长更是达到了46.49%,且2009年全年增速一直维持在高位,最终实现同比增长42.16%。其中,狭义基建投资增速较广义基建增速更快,也反映了该轮投资计划主要是投向铁路交通传统领域。2012年全年广义基建投资最终实现13.70%的同比增长,并在2013年和2014年再度推升至21.21%、20.29%。与2008年通过中央财政主导的铁路投资、2012年地方财政主导的公路投资不同,2016年的基建宽松主要是通过投融资方式的变革来实现,涵盖的基建领域众多。基建领域的大量投资能否帮助中国经济快速恢复和提升韧性,值得深入探讨。

1.1.2 研究意义

1. 理论意义

研究交通基础设施对经济韧性的影响有利于区域经济韧性理论体系的补充和完善。一直以来,经济韧性的概念都是一个热门研究话题,人们越来越关注在一个或多个突发事件对社会经济秩序造成严重破坏的背景下,如何解决基础设施系统的规划、设计和使用问题。近年来有关区域经济韧性的研究日益丰富,但交通设施对区域经济韧性的影响尚未明确。本课题正是基于这种考虑,探讨交通基础设施对经济韧性的影响,理论上扩展了区域经济韧性的研究,加深对于两者关系的辩证理解。

2. 现实意义

研究交通基础设施对经济韧性的影响可为制定完善交通基础设施的对策建议提供参考。我国正处在建设交通强国的关键时期,不断推进交通基础设施的建设能够推动我国经济高质量发展,提高区域抵御经济冲击的能力。

1.2 文献综述

1.2.1 区域经济韧性

1. 经济韧性的概念

韧性的概念最早由Holling(1996)引入到研究中,作为一个系统在遭受可能的破坏后维持其功能并恢复到初始状态的能力。Pimm(1984)认为韧性是系统在受到干扰后恢复到平衡状态所需的时间。这两种解释分别是生态韧性和工程韧性,也是最常见的解释。类似地,韧性也被认为是系统在异常条件下的恢复速度或恢复到其原始功能状态所需的外部援助量(Murray-Tuite,2006)。韧性也被定义为系统吸收干扰后果以减少干扰影响、保持货物流动性或系统面对冲击时的响应能力及继续提供预期服务水平的能力(Omer等,2013)。但因采用基于平衡的方法,这两种解释受到经济地理学家的批评。第三种韧性定义是适应性或进化韧性,即系统结构进行预期或反动重组的能力,以尽量减少冲击的影响。

对区域经济周期和区域经济波动的研究由来已久。第一次系统性的分析始于20世纪40年代Vining的研究。其他经济学家随后在20世纪60年代和70年代进行了重要的研究,这些研究重点关注区域对商业周期的敏感性、区域间商业周期的同步性(先导和滞后),以及确定区域在敏感性和时间上的差异来源,特别是产业结构的作用。在20世纪70年代末之后,学者们关注的焦点逐渐向区域生产网络、区域整合过程、区域创新体系、区域竞争力以及其他一系列与区域发展不平衡有关的问题转移,对区域经济周期和区域经济波动的研究也随之逐渐减少。在过去的几年里,人们对这一课题的兴趣又重新燃起。最近的一些相关研究成果主要集中在区域经济活动的时间路径的合并性程度上,这些时间路径包含着趋势和周期。除此之外,一些研究也试图在统计上确定国家和区域的某些特定指标对经济周期的区域差异的相对贡献。另外一部分研究则侧重于发展时间序列和统计方法,以分离趋势和周期成分并分析它们的相互作用。其他一些研究主要关注区域商业周期与时间变化的同步性情况。

尽管起源于物理科学的韧性概念已经在生态学和心理学的某些分支中使用了一段时间,但它在经济学中还没有得到足够的重视。然而,近年来,韧性在经济地理学和区域研究方面正获得越来越多的关注,与此相关的文献也越来越多。Martin(2012)区分了区域对经济衰退或其他此类冲击的韧性的4个"维度":抵抗(对冲击的敏感程度或反应深度)、恢复(从冲击中恢复的速度和程度)、再定位(区域经济在应对冲击时的适应性)和改进(区域经济改进其冲击前的增长路径或滞后地转向新的路径)。在全面探讨区域发展研究中韧性概念的含义和应用时,Martin等(2015)强调,韧性包含了多个发展过程,而不是一个单一的、静态的状态或区域经济的固定特征,它包括4个阶段:一个区域的公司、行业、工人和机构抵抗冲击所带来的风险(或脆弱性);冲击对这些公司、行业、工人和机构产生影响;该地区的公司、行业、工人和机构进行必要调整以恢复核心职能和业绩;最后,从冲击中恢复。

近年来,国内关于经济韧性的研究也越来越丰富。孙久文等(2017)厘清了区域经济韧性的概念和研究维度。谭俊涛等(2020)阐述了中国区域经济韧性的特征,并从产业结构、区位条件等方面分析了区域经济韧性的影响因素。在现实社会中,自2008年全球金融危机爆发以来,各国政府和公众都意识到需要加强应对潜在金融危机和其他外部冲击的能力,区域经济韧性也受到热烈讨论。由于经济环境的不确定性和不可预测性,扩大关于经济韧性的研究与经济发展趋势密切吻合。

2. 经济韧性的影响因素

尽管用来解释经济韧性的变量不同,但也有一些共同的指标。产业结构、人力资本、创新能力和宏观经济条件被普遍认为是区域经济韧性的影响因素(Briguglio等,2009;刘晓星等,2021)。特别是产业结构,它在决定地区对经济周期的一致性或滞后反应方面发挥着作用。对不同城市和区域经济结构的考察表明,产业结构的不同,会造成城市和区域经济系统对于衰退冲击的韧性差异。

人力资本水平较高的地方能够更好地缓解由于知识和技能可转让而导致的衰退效应(Wolfe,2010)。Wojan(2014)通过考察次贷危机期间的高新产业园区(定义为高新技术产业工作岗位超过 25% 的区域),提供了次贷危机期间人力资本作用的实证证据。高新产业园区更有可能被归类为更具韧性的区域,因为该地区的劳动力在由于经济衰退导致的失业后能快速重新就业。

创新能力在地方经济发展中也起了很大的作用,产品和流程创新率高的地方不仅经济增长更快,并且在面对不断变化的市场和竞争时,它们也更能适应,在其他条件相同的情况下,这些地区可能会被认为对冲击更有韧性。

宏观经济状况反映了一个地区次贷危机前的经济表现。宏观经济状况指标可以用来反映各地区因其宏观经济水平(例如财政和税收环境)不同而产生的绩效差异。税收政策可能会影响企业在经济衰退时期留住员工的能力,并在经济衰退之后鼓励企业扩张或搬迁至新地点(Hicks等,2011)。

除了上述 4 个影响因素外,其他文献还介绍了相关变量或指标,如基尼系数(陈奕玮等,2020);社会资本(叶堂林等,2021);互联网普及率、边际储蓄倾向和军民融合(曾冰,2020);工资、投资、家庭收入;传染病和社会捐赠。

3. 经济韧性的测度

在自然灾害或次贷危机后,评估区域经济韧性的定量方法主要有 4 种。

第一种是基于就业量、GDP 等主要经济变量来研究区域经济抵抗力和恢复能力。Martin 等(2016)研究了英国主要地区基于就业的"敏感性指数"和平均增长率。Tan 等(2017)从亚洲金融危机和全球金融危机期间东北地区经济的抵抗性和可恢复性角度分析了该区域的经济韧性。冯苑等(2020)使用国内生产总值(GDP)数据衡量中国城市群的经济韧性。Angulo 等(2018)使用就业率来评估社会经济的恢复力。他们开发了两种不同的定量机制来计算经济韧性,包括适应性机制(就业率的传统转移份额)和工程/生态机制(危机前后就业率的路径)。

第二种方法是建立基于一系列变量的指标体系,包括产业结构、人力资本、创新、政府质量、制度环境、就业、GDP等。Briguglio等(2009)首次使用了涵盖宏观经济稳定、微观经济市场效率、治理和社会发展4个方面的经济韧性指数。张俊威等(2019)选取了人均GDP、城镇登记失业率、人口城镇化率等15个指标来构建武汉市经济韧性的综合指标评价体系。刘淑淑等(2021)从城市经济的稳定性、敏感性以及恢复性3个方面构建了区域经济韧性的综合评价指标体系。宏观经济韧性指标在某些方面存在争议。首先,确定的指标非常多样。其次,这些指标不能显示短时期内宏观经济的表现,这对于计算弹性非常重要。再次,指标相关变量的整合并不准确。综合指标在描述宏观经济状况方面不准确,仅限于单一类别。确定的变量具有不同的性质(最大化、最小化或混合性质)。

第三种方法是通过比较遭受冲击后不同地区主要经济变量的变化来衡量经济韧性。Davies(2011)用GDP和失业率衡量了2008年金融危机后欧洲国家的经济韧性。Diodato等(2012)分析了不同行业就业比例与失业率之间的关系。Mirzaei等(2016)分析了科威特作为一个石油丰富的国家在2007年全球金融危机中的经济恢复力。他们调查了受冲击期间的银行业绩和行业增长数据,并开发了不同的回归模型来检验。他们发现科威特银行受到了次贷危机和行业业绩变化的负面影响。

第四种方法是建立计量模型,如时间序列模型和结构因果模型。ARIMA模型和均值回归模型是时间序列分析中常用的模型(DLima等,2015)。结构因果模型用于预测未扰动区域的理想路径或状态。

随着进一步的研究和发展,越来越多的学者关注到经济韧性的空间效应。在研究区域韧性时,考虑地理单元之间的空间相互作用,可能会对结果产生重大影响。Han等(2015)研究证明了经济冲击的空间分布。地理或空间的数据可以作为网格,这些网格是与网格内特定空间单位相关联的。然而,大多数社会经济数据都是不规则的网格,例如基于人口普查的地理、人口普查区或交通分析区。与相邻单元的空间关系在格点数据分析中非常重要,有利于解决空间效应,例如"溢出"(Kaluzny等,1998)。这种空间效应是经济冲击(增长或下降)通过直接、间接和诱发效应形成的,这在一定程度上造成了区域间的异质性(Kumar等,2016)。张鹏等(2018)认为空间互动状态下市场力对经济韧性和社会韧性、人口密度对社会韧性以及行政力对工程韧性均具有显著的直接效应和空间溢出效应。刘逸等(2020)解释了粤港澳大湾区经济韧性的空间差异。暴向平等(2021)通过构建评价指标体系对内蒙古经济韧性时空演化特征进行了研究。

1.2.2 交通基础设施的外部影响

1. 交通基础设施的社会经济影响

交通基础设施对社会经济的影响主要表现在以下几个方面。第一,促进当地生产,使商品和生产要素能够进入更遥远的市场,并从更大的地区吸引更多的投资(Hong 等,2011)。交通技术设施的"时空压缩性"能够有效降低服务领域的交易成本和人员流动成本,从而促进区域间的贸易往来。第二,吸引外国直接投资。交通基础设施和其他因素对物流业外资企业投资选址的影响较大,Hong(2007)确定了运输条件对外商投资区位的影响;王晓娟等(2019)发现交通基础设施建设会显著增加省份进口额。第三,加速产业集聚,降低运输成本。区位理论和新经济地理理论都认为运输成本是形成产业集聚的重要因素。新经济地理学的一个核心思想是"冰山"运输成本。制造业生产的是有形产品,其生产和消费可以在时间和空间上分离,所以,运输成本是制造业集聚的重要影响因素。对 2000—2016 年中国西部地区的交通基础设施和产业发展的数据进行研究,发现交通基础设施与制造业集聚存在空间分布的一致性(唐红祥等,2018)。第四,使经济活动集中,提高劳动生产率。完善的交通基础设施网络有助于区域间资源整合和共享,使企业有机会接触更广阔的要素市场,主要表现在劳动力和知识资本跨区域交流(曹跃群等,2021)。

2. 交通基础设施的社会环境影响

交通运输是温室气体排放的重要来源之一,严重影响着气候变化。越来越多研究关注交通基础设施对能源安全、社会宜居指数和经济可持续发展的重要影响。汽车排放的尾气是全球变暖的重要原因,也是多种呼吸系统疾病的根源。根据 2010 年国际运输论坛发布的数据,从 1990 年到 2007 年,全球运输 CO_2 排放量增长了 45%,预计到 2030 年将进一步增长 40%。为了防止这种情况出现,欧盟委员会制定了将 CO_2 排放量增长率限制在 8% 的目标。交通运输迅速发展,不可避免地导致能源需求增加,对石油能源的需求更加突出。越来越多国家和地区加大推广新能源交通方式,以缓解能源安全危机。清洁空气政策中心(The Center for Clean Air Policy)认为对交通基础设施的需求管理、智能扩张和提高出行效率等措施可以最大限度地利用现有基础设施,减少对新基础设施的需求,提高安全性,减少燃料使用和温室气体排放,增强经济恢复力(Winkelman 等,2010)。Mcarthur 等(2019)研究了伦敦的交通对夜间经济的作用,考察了交通基础设施在社会空间和时间层面的影响。

1.2.3 文献评价

交通基础设施反映了一个区域内可用的服务和基础设施资产。交通基础设施的完善性反映了每个区域内公路、铁路和港口的可用性,同时还反映了人口和劳动力市场的可及程度。尽管交通基础设施和区域经济发展之间的关系是复杂的,但人们普遍认为,完善的交通基础为区域经济发展提供了更好的资源和市场准入条件,从而使这些区域经济更具生产力和竞争力(Wegener,2011)。因此,交通被视为国家和区域经济发展的催化剂,具有相互反馈的循环(Rodrigue 等,2017)。Sheffi(2012)将完善的运输系统和大规模的物流集群作为地区的竞争优势之一。交通基础设施的改善,加上关键经济因素(如生产规模和产业集聚)的增强,有利于提高专业化效率,从而促进不同城市和地区的空间和经济结构的变化(Taaffe 等,1996)。另一些学者认为,交通是经济发展的"必要条件,但不是充分条件"(Gauthier,1970)。

交通基础设施的外部性被视为在经济增长背景下更好地获得商品和生产要素的机会,同时也可能影响企业或者劳动力在衰退期间的适应性和反应能力。它通过允许劳动力在市场内外自由流动,有助于减少经济冲击的影响。在经济衰退期间,企业和劳动力可能会尝试迁移到商品和生产要素更充足的地区。在许多方面,交通基础设施能够通过改变通勤者和劳动力的可达性来影响劳动力市场。

目前,关于交通基础设施对经济恢复力的作用的讨论很多,然而,过去的研究大多数并没有对交通基础设施对区域经济韧性的影响进行定量分析。在相关研究中对运输指标的关注也非常有限,仅有小部分研究将交通基础设施引入经济韧性。D'Lima 等(2015)认为,优化运输系统在制定更好的战略和运营规划以及风险管理方面发挥着重要作用。Leung 等(2018)认为,为加强基础设施和改善运营绩效而制定的交通政策可以在更大范围内提高城市的抗灾能力。尽管交通基础设施发挥了重要作用,但如何评价它对区域经济韧性的作用,这方面的研究仍然存在空白。此外,大多数关于交通韧性的研究都集中于单一运输模式和系统的运营方面,例如铁路、公路和空运。此外,大多数关于交通在经济韧性中的作用的研究集中在欧洲和美国。因此,我们试图丰富我国的相关研究。

虽然许多研究提供了对次贷危机期间或之后不同地区经济反应的洞察,但迄今为止估计的经济计量模型都没有纳入与运输有关的变量。此外,一些研究只关注经济指标随时间变化的趋势。例如,在 Han 等(2015)的研究中,没有解释哪些变量可能与韧性指数的时间周期和空间分布方面的响应差异相关。其中一些研究没有考虑区域之间的空间相互作用或溢出效应。有一些研究考虑了时间维度和区域间就业的联系,但是与区域复原力相关的其他变量,如人口统计和有形基础设施等因素都没有得到探讨。上述研究也缺乏明确描述研究区域交通系统的变量。

1.3 研究思路与方法

我们的基本研究思路是:首先,通过动态转移份额分析测算出区域经济韧性;然后将客运量、货运量、就业量等一系列交通相关变量利用主成分分析法进行数据降维,通过计算公共因子得分和综合因子得分,得出区域交通基础设施的发展状况;接下来的步骤是使用一个空间经济计量模型测算空间溢出效应;最后引入空间杜宾模型(SDM)来理解区域经济韧性与不同因素之间的关系。本文尝试量化交通基础设施对区域经济韧性的影响,而且分析了次贷危机期间和之后的变量与区域经济韧性能力之间的关系。研究结果有助于指导参与经济发展和交通规划的相关规划者制定政策或战略,以增强区域抵御经济冲击的能力。

利用静态转移份额分析法可以揭示国家趋势、产业结构和区域竞争力在一段时间内(比如5年或10年)对经济的影响,而动态转移份额分析这一方法的特点是易于计算、便于解释,并能反映各区域经济的抵抗力和恢复能力。

主成分分析是一种数学过程,它将大量可能相关的变量转换为少量相关性较低的主成分变量。第一主成分最大限度地解释了数据中的可变性,剩余的次要成分则解释了剩余的可变性(Wotling等,2000)。

空间计量方法通常被用来考察地理单元之间的空间自相关以及异质性。空间计量模型主要包括空间滞后模型(Spatial Lag Model,简称SLM)和空间误差模型(Spatial Error Model,简称SEM)。由于考虑到被解释变量和解释变量的滞后项的存在,LeSage等(2009)将空间滞后模型进一步拓展,提出了空间杜宾模型(Spatial Durbin Model,简称SDM)。当存在空间滞后项时,回归系数不再简单地反映解释变量对被解释变量的影响效应。Monfort等(2000)将总效应进一步分为直接效应和间接效应,从而更详细地解释区域间的空间效应。这一方法用直接效应表示解释变量对本地区造成的平均影响,用间接效应表示解释变量对其他地区造成的平均影响,用总效应表示解释变量对所有地区造成的平均影响(于斌斌,2016)。

第2章 区域经济韧性测算

2.1 动态转移份额分析

根据 Cochrane 等(2008)的研究,经典的转移份额分析公式如下:

$$\Delta E_{ir}^t = E_{ir}^t - E_{ir}^{t-1} = NE_{ir}^t + IM_{ir}^t + CE_{ir}^t \qquad (2-1)$$

$$NE_{ir}^t = g_{00}^t E_{ir}^{t-1} \qquad (2-2)$$

$$IM_{ir}^t = (g_{i0}^t - g_{00}^t) E_{ir}^{t-1} \qquad (2-3)$$

$$CE_{ir}^t = (g_{ir}^t - g_{i0}^t) E_{ir}^{t-1} \qquad (2-4)$$

式中,E_{ir}^{t-1} 和 E_{ir}^t 分别指在 $(t-1)$ 期和 t 期,r 地区 i 产业的就业量;NE_{ir}^t 指在 $(t-1)$ 至 t 期,r 地区 i 产业的增长效应;IM_{ir}^t 指在 $(t-1)$ 至 t 期,r 地区 i 产业的产业混合效应;CE_{ir}^t 指在 $(t-1)$ 至 t 期,r 地区 i 产业的竞争效应,也被看作区域绩效;g_{ir}^t 指在 $(t-1)$ 至 t 期,r 地区 i 产业的就业增长率;g_{i0}^t 指在 $(t-1)$ 至 t 期,i 产业的全国就业增长率;g_{00}^t 指在 $(t-1)$ 至 t 期全国的就业增长率。

当我们将每个地区 r 在 i 产业的就业人数相加,并将 g_{0r}^t 定义为 r 地区总就业人数在 $(t-1)$ 至 t 期间的增长率时,该增长率可分解为全国就业增长率、产业组合就业增长率和竞争性增长率,其中后两者分别定义为 m_{0r}^t 和 C_{0r}^t。因此,

$$g_{0r}^t = g_{00}^t + m_{0r}^t + C_{0r}^t \qquad (2-5)$$

$$m_{0r}^t = \sum_i S_{ir}^{t-1}(g_{i0}^t - g_{00}^t) \qquad (2-6)$$

式中,S_{ir}^{t-1} 表示在 $(t-1)$ 期,r 地区 i 产业的就业率,即 $S_{ir}^{t-1} = E_{ir}^{t-1}/E_{0r}^{t-1}$。式(2-6)说明了行业组合就业增长率是全国产业就业增长率减去国家总就业增长率的加权平均数,权重为各产业初期在区域就业中的份额。

ΔE_{ir}^t 是区域 r 和产业 i 中从 $(t-1)$ 到 t 期的就业率之差。由于使用了全国就业率,因此 IM_{ir}^t 为零。区域绩效可以相对于前一时期的就业情况来衡量。与绝对值相比,使用区域绩效的相对度量,可以比较研究区域内劳动力规模存在显著差异的地区。根据前人的研究,区域经济韧性(RER)在过滤了全国效应后可以表示如下:

$$RER_r = \sum_1^n CE_{ir}^t / E_b \qquad (2-7)$$

式中,E_b 是经济衰退(2008—2010)和恢复(2010—2018)期间的平均总就业人数。

2.2 经济周期划分

由于经济韧性包括抵抗性和可恢复性两方面,因此我们需要划分经济周期。在分析区域对经济周期的反应方面,没有统一的方法,这些反应被解释为包括衰退性收缩或冲击以及随后的复苏或扩张。在当代关于商业周期的文献中,一种常见的方法是去除增长率中存在的共同因素(例如,考虑不同国家时的世界或地区总体增长趋势,或考虑不同地区时的全国增长趋势)。然而,大多数这类研究的一个问题是,没有区分商业周期和增长周期,而且由于它们经常涉及平滑相关的时间序列,它们可能会对周期强度和拐点作出有偏的估计(Zarnowitz 等,2006)。另一种方法是假设经济周期的运动呈现出一种长期的均衡路径,然后使用时间序列纠错模型来估计长期均衡的路径和速度(Fingleton 等,2012)。还有一种方法是使用解释性结构(因果)模型来产生反事实的路径,从而估计周期性扰动的影响(Fingleton 等,2015)。其他人认为经济衰退冲击可以被解释为一个具有明显上升趋势的经济体的最大可行的增长上限突然出现了停止或下降,然后逐渐复苏。

2008 年国际金融危机后出现的关于经济韧性的相关研究中,经济周期的划分主要有以下几种方式。Martin 等(2016)根据英国的就业情况,将 2008—2010 年定义为经济衰退期,2010—2016 年定义为经济复苏期。杜志威等(2019)通过定义常住居民规模出现负或正变化的城市来确定衰退和复苏。

2008 年下半年以来,国际金融危机蔓延严重影响了世界经济增长和稳定。随着各国政府宣布一系列刺激计划,经济在 2009 年第三季度出现了反弹。根据宏观经济实际增长情况以及相关研究,本文采用了杜志威等(2019)的划分,并定义 2008—2010 年为抵抗期,2010—2018 年为恢复期。

在变量选取时,本文选择各地区就业量指标作为区域韧性测算的依据。"十四五"时期,经济从高速增长阶段转向高质量增长阶段,国家从关注 GDP 的增长转向关注人的发展,经济社会发展主要目标是不断实现人民对美好生活的向往。因此,传统的经济增长指标已经不再适用于区域韧性的衡量。而就业量反映了劳动力这一重要资源的配置情况与地区经济增长的活力及韧性,关注就业就是关心民生。为了能够更加客观科学地衡量区域发展韧性,也更契合目前国家高质量发展的战略导向,故选取就业量指标作为动态转移份额分析的核心研究变量。

2.3 区域经济韧性测算

我们把 2008—2018 年分为抵抗期(2008—2010 年)和恢复期(2010—2018 年)

两个时期,分别依据式(2-7),对我国 31 个省级行政区的区域经济韧性进行评价,结果见表 2-1。

表 2-1 2008—2018 年 31 个省级行政区的区域经济韧性

省份	抵抗期韧性值	恢复期韧性值	省份	抵抗期韧性值	恢复期韧性值
北京市	0.063	-0.041	湖北省	0.488	0.304
天津市	-0.127	-0.055	湖南省	0.278	0.132
河北省	-0.317	-0.221	广东省	1.323	0.409
山西省	-0.278	-0.239	广西壮族自治区	0.379	0.250
内蒙古自治区	-0.311	-0.226	海南省	0.345	0.228
辽宁省	0.048	0.046	重庆市	0.757	0.453
吉林省	0.103	-0.252	四川省	0.567	0.392
黑龙江省	-0.207	-0.519	贵州省	0.529	0.342
上海市	0.800	0.186	云南省	0.468	0.316
江苏省	1.875	1.025	西藏自治区	0.956	0.604
浙江省	0.500	0.220	陕西省	0.525	0.356
安徽省	0.851	0.543	甘肃省	0.343	0.272
福建省	0.613	0.398	青海省	0.436	0.220
江西省	0.594	0.407	宁夏回族自治区	0.229	0.164
山东省	0.327	0.220	新疆维吾尔自治区	0.266	0.210
河南省	0.490	0.313	平均值	0.416	0.208

在抵抗期(2008—2010 年),各省市区域经济韧性平均值为 0.416,大部分省市的区域经济韧性值均高于零,这说明我国大部分区域都能够较好地抵抗金融危机带来的冲击,只有天津市、河北省、山西省、内蒙古自治区、黑龙江省的抵抗力低于全国平均水平,经济韧性呈现负值。其中,江苏省经济抵抗力最强,韧性值达到了 1.875;而河北省的经济抵抗力最弱,韧性值仅为-0.317。本次次贷危机对天津市、河北省实体经济产生影响的主要传导渠道为国际贸易和资本渠道以及非接触性途径。其中,外贸出口作为长期以来拉动经济增长的重要力量,在次贷危机中受到的影响首当其冲,是危机传导的主要渠道。与广东省、上海市等对外开放时间较久、对外贸易基础较好的省市相比,天津市、河北省等这类开放时间较短、对外贸易基础较差的区域在次贷危机中抵抗力更差,受冲击程度更重。2008 年上半年,江苏省净出口对经济增长的边际影响力为-0.61,而消费对江苏省的边际影响力为 0.61。江苏省之所以在次贷危机中保持了较强的抵抗力,一方面是由于净出口在

其地区 GDP 中占比较小,而此次国际次贷危机影响最大的就是进出口贸易,因此对江苏省经济冲击相对较小;另一方面,在此次次贷危机中,我国经济增长的"三驾马车"中的国内消费仍保持了平稳的增长势头,受次贷危机的冲击较小,江苏省从消费平稳增长这个驱动力中获得了强有力的支撑。总体而言,我国区域经济韧性在抵抗期呈现南高北低的状况。

在恢复期(2010—2018 年),各省市区域经济韧性的平均值为 0.208。在这一时期,经济韧性低于零的省份多于抵抗期。北京市、天津市、河北省、山西省、内蒙古自治区、吉林省和黑龙江省在恢复期的韧性值均低于全国平均水平。其中,天津市、河北省、山西省和内蒙古自治区的经济韧性虽仍为负值,但与抵抗期相比,经济韧性表现出了增强的趋势。其中,江苏省仍然保持了最强的经济恢复力,东北地区整体经济恢复力较弱,其中黑龙江省的经济恢复力最弱,为-0.519。从 2013 年起,东三省 GDP 增速大幅降低,"新东北现象"由此产生。东三省 GDP 总量占全国比重从 1990 年的 11.8%,下降到 2013 年的 9.26%。2014 年,国务院出台《关于近期支持东北振兴若干重大政策举措的意见》,开启新一轮东北振兴战略。

与抵抗期相比,区域经济复苏中的恢复力明显放缓,区域经济韧性值显著变低。这说明在恢复期,有更多区域的恢复力低于全国平均水平,经济韧性呈现负值。中国的全要素生产率的增长率在 2010 年前始终为正,2011 年以后,中国的全要素生产率增长率变成了负值。1991—2000 年,我国全要素生产率为 1.6%,2001—2010 年我国全要素生产率为 1.4%,相应的经济增长率分别为 10.4%、10.5%,全要素生产率对经济增长的贡献份额分别为 16%、13%。但是,2011 年后,中国的全要素生产率增长率大幅下降为-1%,全要素生产率对经济增长的贡献份额也由正转负,变为-13%(李民骐,2016)。按照新古典经济学的观点来说,资本积累速度下降,会使经济增长缺乏动力来源,这也与抵抗期和恢复期经济韧性表现出的下降趋势一致。

总体而言,江苏省不仅表现出了良好的抵抗经济冲击的能力,同时表现出了良好的经济恢复能力。上海市经济韧性波动最大,从抵抗期到恢复期,经济韧性下降了 0.614。辽宁省经济韧性波动最小,从抵抗期到恢复期,经济韧性下降了 0.002。另外,这两个时期的区域经济韧性平均值均大于零,反映出中国的整体经济状况较为良好。受益于社会主义市场经济的制度优势,我国在国际次贷危机之后数年中仍能维持经济的高速增长,为维护世界经济稳定做出了巨大贡献。

第 3 章　交通基础设施综合指标测算

3.1　主成分分析

主成分分析(Principal Component Analysis,简称 PCA),是一种统计方法,它利用原始变量的线性组合形成几个综合指标,主要用于数据降维。它是将 n 维数据投影到 k 维($n>k$)超平面上,从而使每个样本点到超平面的投影距离最小化,并最大化方差。也就是说,在数据信息损失最小的原则下,用较少的综合变量代替原来较多的变量。根据各变量的观测方差,将不同的综合变量组合在一个给定的分量下。主成分分析的实施主要包括 5 个步骤:①通过均值归一化对数据样本进行标准化;②计算数据的协方差矩阵;③找到上面协方差矩阵的特征值和特征向量;④根据特征值的大小组合得到的特征向量,形成映射矩阵,并提取映射矩阵前 k 行或前 k 列的最大数目作为最终映射矩阵;⑤使用步骤④的映射矩阵映射原始数据,以达到此目的。

需要注意的是,使用主成分分析的前提条件是原始数据各个变量之间有较强的线性相关关系,其适用性检验方法有巴特莱特球形检验(Bartlett test of sphercity)和 KMO(Kaiser - Meyer - Olkin - Measure of Sampling Adequacy)检验。

各主成分得分和综合得分采用公式计算如下:

$$F_i = U_i \boldsymbol{X} = u_{1i}x_1 + u_{2i}x_2 + \cdots + u_{pi}x_p \tag{3-1}$$

$$F = W_1F_1 + W_2F_2 + \cdots + W_iF_i \tag{3-2}$$

式中,F 为综合得分;F_i 为第 i 个主成分得分;W_i 为第 i 个主成分权重,即各主成分因子的贡献率;U_i 为第 i 个主成分的得分系数矩阵;u_{pi} 为第 i 个主成分的得分系数;$\boldsymbol{X}$ 为标准差标准化的原始数据矩阵;x_p 为标准差标准化后的原始数据。

3.2　指标选择

本部分选取国家统计局提供的所有交通相关指标来进行交通基础设施综合指标测算。将所有交通相关指标分为三类,分别是就业、客运及货运(表 3-1)。

表 3-1 交通指标选取

指标类型	指标名称
就业	公路运输业就业人数
	水路运输业就业人数
	航空运输业就业人数
客运	公路客运量
	水路客运量
	铁路客运量
	公路客运周转量
	水路客运周转量
	汽车保有量
货运	公路货运量
	水路货运量
	铁路货运量
	公路货运周转量
	水路货运周转量
	铁路货运周转量

(1)就业指标。就业指标分别为公路运输业、水路运输业以及航空运输业就业人数。就业人员是交通基础设施维护和发展的重要支撑,在交通基础设施综合管控、协调配置、后勤保障以及智力支持等方面都发挥着核心作用。因此,选取就业人数作为衡量交通基础设施水平的一个指标。

(2)客运指标。客运是指乘客通过交通工具产生有目的的位移,满足其出行需求,服务于生产、生活的各个方面。其中,公路客运量、水路客运量以及铁路客运量反映了三种运输方式一段时期运送旅客的人数,是反映运输的基本产量指标,也是交通工具单位承载力的有效衡量指标。客运周转量指在一定时期内运送旅客数量与平均运距的乘积,它反映了交通运输方式的位移能力,包括公路客运周转量和水路客运周转量两项指标。汽车保有量指一个地区拥有汽车的数量,反映了一个地区交通发展的载体质量,也是评价交通设施发展的重要方面。

(3)货运指标。交通的货运主要是对维持生产、生活正常运转的物资的运送。与客运量类似,公路货运量、水路货运量以及铁路货运量都体现了交通对于货物的装载运输能力。公路货运周转量、水路货运周转量以及铁路货运周转量则在其中加入了物理距离,侧重于衡量交通基础设施发挥的周转作用。货物的运输通畅与高效是构建国内大循环的过程中不可或缺的一个关键因素。因此,货运量相关指标既是评估各地区交通基础设施状况的重要维度,也是交通在双循环构建中作用发挥效果的衡量角度之一。

3.3 交通基础设施综合指标测算

根据常用的 KMO 指标,本文选取的 15 个交通相关变量的 KMO 取样适切性量数为 0.626,巴特利特球形检验的显著性为 0.000,说明各变量之间存在相关性(表 3-2)。

表 3-2 KMO 和巴特利特球形检验

KMO 取样适切性量数		0.626
巴特利特球形检验	近似卡方	583.597
	自由度	136
	显著性	0.000

在公因子方差表中,提取值越接近 1,用公因子表示变量越好。一般情况下,提取值大于 0.5 表示该变量可以用公因数表达。正如表 3-3 所示,提取值都大于 0.5,因此可以很好地表达变量。

表 3-3 公因子方差

变量	初始值	提取值
公路货运周转量	1.000	0.800
铁路货运周转量	1.000	0.869
公路货运量	1.000	0.760
水路客运量	1.000	0.778
水路客运周转量	1.000	0.876
公路客运周转量	1.000	0.844
公路客运量	1.000	0.772
公路运输业就业人数	1.000	0.843

续表 3-3

变量	初始值	提取值
汽车保有量	1.000	0.846
铁路客运量	1.000	0.614
水路货运周转量	1.000	0.586
水路运输业就业人数	1.000	0.868
航空运输业就业人数	1.000	0.835
水路货运量	1.000	0.831
铁路货运量	1.000	0.815

然后根据总方差解释表的特征值和方差比选取主成分。在主成分分析的旋转分量矩阵中,我们确定了表3-4所示的4个主要组成部分。

主成分一由公路货运周转量、铁路货运周转量和公路货运量反映,这些变量在一定程度上可以解释为公路总运力和铁路周转能力,并且它们与主成分一呈正相关。

主成分二由水路客运量、水路客运周转量、公路客运量、公路客运周转量、公路运输业就业人数、汽车保有量和铁路客运量反映,着重说明了陆路客运能力与水路客运量和陆路客运量之间的正相关关系,而主成分二与铁路货运量和公路货运周转量呈负相关。这与我们的预期一致,即当运力随时间变化不大时,货运和客运将相互竞争。

主成分三由水路货运周转量、水路运输业就业人数、航空运输业就业人数以及水路货运量反映。这些变量可以解释水路运力和水路、航空就业。不同于水陆运输领域,货运能力没有明显的相关性,这与实际相符。

主成分四由公路运输业就业人数、公路货运周转量、铁路货运量反映。该成分类似于主成分二的解释,其中后两个变量与主成分二的变量呈负相关。

上述主成分中的所有变量与其主成分都有很好的正相关关系,这与我们的预期是一致的。一方面,它们本身的意义被表示出来;另一方面,相反的含义没有得到明确的反映。原因如下:一是在这些维度中观察到的度量是多维的,可以"有意义地"加载到多个组件上,因此从分析中移除;二是所选指标在研究区域内没有显著的变异性。

表 3-4 基于主成分分析的公因子方差估计

变量	主成分				采用名称
	一	二	三	四	
公路货运周转量	0.919	0.027	0.082	0.227	主成分一
铁路货运周转量	0.837	0.296	0.073	0.223	
公路货运量	0.837	0.328	0.189	0.157	
水路客运量	0.100	0.779	0.137	−0.370	主成分二
水路客运周转量	0.136	0.725	0.215	−0.153	
公路客运周转量	0.546	0.680	0.286	−0.058	
公路客运量	0.612	0.672	0.116	−0.071	
公路运输业就业人数	0.219	0.652	0.588	0.222	
汽车保有量	0.490	0.643	0.334	0.224	
铁路客运量	0.362	0.606	0.557	0.258	
水路货运周转量	0.088	0.080	0.928	−0.221	主成分三
水路运输业就业人数	0.271	0.339	0.745	−0.127	
航空运输业就业人数	−0.242	0.518	0.661	0.120	
水路货运量	0.516	0.205	0.597	−0.412	
公路运输业就业人数	0.104	0.157	−0.013	0.874	主成分四
公路货运周转量	0.449	−0.205	−0.156	0.751	
铁路货运量	0.096	−0.168	−0.060	0.738	

根据式(3-1)和式(3-2),可以计算出中国 31 个省级行政区的交通基础设施综合因子得分和排名(表 3-5)。其中广东省交通韧性最强;西藏自治区交通韧性最差。经济相对落后,则交通韧性带来的经济复苏程度也非常有限。

综合得分结果平均值为 0.001 9,近似接近于 0,因此可以用 0 表示全国交通韧性平均水平。该值越大,其交通韧性越高于全国平均水平,反之亦然。从综合得分来看,接近 0 的省份是陕西和黑龙江,这两个省份接近全国平均水平,排名第 15 和第 16 位。由此可以得出另一个结论:我国近 50% 的省份交通韧性低于全国平均水平,且主要集中在经济落后的中西部地区。

表 3-5 中国 31 个省级行政区的交通基础设施综合因子得分及排名

省市	主成分一	排名	主成分二	排名	主成分三	排名	主成分四	排名	综合得分	排名
北京市	-1.80	31	0.52	9	1.09	5	1.40	3	1.20	7
天津市	-0.57	23	-0.96	28	0.15	9	-0.58	20	-1.97	27
河北省	2.06	2	-1.17	29	-0.16	13	1.37	4	2.10	5
山西省	-0.54	21	-0.48	21	-0.15	12	2.24	1	1.06	9
内蒙古自治区	-0.32	16	-0.81	25	-0.21	15	2.07	2	0.74	12
辽宁省	0.37	11	-0.07	16	1.14	4	0.93	7	2.37	4
吉林省	-0.52	20	-0.42	19	-0.38	18	0.10	11	-1.23	22
黑龙江省	-0.74	26	-0.04	15	-0.17	14	1.14	6	0.20	16
上海市	-1.12	30	-1.84	31	3.44	1	-0.59	21	-0.12	17
江苏省	0.85	5	0.88	7	1.37	3	-1.16	27	1.95	6
浙江省	0.58	8	1.17	4	0.46	6	-1.37	31	0.84	10
安徽省	3.04	1	-1.77	30	0.45	7	-1.32	30	0.39	14
福建省	-0.48	19	0.39	11	-0.04	11	-0.75	24	-0.88	20
江西省	0.63	7	-0.49	22	-0.49	21	-0.13	16	-0.48	18
山东省	0.76	6	1.71	3	0.20	8	0.90	8	3.56	2
河南省	1.46	3	0.26	12	-0.40	19	1.26	5	2.58	3
湖北省	0.43	9	0.10	13	-0.04	10	0.17	10	0.66	13
湖南省	1.22	4	1.01	6	-1.16	30	-0.27	17	0.80	11
广东省	0.39	10	2.23	1	2.45	2	-0.11	15	5.00	1
广西壮族自治区	0.15	12	-0.35	18	-0.35	17	-0.30	18	-0.86	19
海南省	-1.07	29	-0.02	14	-0.65	25	-1.20	29	-2.93	29
重庆市	-0.66	24	0.689	8	-0.35	16	-0.74	23	-1.06	21
四川省	-0.26	15	1.865	2	-0.58	23	0.08	12	1.11	8
贵州省	-0.44	18	1.033	5	-1.25	31	-0.68	22	-1.34	24
云南省	-0.57	22	0.42	10	-0.69	28	-0.44	19	-1.28	23
西藏自治区	-0.83	28	-0.96	27	-0.66	26	-1.17	28	-3.63	31
陕西省	0.01	13	-0.10	17	-0.47	20	0.83	9	0.27	15
甘肃省	-0.11	14	-0.67	23	-0.75	29	-0.05	13	-1.58	26
青海省	-0.82	27	-0.86	26	-0.62	24	-0.78	26	-3.08	30
宁夏回族自治区	-0.69	25	-0.80	24	-0.68	27	-0.76	25	-2.92	28
新疆维吾尔自治区	-0.36	17	-0.46	20	-0.51	22	-0.08	14	-1.41	25

第4章 区域经济韧性空间效应分析

4.1 影响机制分析

在经济一体化的背景下,交通基础设施成为影响区域经济韧性的重要因素。交通基础设施最直接的空间影响就是交通可达性。

交通可达性概念由 Hansen(1959)最先提出,被定义为交通系统中各节点相互影响的便利性。之后,Morris 等(1979)将其定义为通过某种交通设施,跨区域经济活动能顺利实现的容易程度。交通可达性对经济活动空间分布以及区域经济韧性产生了巨大影响。可达性的增强可以为企业向外扩张提供必要的条件(Linneker 等,1996)。交通可达性反映了每个区域内公路、铁路和港口的可用性以及人口和劳动力市场的可及程度。

从理论上讲,交通基础设施的改善有利于全国各省之间的互联互通,以及市场一体化程度的提升。区域间交通成本的降低也有利于扩大企业生产的获利空间,提升整个产业的资源配置效率,从而推动规模经济与专业经济的形成。同时,完善的交通基础设施有利于强化区域间社会经济和技术交流,增强区域间的空间优势,提供良好的资源和市场准入条件,从而促使经济活动更加顺畅地在区域间展开,使区域经济更具竞争力。

从更为现实的情况来看,目前全球仍受疫情严重影响,世界范围内经济正常运转秩序受到严重冲击。在国际经济形势不稳定的当下,满足我国高质量发展战略的要求,需要将发展的着力点转向内需层面,构建国内大循环。内循环的畅通,离不开商品要素高效物流的支撑,交通基础设施在其中发挥着不可替代的作用。而在面临如 2008 年汶川地震、2021 年河南水灾等突发自然灾害时,便利的交通更是救援物资供给、灾区人员疏散的重要保障,对于区域在受灾时的抵抗能力有着显著影响,也是区域经济韧性的重要体现。

4.2 变量与数据

研究区域由中国 31 个省(直辖市、自治区)组成,主要产业包括制造业、农业、林业、渔业、牧业、交通运输业、卫生行业、教育行业、金融业、房地产租赁业。本文的实证分析基于 2008—2018 年各行业的年度就业数据。

被解释变量是 2008—2010 年和 2010—2018 年的区域经济韧性。虽然经济衰退的正式持续时间为 18 个月,但我们研究了 2008—2018 年,以便于数据分析。解释变量部分基于 PCA 结果和其他相关变量。

本部分指标按照其所属领域分为产业结构、宏观经济水平、人力资本、社会福利、社会资本等 5 个大类。

1. 产业结构

产业结构的合理与否是一个地区经济是否能保持高质量持续增长与受到冲击时韧性强劲的关键,科学合理的产业结构能在地区面临冲击时充分发挥其结构优势,帮助区域经济恢复,是韧性水平的重要体现。区位熵反映了某一产业部门的专业化程度,其值越大,代表着该地区该产业的集聚性水平越高。农、林、渔、牧业平均区位熵(LQA)反映了该地区农、林、渔、牧业的专业化程度,是衡量一个地区基础产业发展专业化程度的重要指标。同时还选取金融业、制造业以及房地产租赁业这 3 个行业的区位熵(LQF、LQM、LQR)作为指标来衡量区域产业专业度,并对产业集聚程度进行评估。金融的运行不仅直接影响着经济建设的进程,而且在很大程度上关系着社会发展的状况。实体经济是我国经济发展、在国际经济竞争中赢得主动的根基,而制造业是实体经济的主体,振兴实体经济必须做大做强制造业。房地产租赁业则满足了微观主体的基本生产、生活需求,是现代经济运行中不可缺少的一个要素。第三产业占 GDP 比重(TI)这一变量是衡量各省第三产业贡献率和发展状况的指标,反映了一个区域的产业结构。同样,净出口占 GDP 比重(EX)这一变量也有助于确定一个地区 GDP 增长的来源。

2. 宏观经济水平

社会消费品零售总额增长率(RS)可体现我国社会消费状况。消费作为拉动国民经济增长的"三驾马车"之一,是最可靠、持续的拉动力量。城镇化率(UR)代表了一个省城市化的质量或状态,反映了城市化进程的基本情况,是决定一个地区恢复能力的关键因素之一。

3. 人力资本

更高水平的人力资本可以通过加强创新和生产活动来提高弹性。人力资本也有助于地区增强预测、应对、适应和从冲击中恢复的能力。受教育程度是衡量人力资本的常用标准,因此本文以每十万人口高等学校平均在校生数增长率(HS)为指标来反映地区的创新潜力和创新能力,体现人力资本的质量。常住人口是潜在劳动力,因此用人口自然增长率(NPGR)来体现人力资本数量。

4. 社会福利

健康是促进人的全面发展的必然要求,是经济社会发展的基础条件,是民族昌盛和国家富强的重要标志,也是广大人民群众的共同追求。卫生水平是维持地区生产生活正常运转的基本保障。尤其是在面临新冠肺炎疫情这类公共卫生危机时,地区卫生水平在抵御冲击、维持区域发展上具有显著的作用。本文选取每万人拥有卫生技术人员数增长率(HTP)作为指标来衡量区域卫生水平。基本医疗保险制度的建立和实施集聚了单位和社会成员的经济力量,再加上政府的资助,可以使患病的社会成员从社会获得必要的物资帮助,减轻医疗费用负担,是社会福利水平的重要体现。本文选取基本医疗保险年末参保人数增长率(HI)作为评估社会福利的指标之一。

5. 社会资本

社会资本是指政府和市民社会为了一个组织的相互利益而采取的集体行动。社会资本的增长,对于促进区域内部形成良好有效的交流互动有着助推作用,也可以通过社会关系的联结在区域面临外来冲击时起到有效的抵抗作用。本文选取社会组织增长率(SG)作为衡量区域社会资本水平的指标。

区域经济韧性影响因素所选指标及所属领域汇总情况如表 4-1 所示。解释变量的数据来自中国国家统计局、省级统计局和《中国统计年鉴》。

表 4-1 区域经济韧性影响因素相关变量指标及所属领域

变量	领域
农、林、渔、牧业平均区位熵	产业结构
金融业平均区位熵	产业结构
制造业平均区位熵	产业结构
房地产租赁业平均区位熵	产业结构

续表 4-1

变量	领域
第三产业占 GDP 比重	产业结构
净出口占 GDP 比重	产业结构
交通综合变量	交通基础设施
社会消费品零售总额增长率	宏观经济水平
城镇化率	宏观经济水平
每十万人口高等学校平均在校生数增长率	人力资本
人口自然增长率	人力资本
每万人拥有卫生技术人员数增长率	社会福利
基本医疗保险年末参保人数增长率	社会福利
社会组织增长率	社会资本

为从整体上了解区域经济韧性及其影响因素的数据特征,表 4-2 和表 4-3 分别提供了抵抗期(2008—2010 年)和恢复期(2010—2018 年)各变量的描述性统计分析。

表 4-2 抵抗期(2008—2010 年)各变量的描述性统计

指标	变量	均值	方差	最小值	最大值
区域经济韧性	RER	0.416	0.462	−0.317	1.875
农、林、渔、牧业平均区位熵	LQA	1.400	1.964	0.063	8.050
金融业平均区位熵	LQF	1.037	0.327	0.516	2.463
制造业平均区位熵	LQM	1.046	0.483	0.168	2.220
房地产租赁业平均区位熵	LQR	1.013	0.789	0.220	4.519
第三产业占 GDP 比重	TI	0.434	0.076	0.340	0.754
净出口占 GDP 比重	EX	0.166	0.196	0.015	0.835
交通综合变量	TR	0	1.984	−3.349	4.652
社会消费品零售总额增长率	RS	0.194	0.041	0.130	0.261

续表 4-2

指标	变量	均值	方差	最小值	最大值
城镇化率	UR	0.488	0.147	0.219	0.886
每十万人口高等学校平均在校生数增长率	HS	0.043	0.035	−0.050	0.112
人口自然增长率	NPGR	0.010	0.014	−0.016	0.057
每万人拥有卫生技术人员数增长率	HTP	0.091	0.053	0.029	0.233
基本医疗保险年末参保人数增长率	HI	0.593	0.576	0.029	1.756
社会组织增长率	SG	0.046	0.036	−0.060	0.110

表 4-3 恢复期(2010—2018 年)各变量的描述性统计

指标	变量	均值	方差	最小值	最大值
区域经济韧性	RER	0.208	0.296	−0.519	1.025
农、林、渔、牧业平均区位熵	LQA	1.567	2.546	0.028	14.973
金融业平均区位熵	LQF	1.08	0.379	0.514	2.617
制造业平均区位熵	LQM	0.998	0.470	0.120	2.308
房地产租赁业平均区位熵	LQR	0.998	0.649	0.208	4.372
第三产业占 GDP 比重	TI	0.437	0.097	0.283	0.831
净出口占 GDP 比重	EX	0.140	0.148	0.011	0.713
交通综合变量	TR	0	1.971	−3.625	5.394
社会消费品零售总额增长率	RS	0.126	0.054	−0.044	0.246
城镇化率	UR	0.556	0.135	0.227	0.896
每十万人口高等学校平均在校生数增长率	HS	0.024	0.036	−0.173	0.131
人口自然增长率	NPGR	0.007	0.010	−0.051	0.058
每万人拥有卫生技术人员数增长率	HTP	0.057	0.105	−0.382	0.774
基本医疗保险年末参保人数增长率	HI	0.226	0.620	−0.067	3.903
社会组织增长率	SG	0.075	0.072	−0.131	0.446

4.3 空间计量模型

4.2.1 空间权重矩阵

进行空间计量分析的前提是对区域间的空间距离进行定量测算。空间权重矩阵 W 的定义如下：

$$W = \begin{pmatrix} w_{11} & \cdots & w_{1j} \\ \vdots & \ddots & \vdots \\ w_{i1} & \cdots & w_{ij} \end{pmatrix} \quad (4-1)$$

式中，区域 i 与区域 j 之间的距离为 w_{ij}。空间权重矩阵 W 为对称矩阵，主对角线上的元素为 0（同一区域不存在空间距离）。在实践中，有时会对空间权重矩阵进行"行标准化"（row standardization）处理。在这种情况下，需要将矩阵中的元素与所在行元素之和相除，以保证每行元素之和为 1。此时，将元素记为：

$$\widetilde{w_{ij}} \equiv \frac{w_{ij}}{\sum_j w_{ij}} \quad (4-2)$$

行标准化后的空间权重矩阵 W 仍存在局限性：第一，行标准化后的矩阵一般不再是对称矩阵；第二，由于每行元素之和均为 1，因此假设区域 i 受到相邻区域的影响之和和区域 j 所受到的相邻区域的影响之和相同，该假定可能过强。

为了对各省市之间的相互作用进行量化，我们构建空间加权矩阵。习惯上，我们把空间单元之间存在的空间相互作用的强度称为地理邻近性，这意味着只有相邻区域的可观测变量具有空间相互作用，这样生成的矩阵是二元空间加权矩阵。在这种情况下，相邻省份 j 到省份 i 所产生的空间效应大小取决于两个省份之间的距离。

考虑到中国各省的土地面积差异很大，反距离测度更适合于分析。例如，与较近的省份相比，较远的省份将被分配较小的权重。较近的省份的权重越大，越能反映出相对地理邻近性。因此，我们在下面的分析中应用了基于反距离邻接的权重。以区域间地理距离（d_{ij}）的倒数作为空间权重，记 w_{ij} 为第 i 行第 j 列元素，则：

$$w_{ij} = \begin{cases} 0, i = j \\ \dfrac{1}{d_{ij}}, i \neq j \end{cases} \quad (4-3)$$

经标准化处理后得到反地理距离权重矩阵（W）。

4.2.2 模型选择

考虑到解释变量之间的关系，有 3 种基本模型可以用来估计空间面板数据。

第一种是空间滞后模型(Spatial Lag Model,简称 SLM),它假设在特定位置观察到的解释变量的值部分由相邻区域的空间加权平均值确定。第二种是空间误差模型(Spatial Error Model,简称 SEM),它通过误差项反映空间依赖性。第三种是空间杜宾模型(Spatial Durbin Model,简称 SDM),这是 SLM 和 SEM 的一般形式,它既包含解释变量之间的内生交互效应,也包含解释变量之间的外生交互效应。三种模型的具体形式可定义如下。

(1)空间滞后模型

空间滞后模型也被称为空间自回归模型(Spatial Auto Regression,简称 SAR),可写为:

$$y = \lambda Wy + \varepsilon \quad (4-4)$$

式中,y 为被解释变量;W 为已知的空间权重矩阵;Wy 为滞后变量;ε 为随机误差项;λ 为空间自回归系数,反映空间依赖性。同时,正是由于空间依赖性,导致变量 y 之间相互影响,从而产生内生性,因此在方程中加入自变量后为:

$$y = \lambda Wy + X\beta + \varepsilon \quad (4-5)$$

式中,X 为 $n \times k$ 的数据矩阵,包括 k 列解释变量;β 为相应系数。

(2)空间误差模型

空间误差模型记为:

$$y = X\beta + \mu \quad (4-6)$$

其中扰动项 μ 的生成过程为:

$$\mu = \rho M\mu + \varepsilon, \mu \sim N(0, \sigma^2 I_n) \quad (4-7)$$

其中,M 为空间权重矩阵,该模型显示,扰动项 μ 存在空间依赖性。这意味着,不包含在 X 中但对 y 有影响的遗漏变量存在空间自相关,或者不可观测的随机冲击存在空间相关性。

(3)空间杜宾模型

空间杜宾模型如式 4-8 所示。

$$y = \rho Wy + \beta X + \lambda WX + \varepsilon \quad (4-8)$$

式中,ρ 为空间自回归系数;W 是 $n \times n$ 阶表示基于地理距离的空间权重矩阵;w_{ij} 为空间权重矩阵第 i 行第 j 列元素,记区域 i 与区域 j 之间的地理距离为 d_{ij},则 $w_{ij} = \begin{cases} 1, d_{ij} < d \\ 0, d_{ij} \geq d \end{cases}$,其中 d 为事先给定的临界值;X 是 $n \times n$ 阶的数据矩阵;β 为相应系数;Wy 和 WX 分别表示因变量和自变量的空间滞后效应;λ 为空间误差系数;ε 为随机误差项。

4.2.3 平稳性检验

对时间序列数据和面板数据分析要求将所有 n 阶变量($n=0,1,2,\cdots$)作为先决条件进行整合,以避免虚假回归问题,确保估计结果的有效性。为了研究这一方面,我们利用 Eviews7.2 软件进行针对同质面板假设的 Levin-Lin-Chu 单位根检验和针对异质面板假设的 ADF 检验,结果见表 4-4。

表 4-4 平稳性检验结果

指标	变量	相同根:LLC 检验 统计量	P 值	不同根:ADF 检验 统计量	P 值
区域经济韧性	RER	−15.082 4***	0.000 0	113.944***	0.000 1
交通综合变量	TP	−6.694 72***	0.000 0	82.143 4**	0.044 4
第三产业占 GDP 比重	TI	−44.613 8***	0.000 0	79.902 8*	0.062 6
净出口占 GDP 比重	EX	−4.744***	0.000 0	45.799**	0.002 0
城镇化率	UR	−3.473***	0.000 0	44.669***	0.003 0
社会消费品零售总额增长率	RS	−3.505***	0.000 0	34.931**	0.039 0
制造业平均区位熵	LQM	−29.800 6***	0.000 0	404.590***	0.000 0
农、林、渔、牧业平均区位熵	LQA	−21.208 3***	0.000 0	196.468***	0.000 0
金融业平均区位熵	LQF	−44.613 8***	0.000 0	432.685***	0.000 0
房地产租赁业平均区位熵	LQR	−16.67***		211.528***	0.000 0
每十万人口高等学校平均在校生数增长率	HS	−14.232 8***	0.000 0	188.558***	0.000 0
每万人拥有卫生技术人员数增长率	HTP	−14.249 3***	0.000 0	186.565***	0.000 0
基本医疗保险年末参保人数增长率	HI	−150.674***		218.209***	0.000 0
人口自然增长率	NPGR	−15.202 8***	0.000 0	197.929***	0.000 0

根据上表显示,区域经济韧性,农、林、渔、牧业平均区位熵,金融业平均区位熵、制造业平均区位熵、房地产租赁业平均区位熵、第三产业占 GDP 比重、出口占 GDP 比重、城镇化率、社会消费品零售总额增长率、社会组织增长率、每万人拥有卫生技术人员数增长率、基本医疗保险年末参保人数增长率、每十万人口高等学校平均在校生数增长率、人口自然增长率等变量的统计量以及 P 值均表明强烈拒绝面板包含单位根的原假设,因此我们认为面板原始数据为平稳过程。

4.2.4 空间自相关

空间分析主要研究 2008—2018 年各地区的空间相互关系。使用的方法是全局莫兰指数(Moran's I)。莫兰指数是研究区域观测值之间空间自相关的一个指标。I 值为 0 表示没有空间相关性,而接近 1 的值表示聚集或正的空间相关性,接近 -1 的值表示分散或负的空间相关性。此过程揭示了全国和地方层面上的空间自相关,提供了对空间自回归的洞察。

空间分析的重点是揭示研究区域内不同省市的区域经济韧性的空间效应。

根据 Patrick Moran 于 1950 年提出的 Moran's I 指数判断区域经济韧性的空间相关性,定义如下:

$$\text{Moran's } I = \frac{\sum_{i=1}^{n}\sum_{j=1}^{n} w_{ij}(Y_i - \bar{Y})(Y_j - \bar{Y})}{S^2 \sum_{i=1}^{n}\sum_{j=1}^{n} w_{ij}} \quad (4-9)$$

$$S^2 = \frac{1}{n}\sum_{i=1}^{n}(Y_i - \bar{Y})^2 \quad (4-10)$$

$$\bar{Y} = \frac{1}{n}\sum_{i=1}^{n} Y_i \quad (4-11)$$

式(4-9)中,n 代表研究省市区的总数,Y_i 和 Y_j 是区域 i 和区域 j 的经济韧性,w_{ij} 表示与 i 行和 j 列对应的空间权重矩阵中的元素。Moran's I 指数绝对值越大,检验的区域经济韧性空间相关性越强。当 Moran's I 大于零时,区域间经济韧性呈正向相关,即高值与高值相邻、低值与低值相邻;Moran's I 指数小于零时,区域间经济韧性呈负向相关,即高值与低值相邻。如果 Moran's I 指数为零,则观测值之间不存在空间相关性,区域经济韧性呈现随机分布。

4.4 实证结果及分析

4.4.1 空间自相关检验

本文利用 Stata15 软件对 2008—2018 年 31 个省级行政区的区域经济韧性进行空间自相关检验,计算区域经济韧性的全局 Moran's I 指数,并对其进行显著性检验,结果如表 4-5 所示。

表 4-5 空间自相关检验

年份	I 值	均值	标准差	Z 值	P 值
2008	0.118	-0.033	0.031	4.868	0.000
2009	0.073	-0.033	0.032	3.316	0.000
2010	0.059	-0.033	0.032	2.892	0.002
2011	0.059	-0.033	0.032	2.892	0.002
2012	0.059	-0.033	0.032	2.892	0.002
2013	0.059	-0.033	0.032	2.892	0.002
2014	0.059	-0.033	0.032	2.892	0.002
2015	0.059	-0.033	0.032	2.892	0.002
2016	0.059	-0.033	0.032	2.892	0.002
2017	0.059	-0.033	0.032	2.892	0.002
2018	0.059	-0.033	0.032	2.892	0.002

从表 4-5 中可以看出，2008—2018 年，31 个省级行政区的区域经济韧性的全局 Moran's I 指数均大于 0，且均通过了显著性水平 $\alpha=0.01$（检验临界值为 2.58）的检验，说明在抵抗期和恢复期间 31 省市的区域经济韧性估计值呈现显著的集聚分布态势，即区域经济韧性估计值高的地区其周围区域的区域经济韧性估计值也高，反之，区域经济韧性估计值低的地区其周围区域的区域经济韧性估计值也低。从全局 Moran's I 指数变化趋势来看，从抵抗期到恢复期的空间自相关性逐年减弱，且恢复期空间自相关性保持稳定，这说明区域经济韧性高或低的省份空间集聚分布的状态也呈现出先递减后稳定的趋势。

4.4.2 空间杜宾模型结果分析

我们对空间杜宾模型进行了分解，包括直接效应和间接效应。这两种影响在数学上由权重矩阵和自回归参数确定。直接效应表示某一特定区域因某一特定解释变量增加或减少一个单位而导致的所有观测值的预期平均变化。间接效应是指由于空间溢出效应和另一地区某一解释变量的单位变化，某一地区的区域经济韧性发生变化。

我们在表 4-6 和表 4-7 中估计了抵抗期（2008—2010 年）和恢复期（2010—2018 年）的空间杜宾模型结果。

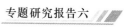

表 4-6 空间杜宾模型结果和边际效应(2008—2010 年)

指标	变量	空间杜宾模型			
		系数	边际效应		
			直接效应	间接效应	总效应
第三产业占GDP比重	TI	0.232 (−1.470)	0.491 *** (−3.150)	2.431 *** (−3.960)	2.922 *** (−4.280)
净出口占GDP比重	EX	−0.075 (−0.830)	−0.046 (−0.590)	0.291 (0.500)	0.245 (0.410)
城镇化率	UR	−1.701 *** (−3.090)	−2.462 ** (−2.510)	−6.986 * (−1.690)	−9.447 * (−1.890)
交通综合变量	TR	0.022 *** (3.130)	0.027 *** (3.550)	0.041 (1.120)	0.068 * (1.700)
制造业平均区位熵	LQM	0.086 (0.770)	0.200 (1.540)	1.125 (1.570)	1.325 * (1.660)
金融业平均区位熵	LQF	0.075 (0.710)	0.182 (1.340)	1.013 (1.470)	1.325 (1.570)
农、林、渔、牧业平均区位熵	LQA	0.012 (0.590)	0.070 *** (2.050)	0.564 ** (2.120)	0.634 ** (2.170)
房地产租赁业平均区位熵	LQR	0.163 *** (3.160)	0.249 *** (4.440)	0.777 (1.570)	1.026 * (1.930)
社会消费品零售总额增长率	RS	0.317 *** (2.830)	0.519 *** (3.460)	1.722 *** (9.200)	2.241 *** (7.070)
每十万人口高等学校平均在校生数增长率	HS	−0.004 (−0.030)	0.119 (0.750)	1.935 ** (2.100)	2.055 (2.050)
社会组织增长率	SG	−0.003 (−0.020)	−0.001 (−0.010)	−2.209 (−1.620)	−2.210 (−1.470)
人口自然增长率	NPGR	0.622 *** (0.278)	1.561 *** (3.530)	8.312 *** (10.030)	9.873 *** (8.140)

续表 4-6

指标	变量	空间杜宾模型			
		系数	边际效应		
			直接效应	间接效应	总效应
每万人拥有卫生技术人员数增长率	HIP	-0.008 (0.016)	0.033 (1.370)	0.374*** (9.490)	0.408*** (7.570)
基本医疗保险年末参保人数增长率	HI	-0.043 (-0.410)	0.202* (1.280)	4.229*** (3.060)	4.431*** (3.130)
	Constant	0.709*** (0.233)			

注：***、**和*表示统计量分别在1%、5%、10%水平上显著。

表 4-7 空间杜宾模型结果和边际效应（2010—2018 年）

指标	变量	空间杜宾模型			
		系数	边际效应		
			直接效应	间接效应	总效应
第三产业占GDP比重	TI	0.000 (0.070)	-0.000 (-0.140)	-0.007* (-1.690)	-0.007* (-1.830)
净出口占GDP比重	EX	-0.003* (-1.830)	-0.002* (-1.830)	0.010 (1.620)	0.007 (1.270)
城镇化率	UR	-0.001 (-0.190)	-0.003 (-0.420)	-0.053*** (-48.120)	-0.056*** (-8.400)
交通综合变量	TR	-0.000 (-1.270)	-0.000 (-1.220)	-0.000 (-0.900)	-0.001 (-1.030)
制造业平均区位熵	LQM	0.000 (0.420)	0.001 (0.750)	0.016 (1.300)	0.017 (1.270)
金融业平均区位熵	LQF	0.000 (0.100)	0.000 (0.640)	0.009** (2.210)	0.010** (2.410)
农、林、渔、牧业平均区位熵	LQA	-0.000 (-0.810)	-0.000 (-1.520)	-0.003** (-2.350)	-0.003** (-2.340)

续表 4-7

指标	变量	空间杜宾模型			
		系数	边际效应		
			直接效应	间接效应	总效应
房地产租赁业平均区位熵	LQR	0.000 (1.430)	0.000 (1.550)	0.002 (0.940)	0.002 (1.130)
社会消费品零售总额增长率	RS	-0.003 (-1.510)	-0.004* (-1.850)	-0.037*** (-3.020)	-0.041*** (-3.050)
每十万人口高等学校平均在校生数增长率	HS	-0.004** (-2.040)	-0.004** (-2.020)	-0.005 (-1.330)	-0.009* (-1.860)
社会组织增长率	SG	-0.001* (-1.750)	-0.001* (-1.790)	0.001 (0.410)	-0.000 (-0.100)
人口自然增长率	NPGR	0.095 (-0.510)	-0.003 (-0.020)	2.449 (1.570)	2.446 (1.450)
每万人拥有卫生技术人员数增长率	HTP	0.001* (1.710)	0.001 (1.560)	-0.003** (-2.320)	-0.002* (-1.820)
基本医疗保险年末参保人数增长率	HI	0.000 (1.620)	0.000* (1.750)	0.000** (2.050)	0.001* (2.570)
	Constant	0.215** (4.020)			

注：＊＊＊、＊＊和＊表示统计量分别在1%、5%、10%水平上显著。

(1) 区域抵抗性

交通基础设施与区域经济韧性呈现出正相关性，并通过了1%的显著性检验，但在抵抗期不具有显著的空间溢出效应。交通基础设施完善程度每提高1%，会使本地区区域经济韧性增长0.49%，但缺乏对周边相邻地区经济韧性增长的带动作用。在2008年11月，国家发展和改革委员会提出了今后两年的4万亿元投资分配方案。其中，用于铁路、公路、机场、城乡电网建设投资资金达到了 18 000 亿元。由于交通基础设施具有的可达性特征，会促使商品和生产要素在区域内更自由地流动，因此带动该经济发展。但是由于交通基础设施投资具有的长期性和滞后性,部分基础设施建设在抵抗期并未完成建设,对周边地区的带动性不强,因此未表现出显著的空间溢出效应。

在宏观经济水平方面,城镇化率与区域经济韧性存在负相关性,通过了1%的显著性检验,在抵抗期表现出了显著的空间溢出效应。城镇化率每提高1%,会使本地区区域经济韧性降低2.462%,也会使邻近地区经济韧性降低6.986%。这表明,随着城镇化率的提高,区域经济韧性降低。在一定程度上,城市化较低的地区由于与国际市场关联度较低,因此受国际金融危机的影响较小,具有更强的抵抗能力。社会消费品零售总额增长率与区域经济韧性存在正相关性,并通过了1%的显著性检验,在抵抗期表现出了显著的空间溢出效应。社会消费品零售总额增长率每提高1%,会使本地区区域经济韧性增加0.519%,也会使邻近地区经济韧性增加1.722%。社会消费品零售总额增长说明国内消费力的增强,直接带动区域经济发展。2008年,北京奥运会所带来的一系列刺激消费的措施使得我国消费需求不断增大,同时我国城乡居民收入水平进一步提升,消费对经济的拉动力明显增强。国内市场销售增速继续加快,城乡消费均较快增长。2008年前三季度,社会消费品零售总额77 886亿元,同比增长22.0%。

在产业结构方面,房地产租赁业平均区位熵与区域经济韧性存在正相关性,并通过了1%的显著性检验。第三产业占GDP比重和农、林、渔、牧业平均区位熵在抵抗期表现出了显著的空间溢出效应。在国际次贷危机中,工业受到的冲击最大。2009年,我国大力发展第三产业,努力提高服务业增加值占GDP比重,以抵御次贷危机带来的冲击。第一产业作为国民经济的基础性行业,在此次金融危机中受到冲击较小,表现出了良好的抵抗能力。此次国际次贷危机主要导致了全球主要金融市场出现流动性不足问题,我国金融业因此受到巨大冲击。中国股市投资者的市场信心不断遭受严重打击,市场对中国经济未来增长的信心下滑,导致资金迅速流出,引发金融市场股票价格、期货价格全面下挫和剧烈震荡。在次贷危机的冲击下,中国市场甚至超过美国,成为全球跌幅最大的市场。从2007年11月到2008年4月2日,上证综合指数从6 124.04点跌到3 347.88点,调整幅度达到45.33%。

在人力资本和社会福利方面,人口自然增长率与区域经济韧性存在正相关,并通过了1%的显著性检验。充足的人口是社会经济发展的基础,人口自然增长率每提高1%,区域经济韧性增长0.622%。人口自然增长率和基本医疗保险年末参保人数增长率在抵抗期表现出了显著的空间溢出效应。说明本地人口增长不仅为本地地区提供发展的基础,也为周边地区提供了人力资本。本地医保的普及,会带动邻近地区医疗卫生水平提高从而推动经济韧性增长。自2003年《关于建立新型农村合作医疗制度意见的通知》出台,数亿农民无医保的历史结束,我国进入建立全民医疗保障制度时期,大幅提升了我国医疗福利水平。

(2)区域可恢复性

与抵抗期相比,交通基础设施与区域经济韧性之间并未呈现出显著的相关性。2008年金融危机发生后,我国大力采取"4万亿"投资计划,着力推进基础设施建设。相关投资大多发生在抵抗期。在2010年后,交通基础设施投资已基本完成,投资对经济的拉动作用减弱,因此对区域经济韧性效应不太显著。

在宏观经济水平方面,与抵抗期相比,净出口占GDP的比重与区域经济韧性呈现出负相关性,并通过10%的显著性检验。城镇化率和社会消费品零售总额增长率表现出了显著的空间溢出效应。社会消费品零售总额增长率无论是在抵抗期还是在恢复期都表现出了显著的溢出效应,说明区域消费能力的提高,有助于提高邻近地区对经济风险的抵抗性以及从危机中恢复的能力。

在产业结构方面,第三产业占GDP的比重、金融业的区位熵及农、林、渔、牧业的区位熵表现出了显著的空间效应。党的十八大以来,我国第三产业市场主体大量涌现,规模不断扩大。2013年第三产业增加值占GDP的比重上升到46.1%,首次超过第二产业成为国民经济第一大产业。次贷危机后,我国市场化改革不断深入推进,市场经济体制逐渐完善,中国金融业加强了监管与创新,进一步提高了金融业对经济恢复的积极作用。中国人民银行2012年公布《金融业发展和改革"十二五"规划》。2013年,我国金融业增加值占比年超过美国,互联网金融打破了传统金融的状态和格局。不仅阿里巴巴推出余额宝,还有中国平安、阿里、腾讯"三马"合作等各种各样的信息。

在人力资本方面,每十万人口高等学校平均在校生数增长率与区域经济韧性呈现出正相关性,并通过5%的显著性检验。在恢复期,我国教育改革发展迅速。在义务教育方面,2011年我国全面普及九年义务教育;在高等教育方面,2010年国家出台《国家中长期教育改革和发展规划纲要》,重点提升高等教育质量,深化高等教育体制改革,有力提升了我国劳动力素质,促进其在提高经济韧性方面发挥的作用。

在社会福利方面,每万人拥有卫生技术人员数增长率、基本医疗保险年末参保人数增长率都对区域经济韧性表现出了显著的空间溢出效应。2018年,我国基本医保参保人数为134 452万人,参保覆盖率稳定在95%以上,我国医疗保障能力显著增强,居民就医需求得到有效满足。

社会组织的增长率虽然对本地区的区域经济韧性具有显著影响,但却没有表现出较强的空间溢出效应,这可能与中国社会组织公信力遭受沉重打击有关。中国社会组织增加值总量在2012年度降幅明显,同比降低约20.36%(王玲玲等,2017)。2011年6月爆发的"郭美美事件"对中国红十字基金会有极大冲击。根据中国红十字基金会的年报,相比于其2010年所获捐赠收入,该数字在2011年大幅下跌至1.66亿元,降幅约为3.71亿元。不仅如此,该事件引发的信任危机还波及其他慈善组织。据中民慈善捐助信息中心统计,2011年6月至8月的慈善会和基金会接收捐款数额剧减,从3月至5月减少了86%,而2011年8月发生的中华慈善总会的"尚德诈捐门"、中国青基会"中非希望工程"等风波,更是全面引爆中国民众对整个慈善行业的信任危机。

第5章 结论与政策建议

传统上,交通运输和区域经济增长之间应该有一个积极的联系。然而,只有有限的研究涉及经济衰退期间交通与区域经济韧性的关系,从而限制了对基础设施规划在经济恢复力中作用的讨论,进一步导致交通相关决策的影响还不够清楚。基础设施规划在经济韧性中的作用还有很大的研究空间。本文试图探讨包括铁路、陆路、水路和空运在内的运输系统在经济衰退期间和衰退后所起的作用,不仅考虑了基础设施的连通性和可达性,还考虑了劳动力和市场的可达性。此外,我们还试图用省级经济冲击韧性指标来评估空间效应。基于实证检验与理论分析,本文得到的主要结论如下。

第一,2008年经济危机的后10年中,我国各省级行政区区域经济韧性整体表现出较高的稳定性,抵抗期和恢复期的区域经济韧性均值均高于零。具体而言,我国区域经济韧性呈现南高北低的状况。就绝对量而言,北方省份的区域经济韧性绝对值较低;就相对量而言,北方省份区域经济韧性波动较小,稳定性较强。

第二,考虑到空间因素,本文估计了一个空间杜宾模型。最值得注意的是,本文发现,在控制了其他因素(如人力资本、产业结构、社会福利和宏观经济水平)后,交通基础设施变量的二分法行为在大衰退期间与区域经济韧性正相关,但在大衰退后不再显著。运输指标包括客运量、货运量、劳动力和当地市场的可达性。我们的模型表明,高水平的交通可达性对发展更具抵抗力的经济起到了至关重要的作用,这也反映在区域经济韧性值中。

第三,除交通运输外,社会福利和产业专业化等其他变量与区域经济韧性正相关且显著相关。社会福利与各地区在大衰退期间和恢复期的经济韧性有着密切的联系。不同部门的产业专业化在不同时期与区域经济韧性存在特定的关联。农、林、渔、牧业的区位熵在抵抗期和恢复期都表现出了显著的空间效应。另一方面,消费品零售总额等变量在经济衰退期间与地区经济韧性呈正相关,而在衰退后则为负相关。这种行为可能是国内需求反周期行为的结果,在面对国际经济衰退时,这种行为显得更为重要。因此,可以预期,随着时间的推移,变量与区域经济韧性之间的关系并非一成不变的。此外,区域经济韧性具有明显的空间不均匀性。出于政策目的,有必要丰富研究以模拟和理解这些空间变化。

因此,基于以上结论,我们提出以下几点政策建议:

各地政府应考虑到交通基础设施对区域经济韧性的影响机制的异质性,根据交通在不同区域作用机制的不同制定合适的交通基础设施投资政策。北方地区政府应该更注重交通基础设施在稳定经济韧性方面发挥的作用,最大限度地利用交通互联互通的可达性保持区域经济稳定运行;南方地区政府应关注交通基础设施在抵抗期表现出的强有力的支撑作用,在区域遭受冲击时发挥快速高效配置资源的作用,有效抵抗外来冲击。

鉴于人们普遍认为,区域经济韧性严重依赖于人力资本、产业结构、社会福利等一系列因素,我们认为交通运输是增强区域经济抵抗经济冲击的一系列因素中的关键,但这并未引起足够的重视。政策制定者在注重交通运输的建设与完善的基础上,还要注重增强韧性经济所需的社会经济和基础设施的各项属性,以促进区域经济韧性的提高。要转变经济发展方式,由粗放型增长转向高质量增长,坚持落实新发展理念,加快推动新技术革命,淘汰那些高污染、高排放、低效率、低水平的产业,推动经济增长方式向集约型转变。持续推进产业结构优化升级,适当降低第二产业比重,提高第三产业比重,在不抑制经济增长的情况下减少货运需求,深化改革、调整利益格局,将经济增长点由投资和出口转向提高国内需求、刺激消费,减少对外部资源和贸易环境的依赖性。在优化产业布局的基础上,考虑提高交通的效率,提高货物加工水平,以降低运输强度,减轻交通运输负担,提高交通运输效率;加大对创新创业的支持力度,为社会创造更多更优质的就业岗位,保持经济增长活力;完善基础设施建设,为经济运行提供基本设施保障;推进社会福利社会化,制定优惠政策,引导社会力量积极参与社会福利事业,通过夯实社会经济和基础设施建设,来有效增强地区风险抗击能力。同时金融业应加快建立完善的运作机制、监控机制、风险规避机制、流动性的储备和补偿机制,推进金融改革和金融创新。防止农业生产在国民经济中比重下降过快,从而导致出现农产品供应危机。

区域运输战略不仅应侧重于短期或局部成果,而且应侧重于在更大的时间和空间尺度上的运输与经济韧性之间的联系。从长远和全面的角度进行规划,有助于查明当前发展中存在的不可预见的问题,或开辟新的发展空间。统筹规划交通基础设施建设与其他基础设施建设的联动效应。此外,对交通基础设施效益的评估应包含更全面的视角和指标,明确这些视角和指标可以表明基础设施和政策投资在多大程度上改善了对商品和生产要素市场的可达性,从而增加了提高区域经济韧性的机会。

区域运输战略的制定应更注重于跨区域商品要素流通效率。尽管每个区域内部交通基础设施情况和其影响机制不同,但区域间的商品要素流通的通畅性与便捷性仍然是经济发展的客观需求。尤其是在"双循环"格局构建的当下,更需要加强区域间商品要素的流动与经济活动之间的有效联结。各区域当局政府应该以一个更为宏观的视角来看待交通发展问题,不仅注重区域内部交通设施的完善,而且要从跨区域物流上着力,特别是城际间的交通运输的联动,提高城际间人员运输、物资运输的效率,协同推进地区间的交通基础设施互联互通,加快城际和市域市郊铁路建设,使交通运输服务于现实发展的时代需要。推动区域运输向数字化、网络化、智能化发展。加强科技在交通基础设施建设方面的作用,以技术创新为核心,推动交通基础设施数字转型、智能升级,推进5G技术、北斗系统等的交通应用,通过智能网络与交通建设的结合,加快成熟技术在交通基础设施重点领域的深化应用,建设安全、经济、绿色、智能的交通运输领域新型基础设施,增强区域经济韧性。

主要参考文献

暴向平,张学波,2021. 内蒙古经济韧性时空演化与影响因素分析[J]. 资源开发与市场(09):1059-1065.

曹跃群,杨玉玲,向红,2021. 交通基础设施对服务业全要素生产率的影响研究:基于生产性资本存量数据[J]. 经济问题探索(04):37-50.

陈奕玮,丁关良,2020. 中国地级市城市经济韧性的测度[J]. 统计与决策(21):102-106.

杜志威,张虹鸥,叶玉瑶,等,2019. 增长与收缩:珠三角城市经济韧性的测度与影响因素(英文)[J]. Journal of Geographical Sciences(08):1331-1345.

冯苑,聂长飞,张东,2020. 中国城市群经济韧性的测度与分析:基于经济韧性的 shift-share 分解[J]. 上海经济研究(05):60-72.

揭水利,2009. 国际金融危机对我国资本市场的影响和对策研究[J]. 金融与经济(09):38-40.

李民骐.2016. 资本主义经济危机与中国经济增长[J]. 政治经济学评论(04):206-215.

刘淑淑,姜霞,张龙,等,2021. 长江经济带城市经济韧性测度及时空演化研究[J]. 特区经济(06):31-35.

刘晓星,张旭,李守伟,2021. 中国宏观经济韧性测度:基于系统性风险的视角[J]. 中国社会科学(01):12-32.

刘逸,纪捷韩,张一帆,等,2020. 粤港澳大湾区经济韧性的特征与空间差异研究[J]. 地理研究(09):2029-2043.

孙久文,孙翔宇,2017. 区域经济韧性研究进展和在中国应用的探索[J]. 经济地理(10):

1-9.

谭俊涛,赵宏波,刘文新,等,2020. 中国区域经济韧性特征与影响因素分析[J]. 地理科学(02):173-181.

唐红祥,王业斌,王旦,等,2018. 中国西部地区交通基础设施对制造业集聚影响研究[J]. 中国软科学(08):137-147.

王风云,王驰宇,2010. 经济危机对我国劳动力就业的影响分析[J]. 人口与经济(03):21-27.

王晓娟,田慧,孙小军,2019. 交通基础设施建设对省份进口的影响:来自公路与铁路里程数的证据[J]. 宏观经济研究(11):158-165.

叶堂林,李国梁,梁新若,2021. 社会资本能有效提升区域经济韧性吗?来自我国东部三大城市群的实证分析[J]. 经济问题探索(05):84-94.

于斌斌,2016. 中国城市生产性服务业集聚模式选择的经济增长效应:基于行业、地区与城市规模异质性的空间杜宾模型分析[J]. 经济理论与经济管理(01):98-112.

曾冰,2020. 区域经济韧性内涵辨析与指标体系构建[J]. 区域金融研究(07):74-78.

张俊威,姜霞,2019. 武汉市经济韧性水平测度及提升对策研究[J]. 价值工程(28):146-150.

张鹏,于伟,张延伟,2018. 山东省城市韧性的时空分异及其影响因素[J]. 城市问题(09):27-34.

ANGULO A M, MUR J, TRIVEZ F J,2018. Measuring resilience to economic shocks: An application to Spain[J]. The Annals of Regional Science,60(02):349-373.

BRIGUGLIO L, CORDINA. G, FARRUGIA N,2009. Economic vulnerability and resilience: Concepts and measurements[J]. Oxford Development Studies(03):229-247.

COCHRANE W, POOT J, 2008. Forces of change: A dynamic shift-share and spatial analysis of employment change in New Zealand labour markets areas[J]. Studies in Regional Science,38(1):51-78.

DAVIES S,2011. Regional resilience in the 2008—2010 downturn: Comparative evidence from European countries[J]. Cambridge Journal of Regions, Economy and Society,4(3):369-382.

DIODATO D, WETERINGS A,2012. The Resilience of Dutch regions to economic shocks.

D'LIMA M, MEDDA F,2015. A new measure of resilience: An application to the London Underground[J]. Transportation Research Part A:35-46.

FINGLETON B, GARRETSEN H, RON M,2015. Shocking aspects of monetary union: The vulnerability of regions in Euroland[J]. Journal of Economic Geography(05):1-15.

FINLETON B, GARRETSEN H, RON M,2012. Recessionary shocks and regional employment: Evidence on the resilience of U.K. regions[J]. Journal of Regional Science,52(1):109-133.

GAUTHIER H L,1970. Geography, transportation, and regional development [J]. Economic Geography,46(4):612-619.

HAN Y, GOETZ S J,2015. The economic resilience of US counties during the great recession[J]. The Review of Regional Studies(45):131-149.

HANSEN W G,1959. How accessibility shapes land-use[J]. Journal of the American Institute of Planners(25):73-76.

HICKS W M J, KUHLMAN M F,2011. The Puzzle of Indiana's Economy through the Great Recession[J]. Sagamore institute(01):1-7.

HOLLING C S, 1996. Engineering resilience versus ecological resilience[M]. Washington DC: National Academies Press.

HONG J J,2007. Transport and the location of foreign logistics firms: The Chinese experience[J]. Transportation Research Part A: Policy and Practice,41(6):597-609.

HONG J J, CHU Z F, WANG Q , 2011. Transport infrastructure and regional economic growth: Evidence from China[J]. Transportation, 38(5):737-752.

KALUZNY S P, VEGA S, CARDOSO T P,et al,1998. Introduction to spatial data and S+SpatialStats[M]. New York: Springer .

KUMAR I, ZHALNIN A, AYOUNG K,2016. Transportation and logistics cluster competitive advantages in the U.S. regions: A cross-sectional and spatio-temporal analysis[J]. Research in Transportation Economics(07):25-36.

LEUNG A, BURKE M, CUI J Q,2018. The tale of two (very different) cities-Mapping the urban transport oil vulnerability of Brisbane and Hong Kong[J]. Transportation Research Part D: Transport and environment(65):796-816.

LINNEKER B, SPENCE N,1996. Road transport infrastructure and regional economic development:The regional development effects of the M25 London orbital motorway[J]. Journal of Transport Geography(04):77-92.

LESAGE J, PACE R K,2009. Introduction to spatial econometrics[M]. Florida: CRC Press.

MARTIN R, 2012. Regional economic resilience, hysteresis and recessionary shocks[J]. Journal of Economic Geography, 12(1):1-32.

MARTIN R, SUNLEY P, 2015. On the notion of regional economic resilience: Conceptualization and explanation[J]. Journal of Economic Geography, 15:1-42.

MARTIN R, SUNLEY P, GARDINER B,et al, 2016. How regions react to recessions: Resilience and the role of economic structure[J]. Regional Studies, 50(4):561-585.

MIRZAEI A, AL-KHOURI R S F, 2016. The resilience of oil-rich economies to the global financial crisis: Evidence from Kuwaiti financial and real sectors[J]. Economic Systems, 40(1):93-108.

MCARTHUR J,ROBIN E,SMEDS E , 2019. Socio-spatial and temporal dimensions of transport equity for London's night time economy[J]. Transportation Research Part A: Policy and Practice, 121(C):433-443.

MONFORT P,NICOLINI R, 2000. Regional convergence and international integration[J].

Journal of Urban Economics, 48(2):286-306.

MORRIS J M, DUMBLE P L, WIGAN M R, 1979. Accessibility indicators for transport planning[J]. Transportation Research Part A: General, 13(2):91-109.

MURRAY-TUITE P M, 2006. A comparison of transportation network resilience under simulated system optimum and user equilibrium conditions[J]. Winter simulation(06):1398-1405.

OMER M, MOSTASHARI A, NILCHIANI R, 2013. Assessing resilience in a regional road-based transportation network[J]. International Journal of Industrial and Systems Engineering(13):389-408.

PIMM S L, 1984. The complexity and stability of ecosystems[J]. Nature(307):321-326.

RODRIGUE J P, NOTTENBOOM T, 2017. The Geography of Transport Systems [M]. New York: Routledge.

SHEFFI Y, 2012. Logistics clusters[M]. Cambridge MA: The MIT Press.

TAN J, LO K, QIU F, 2017. Regional economic resilience: Resistance and recoverability of resource-based cities during economic crises in Northeast China[J]. Multidisciplinary Digital Publishing Institute, 12(09):2136-2150.

WEGENER M, 2011. Transport in spatial models of economic development[J]. A Handbook of Transportation Economics(3):77-98.

WINKELMAN S, BISHINS A, KOOSHIAN C, 2010. Planning for economic and environmental resilience[J]. Transportation Research Part A, 44(8):575-586.

WINKELMAN S, BISHINS A, KOOSHIAN C, 2010. Planning for economic and environmental resilience[J]. Transportation Research Part A: Policy and Practice, 44(8):575-586.

WOJAN T, 2014. What Happened to the "'Creative Class' Job Growth Engine" during the recession and recovery? [EB/OL]. [2014-10-06]. https://www.ers.usda.gov/amber-waves/2014/october/what-happened-to-the-creative-class-job-growth-engine-during-the-recession-and-recovery/.

WOLFE D A, 2010. The strategic management of core cities: Path dependence and economic adjustment in resilient regions[J]. Narnia(03):1-9.

WOTLING G, BOUVIER C, DANLOUX J, 2000. Regionalization of extreme precipitation distribution using the principal components of the topographical environment[J]. Journal of Hydrology, 233(1-4):86-101.

ZARNOWITZ V, OZYILDIRIM A, 2006. Time series decomposition and measurement of business cycles, trends and growth cycles[J]. Journal of Monetary Economics, 53(7):1717-1739.

专题研究报告七

中国绿色电力证书交易机制与发展路径研究

龚承柱[1,2]，贾维东[1]

1. 中国地质大学(武汉)经济管理学院，武汉 430074
2. 中国地质大学(武汉)能源环境管理与决策中心，武汉 430074

摘　要：为改善能源供应结构和缓解环境压力，近些年来我国实行了许多关于鼓励可再生能源发电的政策并与可再生能源配额制配套实施了绿色电力证书(以下简称绿证)制度，但目前制度推进较为缓慢。为促进绿证市场发展，本文基于有限理性建立了可再生能源绿证市场三方演化博弈模型。首先分析了绿证市场交易机制，基于模型假设得到三方混合策略支付矩阵，以此研究了三方各自交易的演化策略并确定了三方策略选择的影响因素。接着对三方共同演化过程进行了仿真分析，明确了三方博弈之间的相互影响关系及稳定发展方向。最后，考虑了不同变量值的改变对三方博弈的影响，为政策的制定提供了建议。综上，本文对绿证市场发展现状及未来我国绿证市场发展路径进行了分析，结论如下：现阶段政府应加强管制，改变三方现有路径；政府应先行引导，通过增大惩罚系数、减小补贴延迟系数、引导市场降低交易成本等方式来促进绿证市场发展，同时也应对绿证价格进行合理管控。

关键词：可再生能源配额制；绿证市场；演化博弈

基金项目：国家自然科学基金项目"天然气产业价格扭曲测度与市场均衡仿真研究"(71804167)，湖北省生态文明研究中心资助项目"可再生能源配额制下的机遇与挑战"(STZK2019Y11)。

作者简介：
龚承柱(1987—)，湖北郧西人，中国地质大学(武汉)经济管理学院副教授，主要研究领域是资源系统工程与能源经济学。E-mail：chengzhu.gong@cug.edu.cn。
贾维东(1998—)，湖北襄阳人，中国地质大学(武汉)经济管理学院硕士研究生，主要研究领域为能源经济学。E-mail：jiawdo@cug.edu.cn。

第1章 引 言

1.1 背景与意义

自 2015 年中国政府承诺实施《巴黎协定》以来,我国一直面临着常规能源供应紧张以及空气高污染等各个方面的压力。目前,电力市场 CO_2 排放量在中国 CO_2 排放量中的占比为 50% 左右,电力部门的碳减排行为对整体减排目标的达成有重要意义。由于相关政策法规的支持不足,虽然过去 10 年间中国可再生能源的发展在一定程度上改善了能源供应结构,缓解了环境压力,但其发展仍较为缓慢。我国近年来也效仿了国外的一些成功经验,例如推出补贴和税收政策以及可再生能源配额制、绿证制度等相关经济激励机制,它们在一定程度上刺激了可再生能源产业的发展,有利于实现减排目标,提高了效率。中国目前对于可再生能源电力发展的公共支持机制主要分为两种:一种是基于价格端的上网电价补贴制度,它提供价格补贴给可再生能源发电商,使其平价上网;另一种是基于数量的可再生能源配额制,它要求电力生产商生产一定比例的可再生能源电力。对于基于价格的上网电价而言,目前分为两部分:燃煤基准价格和差价补贴。《关于 2021 年新能源上网电价政策有关事项的通知》下发前,对于风力发电、光伏发电项目,以燃煤基准电价为基础参与市场竞价,前者基准电价要高于燃煤基准电价,这中间的差值由国家可再生能源发展基金补贴。上网电价补贴主要来源于财政拨款,由政府对发电企业进行补贴鼓励,长期来看这种方式一方面会加重国家财政的负担,难以长期、及时补贴;另一方面也会导致大规模的能源浪费,弃风、弃光现象频出。

以图 1-1 所示的风电为例,近年来中国的放弃量和放弃率虽有所降低但形势仍然严峻。2015—2019 年,放弃的风能总量为 1701 亿 kW·h,这造成了大量的能源损失。由此可以看出,在电力消纳方面,我国目前还存在较为严重的问题。政府作为发电调度的指导,应当加强对可再生能源电力市场发电和输电的监管,同时改善电网企业输电的补贴机制,以此来激励电网企业改进技术和提高服务质量。

推进绿证市场建设是可再生能源配额制中促消纳的重要手段之一。尽管我国在促进可再生能源发展方面实施了一系列措施,取得了较大的进步,但与配额制配套实施的绿证市场发展仍然缓慢,究其原因在于各方利益有异:对于可再生能源发

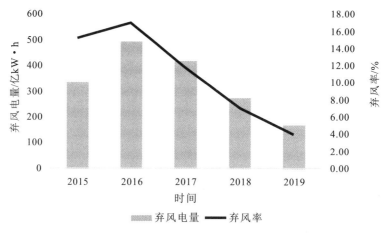

图 1-1 2015—2019 年风电弃风量及弃风率

电商(即绿电企业)而言,因为平均发电成本过高,绿电企业被动承担可再生能源发电义务,没有动力去生产更多的可再生能源电力;对于电网企业而言,为避免增加额外的辅助服务及管理等成本,它们也不愿去主动整合可再生能源电力;对于政府而言,其目标是促进可再生能源的生产和消费,以实现社会效益和环境效益。当政府缺乏有效监管时,由于绿电企业和电网企业都以自身利益最大化为目标,就会导致市场失灵,绿证市场发展缓慢。因此,进一步研究政府的监管措施对绿电企业和电网企业的影响,对绿证市场发展至关重要。

1.2 相关研究现状

1.2.1 电力市场结构研究

自 2002 年电力市场改革以来,我国电力市场结构发生了较大改变。鲁刚等(2010)提出,近些年随着智能电网的发展,传统的电力系统在结构、运行、调度、控制等方面均出现了重大变化。邓少平等(2018)研究认为,在电力行业还未能大规模经济储能的背景下,由于电力行业存在需求侧弹性不足、供给侧输电阻塞、市场结构与市场规则结构不足等方面的问题,加上电力行业的自然垄断属性及厂商串谋行为,电力市场中发电市场属于寡头垄断市场,发电厂商会利用市场力提升电价以获取高额利润。李泓泽等(2011)在对厂商市场力影响因素进行详细分析的基础上,探讨并构建了区域电力市场中厂商市场力的主要评估指标,运用主成分分析法,对市场中 6 个发电商的市场力水平进行了综合评估。由于电力市场发展是一个多方参与的过程,因此许多学者都运用博弈论对电力行业层面进行过相关的分析。卢强等(2014)阐述并总结了博弈论在电力系统中 4 项典型应用示例,在电力市场多主体参与的情况下,运用博弈论对可再生能源调度及控制、微电网、需求响应、电网演化等问题提出了具体模型和研究方向,总结了若干典型应用。杨洪明等(2005)提出了考虑输电网约束的有限理性 Cournot 动态博弈模型,定性分析了两寡头 Cournot 博弈及不同市场参数下不同输电网的运行状态,模拟了电力市场发电主体的有限理性博弈行为。李丹等(2015)通过研究考虑风电与储能参与的电力市场联动博弈问题,设计了独立与联营两种运营模式,通过考虑多发电主体与用户间的联动博弈,建立了多代理电力市场联动博弈模型,模拟多个不同模式下参与方的影响利润的因素。顾伟等(2017)考虑将分布式电源和可调负荷纳入售电公司的优化调度中,建立了以售电公司日前运营收益最大为目标的优化调度模型,并对模型中的非凸约束进行凸松弛,使之能采用二阶锥优化的方法求解,然后进行了算例验证。李俊等(2012)利用博弈信号传递理论构建了发电侧与需求侧分时电价动态博弈模型,模型通过动态联动均衡实现削峰填谷效益在系统内各环节的市场化分配。崔强等(2013)建立了考虑发电侧、供电侧、大规模储能系统及用户响应的实时电价动态博弈联动模型,各参与方通过电价信号的传递不断修正自己的博弈策略直至均衡电价形成,并设置了 3 种情形对模型进行仿真,通过各参与方的动态博弈,形成了实时电价。李刚等(2016)研究了能源互联网发展背景下含有分布式电源(DG)接入的电力市场中的多主体博弈问题,在发电商、供电商与多类型用户组成的市场中,搭建了多主体博弈框架,构建了最优供应函数决策模型、最优投标电价决策模型以及考虑投标风险的最优投标电量决策模型。康娇丽(2014)运用局部均衡原理设立最优化模型,研究市场出清条件下配额制和绿证交易对发电厂商市场力的影响,以及发电厂商势力的存在对电力市场和绿证市场的影响。先前学者们对电力市场结构中市场力的形成、影响因素,以及对电力市场多主体博弈的研究为本研究提供了良好的理论基础和模型基础。

1.2.2　绿证及可再生能源配额制研究

可再生能源配额制是指一个国家或地区的政府用法律的形式对可再生能源发电的市场份额作出的强制性规定。它要求电力消费结构中可再生能源发电应占到一定的比例,基本思路是通过国家对电力市场主体的强制性约束,将新能源的生产、使用、消费变为强制性要求,纳入行政考核中。2019 年下发的《关于建立健全可再生能源电力消纳保障机制的通知》规定了各省级行政区域应达到的可再生能源消纳责任权重,以及必须达到的最低消纳责任权重和超过即奖励的激励性消纳责任权重。前者是给各省级行政区的可再生能源消费占比设置下限,即要求其最低消费占比。后者则是在约束性目标的基础上加10%,以此来鼓励各地区增加对可再生能源的投资。由于各地区的资源禀赋及所处的经济发展阶段不同,各地方省市的配额制目标也不尽相同。

绿色电力证书制度,简称绿证制度,是基于可再生能源配额制的一项政策工具。绿证制度一般都与可再生能源配额制配套实施,所有可再生能源配额制项目中都包含绿证交易,购买绿证是实现可再生能源配额制的一种手段和证明,"绿证+配额制"目前已经被全世界20多个工业化国家采用。按照规定,发电企业每生产1MW·h风电或者光伏发电,国家可再生能源信息管理中心就会颁发给其1单位绿证。通过这项规定,使得每兆瓦上网的绿色电力都具有独特的标识代码证书,它可以在绿证市场进行交易和兑换收益,并且在证书上标注该符合资格的可再生能源电力的类别及发电企业名称、生产日期、可交易范围等信息。由于规定绿证是一种可以交易的、无形的能源商品,绿证的认购主体即配额制义务的承担方需要认购绿证,电网企业就可以在可再生能源交易市场中购买绿证持有企业的可再生能源证书。在这个市场交易的过程中,可再生能源证书的持有者与承担指定配额义务的需求者通过绿证市场进行交易,从而将可再生能源的环境属性货币化,也使得可再生能源发电企业收回了成本,额外的绿证收入也会激励生产者生产可再生电力。绿证交易制度的建立使得可再生能源配额制履行主体的履责更加便利与灵活,同时也更好地推动了可再生能源配额制的实施与发展。

李家才等(2008)将配额制解释为要求在电力系统生产、输配或消费的电力中,必须包含最低比例的可再生能源电力,并规定了有效的可再生能源发电组合。赵新刚等(2019)认为,绿证制度作为配额制的互补,其实施是为了建立一个统一的绿色交易市场,生成统一的市场化电价,但电力用户对于绿色电力的支付意愿较低,实施强力的电力配额是电力市场化的必然要求,同时研究发现政府的措施及管控力度大力影响着配额制的实施效果,绿证价格受多因素影响。绿证市场的良好运行对我国可再生能源电力发展具有重要意义。张木梓(2016)研究指出,"市场电价+绿证收入"这种制度有利于可再生能源进入电力市场交易,通过电力市场结算加上绿证的出售获得额外收入,可以促进可再生能源的消纳。绿证交易参与电力市场运行一直是学者们研究的重点。安学娜等(2017)采用寡头竞争均衡理论,建立了一个考虑绿证交易市场和电力批发交易市场的两阶段联合均衡模型,重点研究不同配额要求下发电商在完全竞争和供给函数竞争两种情况中的策略性行为及相互影响关系,并给出两种情况下不同配额制目标对电价、绿证价格的影响。Tanaka等(2013)及Sun(2016)的研究表明,当市场均衡时,配额与电价和绿证价格正相关,且绿证价格随配额的变动呈边际递减趋势。于雄飞等(2018)通过平衡绿证交易和政府补贴两种方案下的现金流,获得不同资金成本下的绿证价格下限,为绿证的定价提出建议。王强等(2018)构建了我国绿证市场价格最高定价模型与市场最低出售价格定价模型,为绿证持有企业出售电力证书时制定合理的定价区间,并提出发展绿色电子证书期货市场的构思,从而使市场得以更加合理运行。Bhattacharya 等(2017)、谢旭轩等(2012)研究发现,发电厂商会在综合考虑自己的成本、收益及绿证交易价格的情况下,以自身利益最大化为目标来同时参与绿证市场及电力市场的交易。

1.3 研究内容及技术路线

政府、电网企业、绿电企业三方都以自身利益最大化为目标来制定战略,而三方战略在决策实行中也会相互影响。可再生能源电力市场是一个多方参与的市场,因此许多学者都试图从电力行业层面运用博弈论进行相关的分析。但过往的研究大多是建立在完全理性假设基础上,没有考虑到现实情况下政府、电网企业、绿电企业三方的有限理性。电力市场并非一个完全竞争市场,同时环境也具有不稳定性,三方主体在现实策略的运行中并不能达到完全理性,而只能在三方博弈策略不断调整的过程中逐步达到一种平衡状态。为此,有些学者提出用基于有限理性的演化博弈的方法来研究可再生能源电力市场的相关问题。演化博弈理论以有限理性参与的人群或主体为研究对象,利用动态分析的方法把影响参与人的各种因素纳入模型,着重于动态均衡的观察和分析演化过程。

本文运用演化博弈理论对政府、绿电企业与电网企业参与的绿证市场进行分析,在模型构建的过程中考虑三方主体各自的利益诉求与影响因素,以此来分析我国绿证市场目前现状及未来发展路径。首先,分析了绿证市场的交易机制,构建三方主体收益矩阵,研究了各博弈主体演化中影响自身策略的因素。其次,构建了演化博弈的相关方程并利用系统动态模型对博弈主体的动态行为进行了仿真。最后,考虑了变量因素改变时对三方政策选择的影响。结果表明,演化存在两个平稳点:在政府监管较弱时,由于绿电企业出售绿证、电网企业购买绿证的意愿较低,会导致市场上绿证交易量较低,市场活力不足,这在一定程度上符合当前国内交易现状;而当政府监管较强时,绿电企业则会选择生产出售绿证,电网企业也会选择购买绿证,达到较为理想的均衡状态。同时,对于变量因素的分析表明,变量因素的改变会直接影响主体的战略选择。以上表明中国政府应在现阶段加强监管,制定适当的惩罚措施,同时要对电网企业与绿电企业采取一些激励措施,适度的奖惩措施会有效地促进演化均衡。本文结论对于现阶段中国绿证市场的政策制定有一定的参考价值。

本文研究框架如图1-2所示,按提出问题、分析问题、解决问题的思路进行研究。首先分析我国当前绿证市场的背景环境,指出其发展的现实条件。以现实背景研究政府、绿电企业、电网企业三方各自演化过程及影响因素,进而将三方纳入演化博弈模型,通过对模型的研究及代入数值仿真讨论三方共同的演化路径及影响因素,并对变量进行仿真研究分析,得出我国绿证市场中各主体的交易选择影响因素和未来的发展路径,最后进行总结并提出对于我国绿证市场发展的一些政策建议。

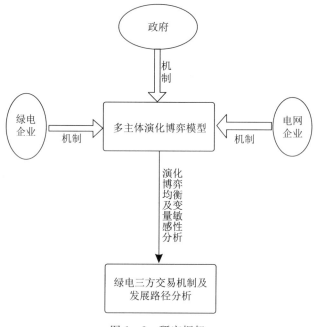

图1-2 研究框架

第2章 中国绿证市场发展现状

2.1 电力市场结构

自2002年起,我国开始推行电力市场改革,将原国家电力公司进行了拆分,引入了竞争机制,打破了以往电力公司一体化垂直垄断的局面,逐步向市场化转变。

在我国近40年来电力市场改革方案逐步实施的过程中,电力市场中行政监管的力量被一定程度地削弱,电力市场相对更具有竞争活力。

但由于电力市场在此之前长期受到行政高度监管,打破垄断、引入市场竞争的过程需要逐步实现。同时,电力市场在现实环境下也具有一定的技术特点(例如电网的运输)和社会特点。例如电力作为国民生活不可缺少的一部分,需要政府主体参与调度与协调;投资发电设备、电网搭建往往需要较高的成本投入,绝大多数企业难以负担;由于电力不能储存,电力企业如果可以自主控制发电量亦会导致诸多社会、经济问题等。以上原因导致电力市场结构往往呈现出寡头垄断模式。寡头垄断企业在电力市场中具有较强的市场力,即它们可以通过种种方式来控制产电量,从而控制电力市场价格,以获得超额利润。同时,这种寡头垄断模式也会使得电力市场的自由竞争效率及资源配置效率降低,继而导致社会总福利水平降低。

2.2 可再生能源发展现状

可再生能源指可再生的非化石能源,例如太阳能、风能、潮汐能、地热能等,可不断再生,永续利用,能源的再生率高于消费率,对环境的危害极小。可再生能源的发展对于缓解能源压力、丰富能源供应、调整能源结构等都有重要意义,对我国经济社会可持续发展具有重要意义。

图2-1展示的是2015—2019年我国可再生能源装机容量及增长率。图中可见光伏发电的装机容量增速最快,但在近年来的发展中呈逐渐减缓趋势,增长率从2016年的79.3%逐渐降低至2019年的17.3%,其间光伏装机容量从2015的0.43亿 kW·h 增长至2.04亿 kW·h。生物质能的装机容量增速较为稳定,2016—2018年稳定在20%左右,2019年增长率提升至26.6%。水电和风电的装机容量增速在2017年有一个较为明显的下降,其主要原因是2015—2016年弃风率、弃光率都高于10%,弃风、弃光现象严重,但随即风电装机容量又有上升的趋势。整体而言,我国近五年可再生能源装机容量增长率在逐渐放缓,近两年维持在10%左右。

图2-2展示了我国可再生能源发电量及其增长比率。图中可见水力发电在可再生能源发电中占比在近五年中始终超过50%,但占比有逐渐减少趋势,其中在2017年水力发电增速有短暂放缓。2019年水力发电量在可再生能源发电总量中占比最高,为64%,其次是风电,占比20%左右。近些年光伏发电经历了快速的增长,2016—2018年增速都在50%以上,其中2017年增速达到了79%,光伏发电量在可再生能源发电总量中的占比也从2015年的2%上升至2017年的11%。生

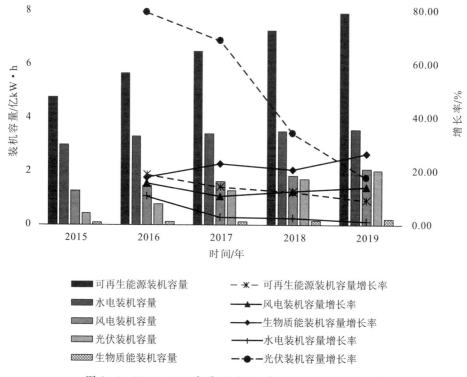

图 2-1 2015—2019 年我国可再生能源装机容量及增长率

物质能发电量的增长率从 2016 年的 23% 降到 2018 年的 14%,2019 年又回到了 22.6% 的增长率。可再生能源发电量增长率总体增速较快,2019 年可再生能源发电量为 20 400 亿 kW·h,占全部发电量的 27.9%,可再生能源发电量的增长率达到 12.4%。

图 2-3 展示了 2015—2019 年我国弃风、弃光电量及比率。随着我国可再生能源发电达到一定规模,弃风、弃光现象严重。但由于近些年相应措施的出台,弃光率、弃风率都呈现出明显的下降趋势,2016 年我国弃风率为 17%,2015 年的弃光率为 12.6%,但到 2019 年弃风率、弃光率分别为 4% 和 2%。可再生能源配额制作为解决弃风、弃光问题的重要政策工具,对其产生的社会影响和经济影响进行研究具有十分重要的意义。

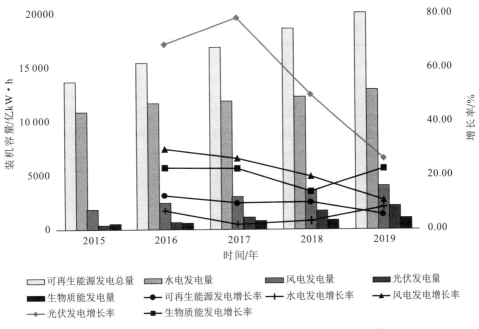

图 2-2 2015—2019 年我国可再生能源发电量及增长率

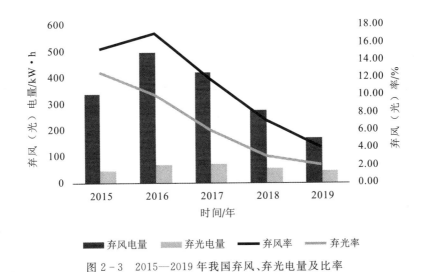

图 2-3 2015—2019 年我国弃风、弃光电量及比率

2.3 绿证市场发展现状

如图2-4所示,我国绿证认购平台于2017年7月1日正式运行。绿证认购平台显示,截止到2020年5月,已有2188名认购者,共认购37 729个绿证。目前风电绿证累计核发量23 315 779个,占据前三名的是河北省、山东省、内蒙古自治区,核发量分别是4 915 310、2 712 399、2 642 620个,占总核发量的44.05%。

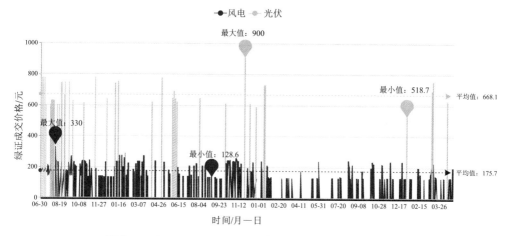

图2-4　2017.7.1—2020.5.1我国绿证每日成交平均价格

(数据来源:中国绿证认购平台,网址为 http://www.greenenergy.org.cn)

目前光伏绿证累计核发量3 845 828个,占据前三甲的是青海、新疆和内蒙古自治区,核发量分别是732 054、562 303、491 734,占总核发量的46.44%。累计风电绿证挂牌量为5 464 128个,交易量为37 563个。累计光伏绿证挂牌量为504 773个,交易量为163个。从2017年7月1日至2020年5月1日,风电绿证成交价格最高达到330元,最低则为128.6元,平均值175.7元;光伏绿证成交价格最大值为900元,最小值为518.7元,平均值668.1元。从以上数据可以看出,目前我国绿证交易并非十分活跃。

第3章 绿证市场多主体交易机制与演化策略分析

3.1 绿证市场交易机制

中国电力行业经过一段时间的改革与发展,市场正由传统的垂直一体化向竞争性市场转变,基本实现市场主体多元化,形成竞争格局。其中,以上网电价(FIT)为基础的电力批发市场经过多年发展已经成熟,以可再生能源配额制(RPS)为基础的绿证市场尚在起步阶段。为促进 RPS 的有效实施,协同 FIT 和 RPS 制度,培育绿证交易市场,本研究结合中国当前的电力市场结构,构建了电力市场多主体系统,结构如图 3-1 所示。

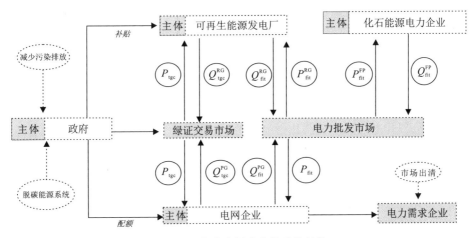

图 3-1 电力市场多主体系统结构

注:图中符号标识含义详见表 3-1。

系统主要包括四类主体——政府、化石能源电力企业、可再生能源发电厂和电网企业,以及两大市场——电力批发市场和绿证交易市场。其中,政府作为一个具有前瞻性的规划与监管主体,综合考虑国家能源与环境发展战略、电力市场结构、发电技术与成本等要素,结合 FIT 和 RPS 政策工具,依托电力批发市场和绿证交易市场,动态设定电力上网标杆电价、可再生能源发电补贴水平、可再生能源配额比率、绿证基准价格和激励惩罚监督机制等,调动市场各方主体的自发性和积极性,保障电力市场平稳运行,实现电力行业长远发展量化目标。化石能源电力企业作为传统电力生产商,将根据电力生产综合成本和标杆电价,参与电力批发市场竞争,确定生产量;可再生能源发电厂作为清洁电力生产商,根据电力生产综合成本和绿证价格,同时参与电力批发市场和绿证交易市场,确定合理的出力水平和绿证投放数量;电网企业作为输电系统运营商,是配额承担义务主体,在完成电力输送的同时,将根据终端市场需求和可再生能源配额要求,在电力批发市场和绿证交易市场分别采购电力和绿证,完成电力输送并满足可再生能源配额要求。根据电力市场中各方主体的作用,以及主体之间的交互关系,在 FIT 和 RPS 两者相辅相成下,如何让各方主动参与绿证交易,是发挥绿证市场作用的关键,也是可再生能源配额制成功实施的基础。

3.2 绿证市场多主体博弈模型

3.2.1 模型假设

在博弈模型设定之前,需对博弈作以下假设:

(1)在该系统限定的区域特定经济环境中,政府、电网企业和绿电企业三方博弈主体均为有限理性个体。

(2)每个个体有且仅有两种策略。政府主要考虑是否强制执行绿证交易,其策略空间为{强制,不强制},强制执行概率为 x;电网企业是可再生能源配额承担义务主体,绿证的买方,其策略空间为{购买,不购买},选择购买的概率为 y。绿电企业是绿证的提供者,其策略空间为{出售,不出售},出售的概率为 z。$x,y,z\in[0,1]$,均为时间 t 的函数。

(3)为实现电力行业长远发展量化目标,政府设定的可再生能源配额 J 应随时间不断提高,保证绿证需求量 Q_{tgc}^{PG}。如果电网企业完成可再生能源配额要求,政府会收获一定的社会效益 E_{pr},电网企业会得到一定的激励 I_{pg};如果电网企业未完成可再生能源配额要求,会对电网企业进行惩罚 F_{pg};绿电企业可以选择出售绿证与否,若出售绿证,可以得到绿证出售收益,如果不出售,可以选择等待政府补贴,但补贴获得有一定延迟,设延迟系数为 h。

(4)绿证当期有效,过期作废。在绿证交易过程中发生的交易成本由参与交易主体分摊。其中 a,b 分别表示电网企业和绿电企业的绿证交易成本分摊系数,满足 a+b=1。

3.2.2 参数设定

根据电力市场结构分析,参与绿证市场交易的核心主体包括政府、绿电企业和电网企业。由于个体有限理性,能否让参与交易绿证成为各方主体的共同信念,是三方利益主体不断调整和改进自身策略的结果。因此,本研究根据三方利益主体在不同策略下的支付水平,运用演化博弈理论,构建多主体博弈模型,模型中部分缩写和变量含义如表 3-1 所示。

表 3-1 模型命名与变量

缩略词	
RPS 可再生能源配额制	PR 政府主体
TGC 可交易的绿证	PG 电网企业
FIT 上网电价	RG 可再生能源发电厂(绿电企业)
FP 化石能源电力企业	
参数	
a 电网企业的交易费用分摊系数	h 电网企业获得的补贴延迟系数
b 绿电企业的交易费用分摊系数	x 政府选择"规制"策略的可能性
y 电网企业选择"购买"策略的可能性	z 绿电企业选择"出售"策略的可能性
J 可再生能源供电定额比率	
变量	
P_{fit} 上网电价基准价格	Q_{tgc} RPS 中可交易绿证数量(缩写为 Q_t)
P_{tgc} RPS 中可交易绿证价格	P_{fit}^{FP} 上网电价中化石能源发电的并网价格
I_{pg} 超额完成配额后电网企业的单位奖励	P_{fit}^{RG} 上网电价中可再生能源发电的并网价格
F_{pg} 未达到配额的电网企业的单位罚款	Q_{fit}^{FP} 上网电价中化石能源发电并网数量
C_f 政府交易平台固定成本	Q_{fit}^{RG} 上网电价中可再生能源发电并网数量
C_{rg} 绿电企业发电的平均成本	Q_{tgc}^{PG} 电网企业对可交易绿证需求量
C_t 可交易绿证的单位交易成本	Q_{tgc}^{RG} 绿电企业提供可交易绿证量
Q_{fit}^{PG} 电网企业在电力市场购电量	R_{pr} 交易单位绿证政府实际资金收益
E_{pr} 交易单位绿证政府环境和社会效应收益	C_{pr} 政府监管成本

3.2.3 博弈模型

基于以上假设及参数设定,在可再生能源配额制下,绿证交易市场中政府、电网企业和绿电企业三方利益主体混合策略支付矩阵如表3-2所示。

表3-2 三方利益主体混合策略支付矩阵

支付	电网企业		绿电企业	
			出售(z)	不出售($1-z$)
政府	规制 (x)	购买 (y)	$Q_{tgc}[R_{pr}+E_{pr}-(C_{rg}-P_{fit}-P_{tgc})-C_{pr}]$ $Q_t(I_{pg}-P_{tgc}-aC_t)$ $Q_t[P_{tgc}+h(C_{rg}-P_{fit}-P_{tgc})-bC_t]$	$Q_t[R_{pr}+F_{pg}-(C_{rg}-P_{fit})-C_{pr}]$ $Q_t(-F_{pg}-aC_t)$ $hQ_t(C_{rg}-P_{fit})$
		不购买 ($1-y$)	$Q_t[R_{pr}+F_{pg}-(C_{rg}-P_{fit})-C_{pr}]$ $-Q_tF_{pg}$ $Q_t[h(C_{rg}-P_{fit})-bC_t]$	$Q_t[R_{pr}+F_{pg}-(C_{rg}-P_{fit})]$ $-Q_tF_{pg}$ $hQ_t(C_{rg}-P_{fit})$
	不规制 ($1-x$)	购买 (y)	$Q_t[E_{pr}-(C_{rg}-P_{fit})]$ $Q_t(-P_{tgc}-aC_t)$ $Q_t[P_{tgc}+h(C_{rg}-P_{fit})-bC_t]$	$Q_t[-(C_{rg}-P_{fit})]$ $-aQ_tC_t$ $hQ_t(C_{rg}-P_{fit})$
		不购买 ($1-y$)	$Q_t[-(C_{rg}-P_{fit})]$ 0 $Q_t[h(C_{rg}-P_{fit})-bC_t]$	$Q_t[-(C_{rg}-P_{fit})]$ 0 $hQ_t(C_{rg}-P_{fit})$

3.3 绿证市场多主体演化策略

3.3.1 政府演化策略分析

根据前面的假设和支付矩阵,政府选择"规制"策略的概率为x,选择"不规制"策略概率为$1-x$。令$U(x)$、$U(1-x)$和$\overline{U(x)}$分别表示政府选择"规制""不规制"策略的收益和平均收益,则可得:

$$U(x) = yzQ_t(E_{pr} + P_{tgc} - I_{pg} - F_{pg}) + Q_t[R_{pr} + F_{pg} - (C_{rg} - P_{fit})] \quad (3-1)$$

$$U(1-x) = yzQ_tE_{pr} + Q_t(P_{fit} - C_{rg}) \quad (3-2)$$

$$\overline{U(x)} = xU(x) + (1-x)U(1-x) \quad (3-3)$$

根据 Malthusian 方程，政府选择"规制"策略的数量增长率等于期望收益 $U(x)$ 与平均收益 $\overline{U(x)}$ 之差，由此可得政府选择"规制"策略的动态复制方程：

$$F(x) = \frac{dx}{dt} = x[U(x) - \overline{U(x)}] = x(1-x)[yzQ_t(P_{tgc} - I_{pg} - F_{pg}) + Q_t(R_{pr} + F_{pg})] \quad (3-4)$$

政府选择"规制"策略的动态复制方程 $F(x)$ 对 x 求偏导，可得：

$$\frac{dF(x)}{dx} = (1-2x)[yzQ_t(P_{tgc} - I_{pg} - F_{pg}) + Q_t(R_{pr} + F_{pg})] \quad (3-5)$$

根据微分方程的稳定性定理，满足 $F(x) = 0, dF(x)/dx < 0$ 条件时，政府选择的策略为稳定状态。基于这一条件，联立式（3-4）和式（3-5）可知，政府的策略选择会出现 3 种演化情形：① 当 $0 < y = (F_{pg} - C_f)/[z(F_{pg} - P_{tgc})] < 1, x^* \in [0, 1]$，无论政府如何选择均为演化稳定策略；② 当 $0 < y < (F_{pg} - C_f)/[z(F_{pg} - P_{tgc})] < 1, x^* = 1$，即"规制"为政府演化稳定策略；③ 当 $0 < (F_{pg} - C_f)/[z(F_{pg} - P_{tgc})] < y < 1, x^* = 0$，即"不规制"为政府演化稳定策略。可以看出，政府演化策略稳定状态将受到电网企业和绿电企业策略选择的直接影响。根据上述演化稳定状态，可以得到政府演化的动态复制相位图，分 3 种情景，如图 3-2 所示。

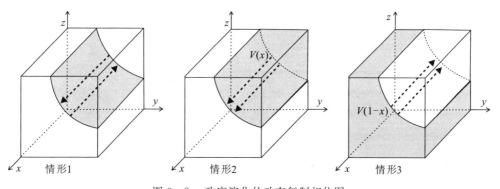

图 3-2 政府演化的动态复制相位图

根据图 3-2，情形 2 中阴影部分的体积即可表示政府选择"规制"策略的概率，情形 3 中阴影部分的体积则可表示政府选择"不规制"策略的概率。设 $V(x)$ 和

$V(1-x)$ 分别表示情形 2 和情形 3 相位图中阴影部分体积,则 $V(x)+V(1-x)=1$,且 $V(x)$ 越大,政府选择"规制"策略的概率越大。$V(x)$ 部分的体积可以计算如下:

$$V(x) = 1 - V(1-x) = \frac{F_{pg} - C_f}{F_{pg} - P_{tgc}}\left[1 + \ln\frac{F_{pg} - P_{tgc}}{F_{pg} - C_f}\right] \qquad (3-6)$$

可以发现,政府演化策略稳定状态在受电网企业和绿电企业策略影响的同时,还受政府指导制定的绿证价格、惩罚力度、绿证交易成本以及配额履行后的政府激励力度影响。利用 $V(x)$ 分别对上述因素求导,可得:

$$\frac{\partial V(x)}{\partial F_{pg}} = \frac{C_f - F_{tgc}}{(F_{pg} - P_{tgc})^2}\ln\frac{F_{pg} - P_{tgc}}{F_{pg} - C_f} > 0 \qquad (3-7)$$

$$\frac{\partial V(x)}{\partial P_{tgc}} = \frac{F_{pg} - C_f}{(F_{pg} - P_{tgc})^2}\ln\frac{F_{pg} - P_{tgc}}{F_{pg} - C_f} > 0 \qquad (3-8)$$

$$\frac{\partial V(x)}{\partial C_f} = -\frac{1}{F_{pg} - P_{tgc}}\ln\frac{F_{pg} - P_{tgc}}{F_{pg} - C_f} < 0 \qquad (3-9)$$

因此,政府选择"规制"策略的概率会随着惩罚力度的加强和绿证交易价格的上升而增大,随着规制成本的上升而减小。

3.3.2 电网企业演化策略分析

根据前面的假设和支付矩阵,电网企业选择"购买"策略的概率为 y,选择"不购买"策略的概率为 $1-y$。令 $U(y)$、$U(1-y)$ 和 $\overline{U(y)}$ 分别表示电网企业选择"购买""不购买"策略收益和平均收益,则可得:

$$U(y) = x[z(I_{pg} + F_{pg}) - F_{pg}]Q_t - zP_{tgc}Q_t - aC_tQ_t \qquad (3-10)$$

$$U(1-y) = -xQ_tF_{pg} \qquad (3-11)$$

$$\overline{U(y)} = yU(y) + (1-y)U(1-y) \qquad (3-12)$$

根据 Malthusian 方程,电网企业选择"购买"策略的数量增长率等于期望收益 $U(y)$ 与平均收益 $\overline{U(y)}$ 之差,由此可得电网企业选择"购买"策略的动态复制方程:

$$F(y) = \frac{dy}{dt} = y[U(y) - \overline{U(y)}] = y(1-y)[xz(I_{pg} + F_{pg}) - zP_{tgc} - aC_t]Q_t$$

$$(3-13)$$

电网企业选择"购买"策略的动态复制方程 $F(y)$ 对 y 求偏导,可得:

$$\frac{dF(y)}{dy} = (1-2y)[xz(I_{pg} + F_{pg}) - zP_{tgc} - aC_t]Q_t \qquad (3-14)$$

根据微分方程的稳定性定理,满足 $F(y)=0$,$dF(y)/dy<0$ 条件时,电网企业

选择的策略为稳定状态。基于这一条件,联立式(3-13)和式(3-14)可知,电网企业的策略选择会出现3种演化情形:① 当 $0 < x = (zP_{\text{tgc}} + aC_t)/z(I_{\text{pg}} + F_{\text{pg}}) < 1$,$y^* \in [0,1]$,无论电网企业如何选择均为演化稳定策略;② 当 $0 < (zP_{\text{tgc}} + aC_t)/z(I_{\text{pg}} + F_{\text{pg}}) < x < 1$,$y^* = 1$,即"购买"为电网企业演化稳定策略;③ 当 $0 < x < (zP_{\text{tgc}} + aC_t)/z(I_{\text{pg}} + F_{\text{pg}}) < 1$,$y^* = 0$,即"不购买"为电网企业演化稳定策略。可以看出,电网企业演化策略稳定状态将受到政府和绿电企业策略的直接影响。根据上述演化稳定状态,可以得到电网企业策略演化的动态复制相位图,分3种情景,如图3-3所示。

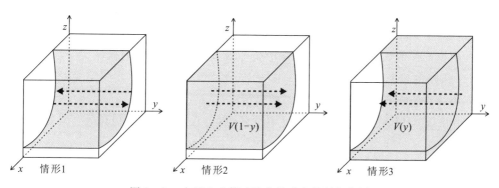

图 3-3 电网企业策略演化的动态复制相位图

根据图 3-3,情形 2 中阴影部分的体积即可表示电网企业选择"购买"策略的概率,情形 3 中阴影部分的体积则可表示电网企业选择"不购买"策略的概率。设 $V(y)$ 和 $V(1-y)$ 分别表示情形 2 和情形 3 相位图中阴影部分体积,则 $V(y) + V(1-y) = 1$,且 $V(y)$ 越大,电网企业选择"购买"策略的概率越大。$V(y)$ 部分的体积可以计算如下:

$$V(y) = 1 - V(1-y) = 1 - \frac{aC_t + P_{\text{tgc}}}{I_{\text{pg}} + F_{\text{pg}}} - \frac{aC_t}{I_{\text{pg}} + F_{\text{pg}}} \ln \frac{I_{\text{pg}} + F_{\text{pg}} - P_{\text{tgc}}}{aC_t}$$

(3-15)

可以发现,电网企业演化策略稳定状态在受政府和绿电企业策略影响的同时,还受政府指导制定的标杆上网电价、绿证价格、惩罚力度、绿证交易成本以及配额履行后的政府激励力度影响。利用 $V(y)$ 分别对上述因素求导,可得:

$$\frac{\partial V(y)}{\partial I_{\text{pg}}} = \frac{P_{\text{tgc}}(I_{\text{pg}} + F_{\text{pg}} - P_{\text{tgc}} - aC_t)}{(I_{\text{pg}} + F_{\text{pg}})^2 (I_{\text{pg}} + F_{\text{pg}} - P_{\text{tgc}})} + \frac{aC_t}{(I_{\text{pg}} + F_{\text{pg}})^2} \ln \frac{I_{\text{pg}} + F_{\text{pg}} - P_{\text{tgc}}}{aC_t} > 0$$

(3-16)

$$\frac{\partial V(y)}{\partial F_{pg}} = \frac{P_{tgc}(I_{pg} + F_{pg} - P_{tgc} - aC_t)}{(I_{pg} + F_{pg})^2(I_{pg} + F_{pg} - P_{tgc})} + \frac{aC_t}{(I_{pg} + F_{pg})^2} \ln \frac{I_{pg} + F_{pg} - P_{tgc}}{aC_t} > 0$$

(3-17)

$$\frac{\partial V(y)}{\partial P_{tgc}} = \frac{1}{I_{pg} + F_{pg}} \left(\frac{aC_t}{I_{pg} + F_{pg} - P_{tgc}} - 1 \right) < 0 \quad (3-18)$$

$$\frac{\partial V(y)}{\partial C_t} = -\frac{a}{I_{pg} + F_{pg}} \ln \frac{I_{pg} + F_{pg} - P_{tgc}}{aC_t} < 0 \quad (3-19)$$

因此,电网企业选择"购买"策略的概率,会随着政府激励力度和惩罚力度的加强而增大,随着绿证价格和交易成本的上升而减小。

3.3.3 绿电企业演化策略分析

根据前面的假设和支付矩阵,绿电企业选择"出售"策略的概率为 z,选择"不出售"策略的概率为 $1-z$。令 $U(z)$、$U(1-z)$ 和 $\overline{U(z)}$ 分别表示绿电企业选择"出售""不出售"策略收益和平均收益,则可得:

$$U(z) = P_{tgc}(y - xyh)Q_t + h(C_{rg} - P_{fit})Q_t - bC_tQ_t \quad (3-20)$$

$$U(1-z) = h(C_{rg} - P_{fit})Q_t \quad (3-21)$$

$$\overline{U(z)} = zU(z) + (1-z)U(1-z) \quad (3-22)$$

根据 Malthusian 方程,绿电企业选择"出售"策略的数量增长率等于期望收益 $U(z)$ 与平均收益 $\overline{U(z)}$ 之差,由此可得绿电企业选择"出售"策略的动态复制方程:

$$F(z) = \frac{dz}{dt} = z[U(z) - \overline{U(z)}] = z(1-z)(yP_{tgc} - xyhP_{tgc} - bC_t)Q_t$$

(3-23)

绿电企业选择"出售"策略的动态复制方程 $F(z)$ 对求 z 偏导,可得:

$$\frac{dF(z)}{dz} = (1-2z)(yP_{tgc} - xyhP_{tgc} - bC_t)Q_t \quad (3-24)$$

根据微分方程的稳定性定理,满足 $F(z)=0$,$dF(z)/dz<0$ 条件时,绿电企业选择的策略为稳定状态。基于这一条件,联立式(3-23)和式(3-24)可知,绿电企业的策略选择会出现 3 种演化情形:① 当 $0 < y = bC_t/(P_{tgc} - xhP_{tgc}) < 1$,$z^* \in [0,1]$,无论绿电企业如何选择均为演化稳定策略;② 当 $0 < bC_t/(P_{tgc} - xhP_{tgc}) < y < 1$,$z^* = 1$,即"出售"为绿电企业演化稳定策略;③ 当 $0 < y < bC_t/(P_{tgc} - xhP_{tgc}) < 1$,$z^* = 0$,即"不出售"为绿电企业演化稳定策略。可以看出,绿电企业演化策略稳定状态将受到政府和电网企业策略的直接影响。根据上述演化稳定状态,可以得到绿电企业策略演化的动态复制相位图,分 3 种情景,如图 3-4 所示。

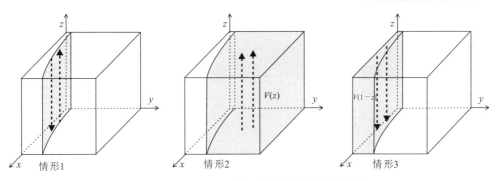

图 3-4　绿电企业策略演化的动态复制相位图

根据图 3-4，情形 2 中阴影部分的体积即可表示绿电企业选择"出售"策略的概率，情形 3 中阴影部分的体积则可表示绿电企业选择"不出售"策略的概率。设 $V(z)$ 和 $V(1-z)$ 分别表示情形 2 和情形 3 相位图中阴影部分体积，则 $V(z)+V(1-z)=1$，且 $V(z)$ 越大，绿电企业选择"出售"策略的概率越大。$V(z)$ 部分的体积可以计算如下：

$$V(z)=1-V(1-z)=1+\frac{bC_t}{hP_{tgc}}\ln(1-h) \tag{3-25}$$

可以发现，绿电企业演化策略稳定状态在受政府和电网企业策略影响的同时，还受政府指导制定的绿证价格、绿证交易成本以及补贴延迟系数影响。利用 $V(z)$ 分别对上述因素求导，可得：

$$\frac{\partial V(z)}{\partial h}=-\frac{bC_t}{hP_{tgc}}\left[\frac{\ln(1-h)}{h}+\frac{1}{1-h}\right]<0 \tag{3-26}$$

$$\frac{\partial V(z)}{\partial P_{tgc}}=-\frac{bC_t}{hP_{tgc}^2}\ln(1-h)>0 \tag{3-27}$$

$$\frac{\partial S}{\partial C_t}=\frac{b}{hP_{tgc}}\ln(1-h)<0 \tag{3-28}$$

因此，绿电企业选择"出售"策略的概率会随着绿证价格提高、补贴延迟系数的减小而增大，随着交易成本的上升而减小。

第4章 绿证市场多主体演化仿真与发展路径分析

4.1 绿证市场多主体演化仿真分析

4.1.1 演化仿真

基于计算机仿真技术的系统动力学仿真是研究复杂经济系统的一种定量反馈方法。它的目的是通过数值模拟验证博弈模型的正确性和有效性。本研究建立了政府、电网企业、绿电企业三方的演化模型,模型初始参数设定如表4-1所示。

表4-1 模型变量

变量名	定义	单位	初值
Q_t	RPS中可交易绿证数量	MW·h	1
I_{pg}	超额完成配额后电网企业的单位奖励	MW·h	5
P_{tgc}	RPS中可交易绿证价格	MW·h	71.58
C_{rg}	绿电企业发电的平均成本	MW·h	77.08
C_t	可交易绿证的单位交易成本	MW·h	7.16
C_f	政府交易平台固定成本	MW·h	7.16
F_{pg}	未达到配额的电网企业的单位罚款	MW·h	107.36
a	电网企业的交易费用分摊系数		0.5
b	绿电企业的交易费用分摊系数		0.5
h	电网企业获得的补贴延迟系数		0.5

从以上对复制动态方程的分析可以得到,有8种纯策略组合:(0,0,0)、(1,0,0)、(0,1,0)、(0,0,1)、(1,0,1)、(1,1,0)、(0,1,1)和(1,1,1)。根据Ritzberger和Weibull(1996)提出的结论,政府、电网企业和绿电企业三方主体共同作用的演化稳定策略,可以通过雅可比矩阵分析微分方程的稳定性进行分析。雅可比矩阵如下:

$$J = \begin{pmatrix} (1-2x)[yz(P_{\text{tgc}} - F_{\text{pg}}) + (F_{\text{pg}} - C_f)]Q_t & xz(1-x)(P_{\text{tgc}} - F_{\text{pg}})Q_t & xy(1-x)(P_{\text{tgc}} - F_{\text{pg}})Q_t \\ yz(1-y)(I_{\text{pg}} + F_{\text{pg}})Q_t & (1-2y)[xz(I_{\text{pg}} + F_{\text{pg}}) - zP_{\text{tgc}} - aC_t]Q_t & y(1-y)[x(I_{\text{pg}} + F_{\text{pg}}) - P_{\text{tgc}}] \\ yzh(1-z)P_{\text{tgc}}Q_t & z(1-z)(P_{\text{tgc}} - xhP_{\text{tgc}}) & (1-2z)(yP_{\text{tgc}} - xyhP_{\text{tgc}} - bC_t)Q_t \end{pmatrix}$$

当雅可比矩阵的所有特征值都有负实部时,对应的平衡点是稳定点;当雅可比矩阵的所有特征值都有正实部时,对应的平衡点是一个不稳定点;当雅可比矩阵的特征值同时具有正、负实部时,相应的平衡点是鞍点。相应平衡点的特征值和它们的属性在表4-2中呈现。

表4-2 演化平衡点的属性分析

均衡点	特征值			状态
$O_1(0,0,0)$	99.65	-3.58	-3.58	鞍点
$O_2(1,0,0)$	-99.65	-3.58	-3.58	稳定点
$O_3(0,1,0)$	99.65	3.58	68	不稳定点
$O_4(0,0,1)$	99.65	-75.16	3.58	鞍点
$O_5(1,1,0)$	-99.65	3.58	32.21	鞍点
$O_6(1,0,1)$	-99.65	37.2	3.58	鞍点
$O_7(0,1,1)$	64.42	75.16	-68	鞍点
$O_8(1,1,1)$	-64.42	-37.2	-32.21	稳定点

在模拟中,点(1,1,1)的稳定性得到了验证。进一步探究可以发现,(1,1,1)三点对应的特征值为$(C_f - P_{\text{tgc}}, P_{\text{tgc}} + aC_t - I_{\text{pg}} - F_{\text{pg}}, hP_{\text{tgc}} + bC_t - P_{\text{tgc}})$,即在政府交易平台固定成本小于绿证价格,对未达到配额的电网企业惩罚力度较大且电网企业获得补贴较为及时时,绿证市场会达到均衡。在初始(0,0,0)状态下,政府选择"不规制"策略,电网企业选择"不购买"策略,绿电企业选择"不出售"策略。然而,当演化策略初值有所改变时,博弈模型的均衡就会有所改变。本研究利用Matlab 2016b对政府、电网企业和绿电企业三方的演化稳定策略进行仿真分析。

(1)分别随机生成多组电网企业和绿电企业的策略y以及策略z,以此来分析电网企业和绿电企业所选策略对于政府演化策略的影响效果。所得影响效果如图4-1所示。通过分析可知,在不同的y与z的效果下,随着时间的变化,最终政府的策略均将会演化收敛至1,即无论电网企业和绿电企业做何选择,政府都会选择"规制"策略。

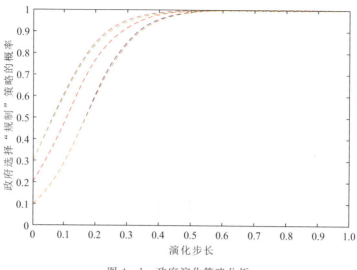

图4-1 政府演化策略分析

(2)分别随机生成多组政府和绿电企业的策略 x 以及策略 z,以此来分析政府和绿电企业所选择策略对于电网企业演化策略的影响效果。所得影响效果如图4-2、图4-3所示。通过分析可知,当政府监管较为严格,且绿电企业对于出售意愿较强时,无论电网企业最初选择"购买"策略的概率为多少,最终都会稳定在1,即选择"购买"策略。相反,当政府监管较为宽松,即政府选择策略"规制"的概率不断减少至一定程度,同时绿电企业对于出售意愿较弱,即绿电企业选择"出售"的概

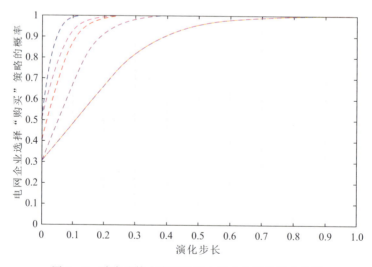

图4-2 政府监管力度较强时电网企业演化策略分析

率不断减少时,电网企业选择"购买"策略的概率将收敛至零。

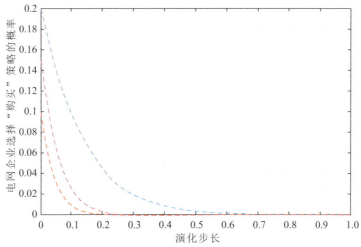

图4-3 政府监管力度较弱时电网企业演化策略分析

(3)分别随机生成多组政府监管和电网企业的策略 x 以及策略 y,以此来分析政府和电网企业所选择策略对于绿电企业演化策略的影响效果。所得影响效果如图4-4、图4-5所示。通过分析可知,当政府的监管较为严格,且电网企业对于购买具有强意愿时,无论绿电企业最初选择"出售"策略的概率为多少,最终都会稳定在1,即选择"出售"策略。当政府的监管较为宽松,即政府选择策略"规制"的概率不断减少至一定程度,且电网企业对于购买具有较弱意愿时,无论绿电企业最初选

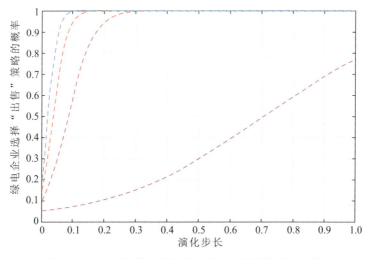

图4-4 政府监管力度较强时绿电企业演化策略分析

择"出售"策略的概率为多少,最终都会稳定在零,即选择"不出售"策略。

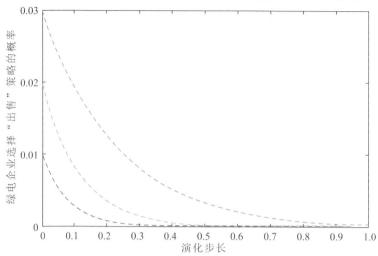

图 4-5 政府监管力度较弱时绿电企业演化策略分析

在初始值为(0,0,0)的情况下,政府选择"不规制"策略,电网企业会选择"不购买"策略,绿电企业会倾向选择"不出售"策略,但随着初始取值的调整,演化会达到(1,0,0)或(1,1,1)理想稳定点。设想值为(0.01,0.1,0.1)时,仿真过程如图4-6所示。即当政府管制弱时,电网企业仍然会选择"不购买"策略,绿电企业也仍会倾向选择"不出售"策略。但随着政府管制逐渐增强,演化模型会逐渐发展到理想状态稳定点(1,1,1)。本研究重点考虑稳定点为(1,1,1)时模型的有关情况。

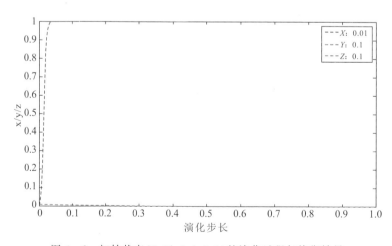

图 4-6 初始状态(0.01,0.1,0.1)的演化过程与均衡结果

在演化过程中,政府管制发挥主导作用,其政策的调控能够有效地促进理想状态(1,1,1)的实现。当政府选择管制的意愿增强时,电网企业和绿电企业会向理想状态(1,1,1)发展,演化过程用点(0.3,0.2,0.3)表示,如图4-7所示。

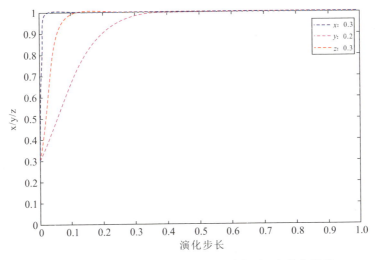

图4-7 初始状态(0.3,0.2,0.2)的演化过程与均衡结果

当政府管制意愿较强时,绿电企业会选择"出售"策略,电网企业应当选择"购买"策略,以(0.4,0.2,0.4)为例,如图4-8所示。而当政府放松管制即管制意愿较弱时,电网企业应当选择"不购买"策略,以(0.2,1,0.2)为例,如图4-9所示。

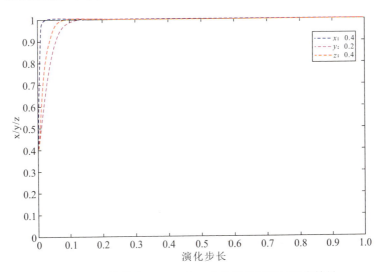

图4-8 初始状态(0.4,0.2,0.4)的演化过程与均衡结果

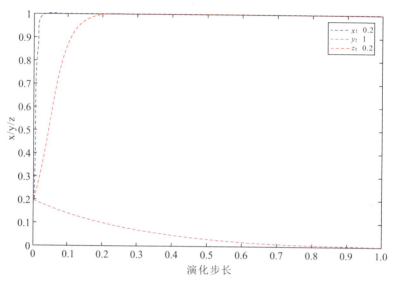

图 4-9 初始状态(0.2,1,0.2)的演化过程与均衡结果

综上分析,当政府管制加强时,绿电企业会选择"出售"策略,电网企业会选择"购买"策略,其中政府的管制发挥主导性作用。在实行可再生能源配额制基础上适当立法是政府部门促进可再生能源电力行业发展的最佳策略。

4.1.2 敏感性分析

政府、电网企业、绿电企业的策略选择都会受到不同变量因素的影响,例如电网企业的策略选择受到未达到配额的电网企业的单位罚款系数、超额完成配额后电网企业的单位奖励、RPS 中可交易绿证数量、可交易绿证的单位交易成本等影响;政府的策略选择受到政府的社会和环境平均福利、RPS 中可交易绿证数量、政府交易平台固定成本等诸多因素的影响;而绿电企业则会受到 RPS 中可交易绿证数量、可再生能源发电厂发电机补贴、可再生能源发电厂发电的平均成本等影响。本研究对 RPS 中可交易绿证价格及未达到配额的电网企业的单位罚款系数、RPS 中可交易绿证数量分别进行变量敏感性分析。以点(0.3,0.7,0.7)为例,RPS 中可交易绿证价格对政府、电网企业、绿电企业策略选择的影响分别如图 4-10~图 4-12 所示。

如图 4-10~图 4-12 所示,在不同的 RPS 可交易绿证价格下,政府选择"规制"策略的收敛速度受单纯绿证价格的变动影响较小。而在不同的 RPS 可交易绿证价格下,随着价格的升高,电网企业选择"购买"策略的收敛速度会降低,可见绿

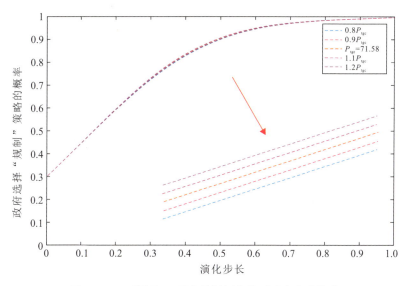

图 4-10　不同 RPS 可交易绿证价格下政府策略演化

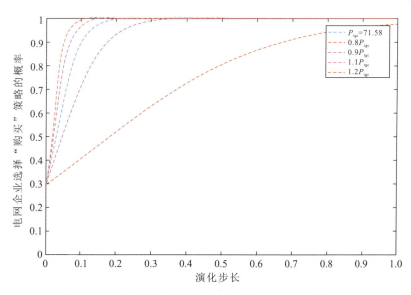

图 4-11　不同 RPS 可交易绿证价格下电网企业策略演化

证价格对其策略选择的影响较大。对于绿电企业而言,价格的升高也会导致选择出售策略收敛速度的增快。价格导致这三方演化速度变化,其中价格上升降低了

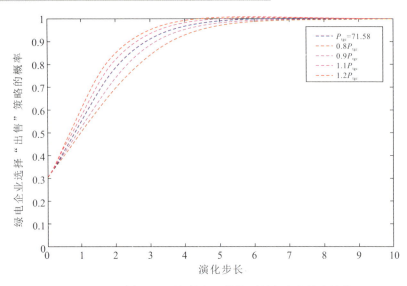

图 4-12 不同 RPS 可交易绿证价格下绿电企业策略演化

电网企业的购买意愿,本研究进一步探究了价格的变化是否有可能导致电网企业策略的突变。取点(0.2,0.5,0.2)为例,在这种情况下因为政府监管相对较弱,电网企业会选择"不购买"策略,随着绿证价格的上升,电网企业选择"不购买"策略的收敛速度会增加,但是随着绿证价格的下降,电网企业的策略会突变至"购买"策略,如图 4-13 所示。

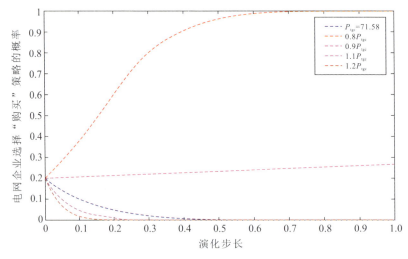

图 4-13 不同 RPS 可交易绿证价格下电网企业策略演化

不断改变罚款系数值会导致在可交易绿证价格不变的情况下,政府对未达到配额电网企业的单位罚款量发生改变,通过改变电网企业未完成配额后遭受罚款的系数值,可改变三方的演化过程,以点(0.3,0.7,0.7)为例,如图 4-14、图 4-15 所示。

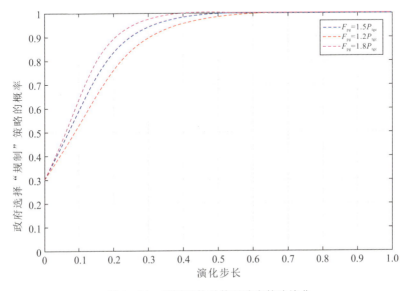

图 4-14 不同罚款系数下政府策略演化

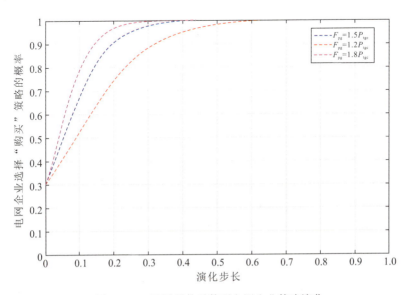

图 4-15 不同罚款系数下电网企业策略演化

从图4-14、图4-15可以看出,在不同的罚款系数条件下,政府的演化策略会随着罚款系数的增大而加快趋近于1,即选择"规制"策略;电网企业会随着罚款系数的增大而加快趋近于1,即选择"购买"策略。而由于罚款系数主要由政府与电网企业间的互动来确定,在前文对于绿电企业的演化研究中,罚款系数对于绿电企业的演化并无影响,通过仿真模拟也可以发现绿电企业的演化速度不变。

RPS中可交易绿证数量的改变同样会导致三方的演化发生改变,以点(0.3,0.7,0.7)为例,三方博弈演化的改变如图4-16~图4-18所示。

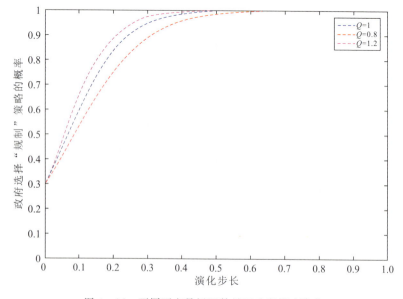

图4-16 不同可交易绿证数量下政府策略演化

如图4-16~图4-18所示,随着RPS中可交易绿证数量的改变,三方的演化策略都会发生不同程度的改变。随着RPS中可交易绿证数量的增加,会导致政府选择"规制"策略的收敛速度加快,电网企业选择"购买"策略的收敛速度减慢,绿电企业选择"出售"策略的收敛速度加快。反之,当RPS中可交易绿证数量减少时,会导致政府选择"规制"策略的收敛速度减慢,电网企业选择"购买"策略的收敛速度加快,绿电企业选择"出售"策略的收敛速度减慢。

由以上可见,变量值的不同也会对政府、电网企业、绿电企业三方的策略选择产生不同的影响。政府政策及绿电企业策略的选择大多受演化策略速度的影响,这是因为政府的管制起了主导性作用,当政府选择"规制"策略时,绿电企业也会选择"出售"策略。对于电网企业而言,当政府的管制较弱时,变量值的改变可能导致

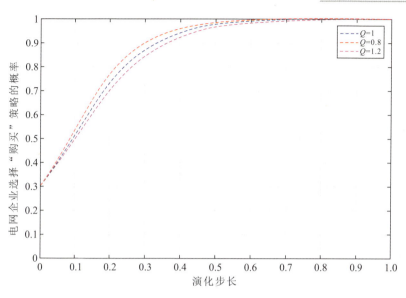

图 4-17 不同可交易绿证数量下电网企业策略演化

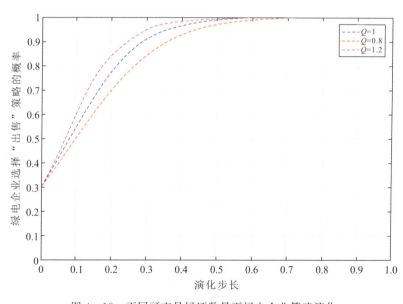

图 4-18 不同可交易绿证数量下绿电企业策略演化

电网企业的策略选择突变,同时演化速度发生变化;但当政府有较强的规制意愿时,电网企业将选择"购买"策略,不同的是变量值改变会使演化速度有所不同。

4.2 绿证市场发展路径

现阶段中国电力市场中政府管制较弱,绿电企业及电网企业基于自身利益对发展和输电的自发性交易欲望不大,导致绿证市场发展陷入较为停滞的局面。

根据本研究演化博弈及路径分析,(1,1,1)三点对应的特征值为($C_f - P_{tgc}$, $P_{tgc} + aC_t - I_{pg} - F_{pg}$, $hP_{tgc} + bC_t - P_{tgc}$),对于政府管制而言,当绿证价格大于政府交易平台的固定成本时,政府应选择规制策略。对于政府管制的研究可以明确:政府选择"规制"策略的概率会随着惩罚力度的加强和绿证交易价格的上涨而增大,随着规制成本的上升而减小。故政府应当从两方面入手,一方面适当提升绿证市场未完成配额制要求的惩罚力度,即提升罚款系数,同时应对市场进行干预,通过补贴或优惠等方式提升绿证交易价格。另一方面,政府应当积极地通过创新方式拓宽平台,降低政府管制的成本,使政府的管制意愿加强。

当政府管制意愿加强时,绿电企业对于生产可再生能源电力的意愿也会加强,会选择出售绿证。由上述研究发现,绿电企业选择"出售"策略的概率会随着绿证价格提高、补贴延迟系数的减小而增大,随着交易成本的上升而减小。对绿电企业而言,需要政府通过对绿证加强管控,从而直接或间接地影响绿证市场价格以促进绿电企业达到愿意出售这个均衡点。同时,政府应尽力降低补贴延迟系数,对电网企业及时补贴,以使电网企业具有更强的购买意愿,继而使绿电企业更愿意选择"出售"策略。最后政府应引导绿证市场各方降低交易成本以降低绿电企业的自身成本,使其更愿意出售绿证。

当政府管制加强时,其意愿同样也会传递到电网企业,使之选择"购买"策略。电网企业选择"购买"策略的概率,会随着政府激励力度和惩罚力度的加强而增大,随着绿证价格和交易成本的上升而减小。对于电网企业而言,一方面它面临着数额未达标的惩罚,当政府管制的力度加强,使罚款系数变大时,电网企业会基于面临较高惩罚的比较,选择购买绿证。同时另一方面,电网企业也会因为购买绿证而获得补贴,当补贴延迟系数降低,意味着电网企业可以更快地得到补贴,这同样会加强其购买意愿。最后,当市场的交易成本降低时,电网企业也会提高购买意愿。

综上所述,我国电力市场需要在一定程度上加强合理的管制,政府作为主导者需要先为行动,对于政府而言应适当提高罚款系数,使绿电企业和电网企业都更易达到理想均衡点。适当地管控绿证市场、提高绿证价格有利于让绿电企业和电网企业达到(1,1)的均衡点。同时,给予电网企业和绿电企业一定程度的补贴和优惠政策,降低补贴延迟系数,使补贴更快地到达电网企业。电网企业得到补贴的速度变快,会增加其对于购买的意愿,而购买意愿增加和购买数量及次数的增多,会进一步增强绿电企业的出售意愿。同时,政府在管制的同时更需考虑到一个限度问题,比如绿证价格过高会导致电网企业演化策略突变,由较低价格的"购买"转变为较高价格的"不购买"。简而言之,政府需要先行对于市场进行较为严格的管控,作为先行者以较为强制的手段激发市场,再以一些福利性刺激性手段激发另外两方基于自身利益的活力,同时政府要积极考虑市场因素的影响,对于一些市场因素进行一定程度的控制,例如限制价格、加大惩罚力度等手段来加快市场达到更优均衡的速度。

第5章 总结与展望

我国目前可再生能源电力市场发展的主要问题是政府、电网企业、绿电企业三方各有自己的利益诉求,目前政府的规制力度相对较弱,导致绿电企业的生产动力较低,同时电网企业购买可再生能源电力输电的动力也较低,这体现在绿证交易市场上就是市场不活跃。根据本研究得出的结论,政府是当下可再生能源市场交易的主导力量,应当通过适当的惩罚机制加强监管,同时给予合理的补贴去激励另外两方生产和运输可再生可能源电力,以此激励市场发展。本研究基于市场三方有限理性的现实角度构建了三方动态博弈演化模型,描绘了可再生能源电力市场可以达到的演化稳定性策略及其对应的控制条件,最后基于系统动力学模型进行了仿真分析。所得结果如下:

本研究中演化博弈模型演化稳定均衡策略有"政府不规制、电网企业不购买、绿电企业不出售"以及"政府规制、电网企业购买、绿电企业出售"。研究发现,政府起到了主导性的作用。当政府监管弱,绿电企业没有出售意愿,电网企业也不会选择购买。但当政府加强监管,绿电企业就会选择出售,同时政府给予电网企业一些补贴就会达到较为理想的"政府规制、电网购买、绿电企业出售"均衡点。根据结论及目前绿证市场现状,政府应当根据可再生能源配额制选择适当的惩罚措施,这能够有效地推动可再生能源电力市场三方博弈主体逐渐演化至较为理想的均衡状态,同时也有利于中国减污减排的政策目标实现。同时,政府也应选择初期给予另外两方尤其电网企业适当的补贴,以解决电网企业在初期由于成本问题动力不足的问题。

通过敏感性分析,发现不同变量的变化对战略选择过程有显著影响。例如,随着绿电企业可再生能源产量的增加,政府的规制策略演化会加快,电网企业的演化速率会减慢。同时,当政府监管较弱,绿电企业选择"出售"时,电网企业可能会选择"不购买",此时适当地调整政府价格引导,会使电网企业由"不购买"策略转变为"购买"策略,达到稳定。因此,政府在制定与实施相关政策与配套措施前,应该多加考虑外部环境因素可能带来的影响,制定合理的配额,以引导三方向理想的均衡点演化,从而更好地改善能源结构,达成减排减污的目标,促进电力市场的发展。最后,作为政府主体,应当着重考虑社会环境福利问题,随着人们对于生态环境的要求提高,政府放松管制的声誉成本也在增加。

基于可再生能源电力市场发展现状,人们对于向往美好环境的意愿不断增加,本研究认为,政府应在未来一段时间加强对可再生能源电力市场的管制,建立具有适当惩罚措施的可再生能源配额制。但受模型性质的限制,本研究仅考虑了较为重要的三方主体,实际上电力市场中并非仅包括这三方,未来将多方纳入博弈互动将是工作的一个重点。

主要参考文献

安学娜,张少华,李雪,2017.考虑绿色证书交易的寡头电力市场均衡分析[J].电力系统自动化,41(09):84-89.

崔强,王秀丽,刘祖永,2013.市场环境下计及储能电站运行的联动电价研究及其效益分析[J].中国电机工程学报,33(13):62-68.

邓少平,许可,刘莉,2018.电力市场中市场力形成原因及抑制机制综述[J].通信电源技术,35(01):129-131.

顾伟,任佳依,高君,等,2017.含分布式电源和可调负荷的售电公司优化调度模型[J].电力系统自动化,41(14):37-44.

康娇丽,2014.绿色证书交易下发电厂商的市场势力及其影响研究[D].北京:华北电力大学.

李丹,刘俊勇,刘友波,等,2015.考虑风储参与的电力市场联动博弈分析[J].电网技术,39(04):1001-1008.

李刚,刘继春,魏震波,等,2016.含分布式电源接入的市场多主体博弈分析[J].电力系统保护与控制,44(19):1-9.

李泓泽,王宝,郭森,2011.基于主成分分析的区域电力市场厂商市场力评估[J].现代电力,28(03):85-89.

李家才,陈工,2008.国际经验与中国可再生能源配额制(RPS)设计[J].太平洋学报(10):44-51.

李俊,刘俊勇,谢连芳,等,2012.发电侧与供电侧分时电价动态博弈联动研究[J].电力自动化设备,32(04):16-19.

卢强,陈来军,梅生伟,2014.博弈论在电力系统中典型应用及若干展望[J].中国电机工程学报,34(29):5009-5017.

鲁刚,魏玢,马莉,2010.智能电网建设与电力市场发展[J].电力系统自动化,34(09):1-6+22.

王强,谭忠富,谭清坤,等,2018.我国绿色电力证书定价机制研究[J].价格理论与实践(01):74-77.

谢旭轩,王田,任东明,2012.美国可再生能源配额制最新进展及对我国的启示[J].中国能源,34(03):33-37+46.

杨洪明,赖明勇,2005.考虑输电网约束的电力市场有限理性古诺博弈的动态演化研究[J].中国电机工程学报(23):71-79.

于雄飞,郭雁珩,2018.绿色电力证书定价动态模型及交易策略研究[J].水力发电,44(06):94-97.

张木梓,2016.国际绿色电力证书交易机制经验及启示[J].风能(11):60-63.

赵新刚,武晓霞,2019.绿色证书交易的国际比较及其对中国的启示[J].华北电力大学学报(社会科学版)(03):1-8.

BHATTACHARYA S, GIANNAKAS K, SCHOENGOLD K, 2017. Market and welfare effects of renewable portfolio standards in United States electricity markets[J]. Energy Economics(64): 384-401.

Ritzberger K, Weibull J W, 1995. Evolutionary selectionin normal-form games[J]. Econometrica,63(6):1371-1399.

SUN Y M, 2016. The optimal percentage requirement and welfare comparisons in a two-country electricity market with a common tradable green certificate system[J]. Economic Modelling(55): 322-327.

TANAKA M, CHEN Y, 2013. Market power in renewable portfolio standards[J]. Energy Economics(39): 187-196.

后 记

中国地质大学(武汉)湖北省生态文明研究中心作为中共湖北省委改革的重要智库之一,在中共湖北省委政研室(省改革办)的指导下,紧紧围绕湖北省经济社会和高质量发展过程中的资源环境、生态文明等问题开展研究,取得了丰富的成果。中心通过开放基金的形式,坚持开放基金选题全面支撑中共湖北省委政研室(省改革办)委托重点研究课题的原则,围绕湖北省生态文明建设和绿色发展这一主题展开研究。研究成果具体包括:中心城市和城市群资源优化配置能力研究——基于长三角城市群27个中心城市的实证研究、长江经济带能源生态效率时空分异及提升路径研究、长江经济带矿业高质量绿色创新发展、长江经济带工业旅游资源空间分布特征与影响因素研究、促进淮河生态经济带湖北片区绿色发展的机制和路径、交通基础设施对经济韧性的影响研究、中国绿色电力证书交易机制与发展路径研究。

湖北省在贯彻新发展理念的过程中,积极践行"绿水青山就是金山银山"理念,深入实施可持续发展战略,扎实推进长江大保护"双十工程"和"四个三重大生态工程",生态文明建设取得了新成效。目前,湖北省"三江四屏千湖一平原"生态格局更加稳固,资源能源利用效率大幅提高,主要污染物减排持续推进,生态环境质量持续改善。为进一步推进湖北省生态文明建设,湖北省委提出坚持生态优先、绿色发展,深入推进长江大保护,全面提升生态环境治理水平,促进湖北省经济社会发展全面绿色转型,以建设人与自然和谐共生的美丽湖北。

在中共湖北省委政研室(省改革办)和中国地质大学(武汉)湖北省生态文明研究中心的统一部署下,在连续出版《湖北省生态文明建设与绿色发展研究报告》第一辑、第二辑、第三辑、第四辑、第五辑的基础上,将2019年、2020年部分研究成果结集成第六辑出版,以推动湖北省生态文明建设和绿色发展进程。

中共湖北省委政研室(省改革办)改革智库
中国地质大学(武汉)湖北省生态文明研究中心
2021年10月

图书在版编目(CIP)数据

湖北省生态文明建设与绿色发展研究报告.第六辑/成金华等主编.—武汉:中国地质大学出版社,2021.12
ISBN 978-7-5625-5136-2

Ⅰ.①湖…
Ⅱ.①成…
Ⅲ.①生态环境建设-研究报告-湖北
Ⅳ.①X321.263

中国版本图书馆 CIP 数据核字(2021)第 224127 号

HUBEI SHENG SHENGTAI WENMING JIANSHE YU LÜSE FAZHAN YANJIU BAOGAO	成金华 邓宏兵	主　编
湖北省生态文明建设与绿色发展研究报告(第六辑)	白永亮 肖建忠	副主编

责任编辑:张玉洁	选题策划:阎　娟　张玉洁	责任校对:张咏梅
出版发行:中国地质大学出版社(武汉市洪山区鲁磨路388号)		邮政编码:430074
电　　话:(027)67883511　　传真:67883580		E-mail:cbb@cug.edu.cn
经　　销:全国新华书店		http://cugp.cug.edu.cn
开本:787mm×1092mm　1/16	字数:323千字	印张:16.5
版次:2021年12月第1版	印次:2021年12月第1次印刷	
印刷:武汉市籍缘印刷厂		
ISBN 978-7-5625-5136-2		定价:56.00元

如有印装质量问题请与印刷厂联系调换